医疗器械系列教材

有源医疗器械检测技术

严红剑　主编

科学出版社

北　京

内 容 简 介

　　本书系统地阐述了有源医疗器械检测技术，在介绍典型有源医疗器械基本原理的基础上，重点介绍了 GB9706.1 医用电气设备安全通用要求的内容以及典型有源医疗器械的检测标准、检测方法和检测仪器。全书共分十章，每章末尾都附有一定数量的思考题。

　　本书在编写过程中参考了大量国内外相关资料，包括最新的有源医疗器械的检测标准和检测方法，全书编排结构合理、语言通俗、自成体系，突出内容的先进性、系统性和实用性。

　　本书可作为高等院校医疗器械检测技术、医疗器械质量与安全工程专业的教学用书和参考用书，也可作为从事医疗器械产品质量认证的技术人员、医疗器械监督管理人员、医疗器械生产和经营工作者及临床工程技术人员的参考用书。

图书在版编目（CIP）数据

有源医疗器械检测技术/严红剑主编. —北京:科学出版社,2007
（医疗器械系列教材）
ISBN 978-7-03-019781-8

Ⅰ. 有…　Ⅱ. 严…　Ⅲ. 医疗器械–检测–教材　Ⅳ. TH77

中国版本图书馆 CIP 数据核字（2007）第 132545 号

责任编辑:王志欣　孙　芳　潘继敏 / 责任校对:刘小梅
责任印制:吴兆东 / 封面设计:耕者

科 学 出 版 社 出版
北京东黄城根北街 16 号
邮政编码:100717
http://www.sciencep.com

北京凌奇印刷有限责任公司印刷
科学出版社发行　各地新华书店经销

*

2007 年 8 月第　一　版　　开本:720 × 1000　1/16
2024 年 5 月第十一次印刷　　印张:24 1/4
字数:478 000

定价:88.00元
（如有印装质量问题,我社负责调换）

前　言

随着现代科学和医疗卫生技术的迅速发展,医疗器械已被广泛应用于疾病的诊疗、保健和康复等各个方面。医疗器械产品重在"安全、有效",其质量的优劣与人的生命和健康息息相关,政府部门必须把保障人体健康和生命安全作为其监督管理的重要职责,加强对医疗器械的监管水平。为了保障广大人民群众的身体健康和生命安全,医疗器械产品必须严格按照国家标准和行业标准进行生产、检测和监管,其中,关键的就是医疗器械产品质量认证技术的先进性、准确性和公正性。为此,全国各级医疗器械监督管理部门、医疗器械生产企业、医疗器械经营企业、医疗器械使用单位需要大量既具有医疗器械专业技术知识,又具备医疗器械监督管理法规知识、检测标准知识、检测技术能力的管理人才和专业技术的应用型人才。在此应用背景下,作者撰写了《有源医疗器械检测技术》和《无源医疗器械检测技术》两本书。

按照医疗器械的结构特征,医疗器械分为有源医疗器械和无源医疗器械。有源医疗器械是指任何依靠电能或其他能源而不直接由人体或重力产生的能源来发挥其功能的医疗器械;无源医疗器械是指不依靠电源也不依靠重力产生的能源来发挥其功能的医疗器械。

本书主要介绍了有源医疗器械中典型的治疗仪器和诊断仪器的基本原理及国家、行业对该类医疗器械的相关标准、检测方法和检测仪器。全书共分十章。第一章重点介绍医用电气设备安全通用要求的主要内容,这是医用电气设备安全性能检测非常重要的组成部分,关系到每个有源医疗器械产品的安全、有效性;第二章介绍呼吸机的基本原理及其检测技术;第三章介绍麻醉机的基本原理及其检测技术;第四章介绍植入式心脏起搏器的基本原理及其检测技术;第五章介绍心脏除颤器的基本原理及其检测技术;第六章介绍心电图机的基本原理及其检测技术;第七章介绍医用监护仪的基本原理及其检测技术;第八章介绍超声诊断仪的基本原理及其检测技术;第九章介绍高频手术设备的基本原理及其检测技术;第十章介绍血液透析装置的基本原理及其检测技术。

本书编写分工为:第一章、第四章至第八章由严红剑同志编写;第三章由徐秀林同志编写;第十章由尹良红同志编写;第二章和第九章由张东衡同志编写。

在编写本书过程中,得到了上海理工大学医疗器械与食品学院谢海明教授的大力帮助,并得到牛风歧教授、傅国庆高级工程师、朱辰良、胡秀枋、邹任玲等同志的大力支持,上海医疗设备厂、上海沪通电子有限公司和广州市暨华医疗器械有限公司等单位也提供了大量的宝贵资料,在此深表感谢。

由于作者水平有限,且时间仓促,书中难免有不妥之处,敬请读者批评指正。

作　者

2007 年 3 月

目　　录

绪　　论

医疗器械检测（或测量）是指人们在生产、实验、科研等领域,借助于专门的仪器设备,为了及时获得被测、被控对象的信息而进行实时或非实时的定性检查和定量测量的过程。

0.1　检测技术的作用

现代医疗器械的生产为了保证产品质量,提高生产效益,就必须对生产过程进行严格控制;而要实现这种控制,首先就必须对生产过程的各种参数和状态进行适时有效的检测。因此,检测是控制的基础,控制离不开检测。在现代生活中,各种医用电子设备、医学检测仪器、家用电器大都既包含检测也包含控制;而在航空、航天和军事国防中,测量和控制更是密不可分。

随着科学技术的发展,电子技术因其具有精度高、速度快、便于运用计算机系统、容易实现自动化等许多优点,被广泛应用于医疗电子设备,极大地提高了诊断疾病的速度和精确度,以确保医用电子设备的安全有效性。

在科研和生产实践中,被测量或被控制的量一般可以分为电量与非电量两大类;医用电子设备从生物体内或体表所取得的生物信息可分为形态信息和机能信息;医疗器械从结构特征上可分为有源医疗器械和无源医疗器械两大类。

医疗器械检测方法的正确与否是十分重要的,它直接关系到医疗器械检测工作是否能正常进行,能否符合规定的技术标准。因此,必须根据不同的测量要求,找出切实可行的检测方法,然后根据检测方法选择合适的检测工具或检测仪器,组成医疗器械检测装置或检测系统,进行实际检测。如果检测方法不合理,即使有高级精密的测量仪器或设备,也不能得到理想的检测结果。

0.2　医疗器械检测系统的构成

现代科学从信息过程的角度出发,将被研究的医学信息或对象看成是系统或过程。有源医疗器械检测也是将测量的软、硬件配置及其全部工作看成是一个系统或过程,其中,各个重要环节都有其自身的动态特性,这些动态特性大都可以用传递函数来描述。基本的医疗器械检测系统主要由以下部分构成（如图0-1所示）。

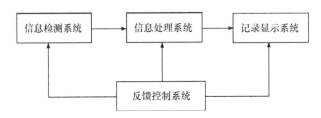

图 0 - 1　医疗器械系统基本结构框图

1）医疗器械信息检测系统

被测信息初始值（生物医学信息）通过被测对象（如生物电、生物磁、阻抗、温度等），经各种传感器的检测，将检测到的电量或非电量信号经转换器件变成有用的电量（如电压、电流、阻抗、频率）值。

2）医疗器械信息处理系统

对传感器输出的微弱信号进行调理，即对信号进行放大、识别（滤波）、转换等各种处理和分析。信息处理系统是医用电子设备的核心部分，能决定仪器性能的好坏、精度的高低和功能的多少。

3）医疗器械记录显示系统

除标准模拟信号直接供模拟式仪器作分析、处理和（或）显示外，处理后送出的数字信号可直接送到专用存储器进行存储，也可直接送往数字式示波器进行显示，而更多的是送到 PC 机或各种专用的数字式仪器进行处理（如数字滤波）、分析（如频谱和波形分析）和计算（如按经典计算公式计算出间接的目标测量值），然后进行存储和显示等，医用电子仪器对记录显示系统的要求很高，记录必须及时，显示必须正确、清晰，易于观察、分析，以便作出明确的诊断。

4）医疗器械反馈控制系统

医用电子仪器反馈控制系统的配置可以随其用途和性能的变化而定，一般包括控制和反馈、数据存储、传输、标准信号的产生和能量源等部分。

0.3　现代检测系统的分类

现代检测系统的范围涉及广泛，遍及科技、生产、商贸、医药卫生和生活等各个领域，已经突破了传统的物理量测量的范畴，逐步扩展到化学量和工程量，直至生理量和心理量的测量。比较成熟和当前已经普遍开展的检测系统通常分为十大类。

（1）几何量。包括长度、线纹、角度、表面粗糙度、齿轮、螺纹、面积、体积及有关形状等，还包括位置的参数，如圆度、平面度、垂直度、同轴度、平行度及对称度等。

（2）热学。包括温度、热量、热导率及热扩散率等。

（3）力学。包括质量、力值、压力、真空度、容量、流量、密度、硬度、振动、冲击、扭矩、速度、加速度及转速等。

（4）电磁学。包括直流电压、交流电压、电流、电能、电阻、电容、电感、磁通、磁矩及磁感应强度等。

（5）无线电电子学。包括超低频、低频、高频、微波、毫米波的整个无线电频段的各项参数，如功率、电压、衰减、相位、阻抗、噪声、场强、脉冲、调制度、失真、频谱、网络参数及电磁兼容性等。

（6）时间频率计量。包括时间、频率、相位噪声等。

（7）光学计量。包括红外、可见光到紫外的整个光谱波段的各项参数，如发光强度、照度、亮度、辐射度、色度、感光度、激光特性、光纤特性、光学材料特性等。

（8）化学计量。包括浓度、酸度、湿度、黏度、电导率及物质的物理化学成分等。

（9）声学计量。包括超声、水声、空气声的各项参数，如声压、声强、声阻、声能、声功率、传声损失、听力等。

（10）电离辐射计量。包括放射性活度、反应能、粒子的注量、照射量、剂量当量、吸收剂量等。

上述检测系统划分是相对的。随着现代科技的发展，一些新的检测分支正在形成，如微电子、光电子、医学、环保等专业的检测。有的国家将电磁学、无线电电子学及时间频率测量划为一类，统称为电和电子测量。此外，各专业也不是孤立的，而是彼此联系、相互影响的。例如，微波阻抗可溯源到长度检测，长度检测溯源到光波波长，光波波长又溯源到时间频率基准。许多实际的校准测量问题往往可能涉及多个专业领域。

在医学检测领域中，则根据医院中医疗设备的分类及科室分布情况分为：医用热学、生物力学、医用电磁学、医用超声学、医用光学、医用生物化学、医用激光学、医用声学、医用放射学等专业。对于医院中的大型医疗设备，由于其技术综合性强、使用操作复杂、使用人员素质影响因素大等原因，可采取应用质量检测与评审的方法加以保障，而医疗器械的检测是保证医疗器械质量与评审的主要手段和主要依据。

0.4　医用电子仪器分类

根据测量对象的性质不同，医用电子仪器又可分为三大类。

（1）用以测量或监视人体内在物理量或化学量的医用检测仪器、监护仪器或自动分析诊断系统。例如，心电图机、脑电图机、阻抗血流图仪、眼电图仪、监护仪器等。

（2）用以测量或监视人体机构系统对体外信号源的吸收、反射、衰减等响应程度，间接地计量或监视人体生理病理参数的医用检测仪器、监护仪器或自动分析诊断系统。例如，X 光机、CT 机、超声类（A 型、M 型、B 型）诊断仪、扫描电子显微镜、血管造影机、放射造影仪等。

（3）用于治疗、测量或监视其剂量安全阈值的医用治疗仪器或自动治疗装置。例如，各种理疗机、激光刀、高压除颤器、体外反搏器、人工心肺机、肌电控制人工假肢等。

0.5　检测仪表分类

按使用性质，检测仪表通常可分为标准表、实验室表和工业用表等三种。

1）标准表

各级计量部门专门用于精确计量、校准送检样品和样机的标准仪表。标准表的精度等级必须高于被测样品、样机所标称的精度等级，必须根据量值传递的规定，经更高一级法定计量部门的定期检定、校准，由更高精度等级的标准表检定后，并出具该标准表重新核定的合格证书，方可依法使用。

2）实验室表

多用于各类实验室中，使用环境条件较好，往往无特殊的防水、防尘措施，对于温度、相对湿度、机械振动等的允许范围也较小。这类检测仪表的精度等级虽比工业用表要求高，但使用条件较严，适用于实验室条件下的测量，不适于远距离观察与传送信号等使用。

3）工业用表

长期用于实际工业生产现场的检测仪表与检测系统。这类仪表为数最多，根据安装地点的不同，又有现场安装及控制室安装的区别。现场安装应有可靠的防护，能抵御恶劣的环境条件，显示应醒目。工业用表的精度一般不很高，但要求能长期连续工作，必须具有高度的可靠性。在一些场合，必须保证不因仪表引起事故，如在易燃、易爆环境条件下使用时，各种检测仪表都应有很好的防护性能。

0.6　医疗计量测试仪器分类

医疗计量测试仪器种类很多，基本上涉及各种学科专业领域。如前所述，我国习惯把计量分为十大类，在各大类计量中，还包括有几种甚至几十种具体的计量项目。下面对医疗计量测试仪器有重点的进行分类。

（1）几何量计量。如米尺。

（2）温度计量。如口腔体温计、肛门体温计、腋下体温计、热电偶测温计、半导体热敏电阻温度计、液晶温度计、红外热成像测温仪等。

（3）力学计量。如台式血压计、立式血压计、血压表、电子血压计、插入式血压计、氧压表、医用真空表、眼压计、天平、砝码、戥秤、体重秤、婴儿秤、血流图仪、肺活量计、玻璃容器、注射器、功量仪等。

（4）电磁计量。如磁疗机、电流表、电压表、电容表等。

（5）化学计量。如光电比色计、分光光度计、酸度计、血细胞计数器、电泳仪、质谱仪、测氧仪、微量气体分析仪等。

（6）光学计量。如医用激光源、氩镉激光器、氦氖激光治疗机、二氧化碳激光机、激光干涉视力仪、视力检查仪、测量用电子显微镜、紫外线治疗机、红外线治疗机等。

（7）声学计量。如 A 型、B 形、M 型超声诊断仪、超声治疗机、助听计、仿真耳、听力计、听诊器、心音频谱分析仪、音频电疗机等。

（8）电子计量。如脑电图机、心电图机、肌电图机、眼电图机、胎儿心电图机、心向量图机、生理记录仪、心电示波器、心电示波记录仪、心电遥测示波仪、心电遥测仪、多功能编码程控起搏器、植入式心脏起搏器、心脏体外反搏装置、方波生理仪、电生理放大器、短波电疗机、超短波电疗机、微波电疗机等。

（9）时间频率计量。如医用报时节拍器。

（10）电离辐射计量。如同位素医用诊断 X 线机、医用 $60 \sim 250 \text{kV}$ X 线治疗机、医用钴 60 治疗机、医用活度测量装置、γ 射线探测仪、X 射线诊断设备、电离辐射计数器、剂量计、剂量当量仪、中子雷姆计、照射量计、电离辐射防护仪、医用电子直线加速器、全身 CT 机、核磁共振仪等。

0.7　检测技术的发展趋势

由于世界各国现代化步伐加快，对检测技术的要求越来越高，尤其是大规模集成电路技术、微型计算机技术、机电一体化技术、纳米技术和新材料技术的飞速进步，大大促进了现代检测技术的发展。目前，现代检测技术发展的总趋势大体有以下几个方面。

（1）拓展测量范围，提高检测精度和可靠性。

随着科学技术的不断发展，对检测仪器和检测系统的性能要求，特别是精度、测量范围、可靠性指标的要求日益提高。

随着自动化程度的不断提高，各行各业高效率的生产更依赖于各种检测、控制设备的安全可靠。医用电子仪器是直接使用于人体，因此，所有医用电子设备和检测仪器更应有极高的可靠性和尽可能长的使用寿命。

（2）传感器向集成化、多功能、一体化方向发展。

由于传感器与信号调理电路分开，通过电缆传输微弱的传感器信号容易受到各种电磁干扰信号的影响，且各种传感器输出信号形式多样，而使检测仪器与传感器的接口电路无法统一和标准化，使用起来颇为不便。

大规模集成电路技术的飞速发展，通用和专用集成电路普遍采用贴片封装方式。目前已有许多传感器实现了敏感元件与信号调理电路的集成化和一体化，实现了可提供输出直接使用标准的 4～20mA 电流信号，成为名副其实的变送器。其次，把两种或两种以上的敏感元件集成于一体，成为可实现多种功能的新型组合式医用传感器，如将热敏元件和湿敏元件及信号调理电路集成在一起，一个传感器同时能完成温度和湿度的测量；把敏感元件与信号调理电路、信号处理电路统一设计并集成化，制成能直接输出数字信号的新型医用传感器。此外，生物基因芯片和生物传感器的研制成功为人类的健康带来了福音。

（3）非接触式检测技术。

通常在检测过程中，把传感器置于被测对象上，可灵敏地感知被测参量的变化，这种接触式检测方法通常比较直接、可靠，测量精度较高，但在某些情况下，因传感器的加入会对被测对象的工作状态产生干扰，而影响测量的精度。因此，非接触式检测技术的研究受到医学界高度的重视，如光电式传感器、电涡流式传感器、红外线检测仪器、超声波检测仪表、核辐射检测仪表等被不断的开拓和应用。

（4）检测系统智能化。

智能化的现代医疗器械检测系统一般都具有系统故障自测、自诊断、自调零、自校准、自选量程、自动测试和自动分选的功能；强大的数据处理和统计功能，远距离数据通信和输入、输出功能，并可配置各种数字通信接口，传递检测数据和各种操作命令等；可方便地接入不同规模的医学方面的自动检测、控制与管理信息网络系统。

综上所述，正是智能化检测仪器、检测系统具有上述优点，所以被广泛地应用于有源医疗器械检测，提高了有源医疗器械的安全性和有效性。

第一章 医用电气设备安全通用要求

1.1 概 述

随着科学技术的不断进步,人们的自我保护意识越来越强,对医用电子设备的"安全、有效"要求也越来越重视,有源医疗器械安全性评价和检测的重要性亦日益凸现。有源医疗器械检测技术中,医用电气设备安全性能的检测是重要的一个组成部分。有源医疗器械安全性评价的标准主要包括医用电气设备安全通用要求,即 GB9706.1《医用电气设备第一部分:安全通用要求》、YY0505—2005 (IEC60601—1—2:2001)《医用电气设备第 1—2 部分:安全通用要求-并列标准:电磁兼容要求和试验》以及各种医用电气设备的安全专用要求。熟悉、掌握和运用 GB9706.1 标准,是有源医疗器械检测技术的基础。本章着重介绍医用电气设备安全通用要求的主要内容。

医疗器械是用于人体的,旨在疾病的诊断、预防、监护、治疗或缓解;损伤或残疾的诊断、监护、治疗、缓解或者补偿;解剖或生理过程的研究、替代或者调节;妊娠控制的工业产品群,它比一般工业产品更为直接、更为明显地影响人体生命安全或身体健康。特别是 20 世纪中叶以来,大量的新技术,诸如核技术、超声技术、微波技术、激光技术、高电压技术等广泛应用于医疗器械产品;大批新型医疗器械产品开始从体外使用转为进入人体内使用,或插入人体,或植入人体,直接触及人体血液和组织细胞;和人体直接接触或进入人体内的材料从简单的金属材料或无机化学材料发展到多种天然材料或人工合成材料,包括各种合金、天然生物材料和人工合成有机化学材料。正因为如此,人们在生产或使用医疗器械时,生产过程或器械本身的缺陷、器械使用不当所造成的人身危害、对人类生存环境所带来危害的可能性就增加了。

为了医疗器械使用者和病人的安全,为了保障人类社会的可持续发展,医疗器械生产者和医疗器械行政管理部门都有责任采取必要的措施,预防或减少可能发生的危害。

GB9706.1《医用电气设备第一部分:安全通用要求》国家标准从第一版的发布之日起已经实施了十多年,它对于促进我国医用电气设备的安全和医疗器械产业的发展起了重要的指导作用。医用电气设备安全通用要求(GB9706.1)是杜绝或减少医疗器械危害很重要的防范准则之一。医疗器械产品的生产和使用,对人类或人体的主要潜在危害有三种:第一种是能量性危害,包括电能、热能、辐射能、机械力、超声、微波、磁场等物理量所可能造成的人体危害;第二种是生物学危害,包括生物污染、生物不相容性、毒性、过敏、致畸、致癌、交叉感染、致热等对人体造成的生物或化学性危害;第三种是环境危害,包括生产过程中和使用过程中的废气或废液的排放、固体废物对土地的污染、放射性污染、资源的不合理使用和浪费等危及人身安全和人类可持续发展的危害。

人们在总结医疗器械生产活动和管理实践过程中,就医疗器械危害问题,先后协调统一并制定了一系列安全标准和若干管理标准,以规范某些特定的医疗器械的生产活动,确定活动准则,预防或减少能量危害、生物学危害及环境危害。这些标准包括:医用电气设备安全要求系列标准、医疗器械生物学评价系列标准、外科植入材料系列标准、齿科系列标准、医疗器械无菌标准等。需要特别注意的是:GB9706.1是以预防或减少医疗器械的能量危害为主要目标,主要章节包含有对电击危险、机械危险、辐射危险、超温危险等的防护,是强制性标准,医用电气设备生产企业一定要遵守的通用标准,也是医疗器械监督管理人员必须掌握和认真贯彻的标准。

1.2　医用电气设备安全通用要求

有源医疗器械是指任何依靠电能或其他能源而不直接由人体或重力产生的能源来发挥其功能的医疗器械,其使用形式是指能量治疗器械、诊断监护器械、输送体液器械、电离辐射器械、实验室仪器设备、医疗消毒设备、其他有源器械或有源辅助设备等。正确、安全使用有源医疗器械,必须掌握其安全性的基本知识。

对于现代医院的各种技术先进的电气设备,应该给以科学的技术和安全性能的评价。一方面要对其在诊断和治疗中的有效性做出评价,另一方面还应对其危险性做出评价。医疗仪器在这正反两个方面都必须满足医疗要求,才是一种成功和可用的新技术。如果只重视仪器的有效性而忽视安全性,很可能出现"手术成功而患者死亡"的现象。相反,只重视安全性而忽视有效性,势必降低医疗水平,不能治好病。人们在选购和使用医用电子仪器时,经常重视有效性而忽视安全性。在医疗中使用不安全的技术或仪器,将使患者和仪器使用人员的生命受到严重威胁,必须引起高度的重视。

1. 医疗器械安全性评价的重要性

在日常医疗工作中,人们使用多种医疗仪器对患者进行诊断或治疗,这是多种仪器和人的组合系统。在这一组合中,各种仪器本身的系统误差、人员的操作错误和读数错误、计算机程序失误等等原因,将影响到医疗安全,构成整个系统的安全性。在医疗中必须考虑这个系统的安全性的程度,如诊断用的检测仪器不能正常工作时,将造成诊断错误;治疗用的仪器不能正常工作时,将达不到治疗作用或因治疗输出过量而造成危害。

(1) 医用电气设备不同于其他电气设备,它是对人体疾病进行诊断和治疗的特殊产品,与患者、操作者及周围其他人之间存在着特殊关系:

① 患者或操作者不能察觉的某些潜在危险(如电离辐射或高频辐射),患者不能正常地反应(如生病、失去知觉、麻醉、固定在床上等);

② 因穿刺或治疗致使皮肤电阻值降低,因而对电流的防护能力降低;

③ 生命机能的维持或替代可能取决于设备的可靠性;

④ 患者同时与多台设备相连接;

⑤ 大功率的设备和灵敏的小信号设备经常需要配合使用;

⑥ 通过与皮肤接触和(或)向人体内部器官插入探头,将电路直接应用于人体;

⑦ 环境条件,特别是在手术室里,可能同时存在着湿气、水分或空气、一氧化氮与麻醉或清洁剂组合混合气,会引起火灾或爆炸危险。

(2) 由于特殊关系的存在,医用电气设备在医疗单位的使用中,可能会有意或无意地对患者、使用者或设备所在的周围环境造成许多潜在的危险,这些潜在的危险主要表现在以下方面:

① 设备在正常使用和发生故障时,会传递到患者或使用者身上能量,这些能量可以是电能(包括电磁辐射和加速的原子粒子)、机械能、热能或化学能等;

② 维持生命的设备(如抢救用的呼吸机、心内直视手术用的体外循环人工心肺机)在运行中的失灵;

③ 在进行不重复的检查或治疗时设备失灵,使检查或治疗中断;

④ 由于使用者的水平问题,在操作设备时可能存在人为差错(一般来说,设备的操作人员都具有医疗应用技能,但他们不一定是工程技术人员)。

2. 医用电气安全通用要求主要内容

1) 医用电气设备安全通用要求的框架

GB9706.1《医用电气设备第一部分:安全通用要求》(以下简称通用要求)等同采用 IEC601—1 第二版(1988)及其第一号修订文件,目前正在修订的是等同采用 IEC601—1(1995)版本,增加了相关的内容。

医用电气设备的安全标准主要由两个部分构成:第一部分——安全通用标准和第二部分——安全专用标准。其中,第一部分除安全通用要求外,还包括一些并列标准,如 YY0505—2005《医用电气设备第 1—2 部分:安全通用要求-并列标准:电磁兼容要求和试验》以及 GB9706.15《医用电气系统的安全要求》等标准;第二部分主要包括各类医用电子仪器的专用标准。

医用电气设备的安全是总体安全要求(包括设备安全、医疗机构的医用房间内的设施安全和使用安全)的一个部分。通用要求是对在医疗监视下的患者进行诊断、治疗或监护,与患者有身体的或电气的接触,和(或)向患者传送或从患者取得能量,和(或)检测这些所传送或取得的能量的医用电气设备提出了安全要求。通用要求要设备在运输、储存、安装、正常使用和制造厂的说明保养设备时、在正常状态、单一故障状态下时都必须是安全的。

不会引起同预期应用目的不相关的安全方面的危险。对于生命维持设备以及中断检查或治疗会对患者造成安全方面危险的设备,其运行可靠性、用来防止人为差错的必要结构和布置,都作为一种安全因素在标准中予以规定。

修改后的通用要求共分 10 篇、59 个章节及 11 个附录,其中,附录 A 和附录 F是通用要求的提示附录,其仅仅是给出了一些附加的信息,不能作为试验项目。通用要求分别对医用电气设备的环境条件做了规定,对电击危险、机械危险、不需要的或过量的辐射等危险提出了要求;对工作数据的准确性和危险输出的防止、不正常的运行、故障状态以及有关医用电气设备安全的电气和机械的结构的细节都做了规定和要求。

第一篇的内容是概述;第二篇的内容是环境条件;第三篇的内容是对电击危险的防护;第四篇的内容是对机械危险的防护;第五篇的内容是对不需要的或过量的辐射危险的防护;第六篇的内容是对易燃麻醉混合气点燃危险的防护;第七篇的内容是对超温和其他安全方面危险的防护;第八篇的内容是工作数据的准确性和危险输出的防止;第九篇的内容是不正常的运行故障状态和环境试验;第十篇的内容是结构要求;附录 A 是总导则;附录 B 是制造和(或)安装时的试验(不采用);附录 C 是试验顺序;附录 D 是标记用符号;附录 E 是绝缘路径的检验和试验电路;附录 F 是易燃混合气的试验装置;附录 G 是冲击试验装置;附录 H 是用螺纹连接的接线端子(不采用);附录 J 是电源变压器;附录 K 是测量患者电流时应用部分连接示例。修改后的安全通用要求增加了附录 L,即规范性引用文件。

2) 医用电气安全通用要求的适用范围

安全通用要求适用于各种医用电气设备,主要涉及了医用电气设备的安全问题及一些与安全有关的可靠性运行要求。对于某些类型的设备,可通过专用安全标准提出专门的要求。通用要求不得单独使用于有专用安全标准的设备,而应配合使用。对于没有专用安全标准的设备,在引用标准时应根据产品特点谨慎采用。

3) 医用电气安全通用标准与专用安全标准的关系

安全通用标准的制定目的是规定对医用电气设备的安全通用要求,并作为制定医用电气设备专用安全要求的基础。

(1) 专用安全标准优于通用要求,也就是说专用安全标准(或产品标准)可以:

① 不加修改地采用通用要求的某些条款;

② 不采用通用要求的某些章条或它们中的一部分(在不适用时);

③ 以专用安全标准的某章或某条代替通用要求的相应某章或某条(或它们中的一部分);

④ 补充任何章条。

(2) 专用安全标准同时也可以包括:

① 提高安全程度的要求;

② 比通用要求的要求降低的要求(在确保安全性的条件下);

③ 关于性能、可靠性、相互关系等要求;

④ 工作数据的准确度;

⑤ 环境条件的扩展和限制。

对于医用电气设备,企业必须执行通用要求。安全标准和其他标准在执行上一个显著的不同点,就是安全标准的强制执行,这在《中华人民共和国标准化法》中已作出明确规定。因此,对于那些不属于通用要求适用范围的医电设备或相关的设备应参照有关 IEC 国际标准执行。由于通用要求对电气设备的安全要求较为严格,因此,在无对应 IEC 或国家标准的情况下,要求各企业、检测人员执行该标准,以保证产品的安全。

在 IEC601—1 的并列标准 ——《医用电气系统安全要求》中就明确规定:在患者环境内使用的设备应符合通用要求同一安全等级的要求。在患者环境外使用的设备应符合国家安全标准中非医用电气设备相应的安全等级要求。

3. 医用电气安全通用要求的部分术语和定义

通用要求所列的名词术语是使用时需要统一理解的一些基本概念。它们对掌握通用要求有着重要的意义。尤其是下列一些术语具有理解标准的独特含义,不掌握它就无法使用通用要求,或者造成误用。

术语共分 12 个大类、110 条名词、术语,下面重点介绍有关术语:

1)“电压”和“电流”

凡通用要求中出现“电压”和“电流”术语时,均指交流、直流或复合的电压或电流的有效值。

2)可触及的金属部件

“不使用工具即可接触到的设备上的金属部件。”这种接触可以是使用功能上需要的接触,也可以是无意的偶然接触。设备的金属外壳是可触及的金属部件,而那些用标准试验指能触及的设备上的金属部件,也应视为可触及的金属部件。

3)应用部分

“设备中用来同被检查或被治疗的患者相接触的全部部件,包括连接患者用的导线在内。对于某些设备,专用(或产品)标准可把与操作者相接触的部件作为应用部分考虑。对某些设备来说,F 型应用部分是从患者向设备内部看,一直向内延伸到所规定的绝缘处和(或)保护阻抗处为止。"

应用部分的主要特征是与患者接触,但应用部分不仅仅是与患者相接触的部件,还应包括连接患者用的导线在内(如心电图机的导联线、高频手术设备的中性及双极电极的输出电路、微波治疗设备的发热电极的连接电缆、波导管以及接插件等)。对那些操作者在操作设备时,必须同时触及患者和某一部件时,该部件可以考虑作为应用部分。医用电气设备在使用过程中极易与患者接触的部件也应考虑作为应用部分。

4) 带电

指部件所处的状态。当与带电部件连接时,便有超过该部件容许漏电流值的电流从该部件流向地或从该部件流向该设备的其他可触及部件。

这里的"带电"不是我们平时所认为的"有电流或电压就是带电",而是强调"连接"后会产生一个超值电流。

5) 网电源部分

设备中旨在与供电网作导电连接的所有部件的总体。就定义而言,不认为保护接地导线是网电源部分的一个部件。

这里所指的所有部件,一般是指电源变压器的一次绕组(包括一次绕组)之前的部分,包括保险丝、电源开关及有关的连接导线,有时还包括抗干扰元件和通电指示元件等或延伸至隔离之前,而保护接地导线不是网电源部分的一个部分。

要注意的是,在进行网电源部分与设备机身(或其他部分)之间的电介质强度试验时,如果在与网电源隔离之前的电路中装有继电器,在试验时,这些继电器都应处在通电时的吸合状态。

6) 信号输入部分和信号输出部分

(1) 信号输入部分。

"设备的一个部分,但不是应用部分,用来从其他设备接收输入信号电压或电流,例如为显示、记录或数据处理之用。"

(2) 信号输出部分。

"设备的一个部分,但不是应用部分,用来输出信号电压或电流至其他设备,例如为显示、记录或数据处理之用。"

信号输入部分和信号输出部分,不同于应用部分。应用部分的特征是同患者接触;信号输入部分的特征是用来接收从其他设备来的信号电压和电流;信号输出部分的特征是用来向其他设备输出信号电压和电流。信号输入部分和信号输出部分都是与其他设备有关而不是与患者有关。

7）Ⅰ类设备、Ⅱ类设备

（1）Ⅰ类设备。

"对电击的防护不仅依靠基本绝缘，而且还有附加安全保护措施，把设备与供电装置中固定布线的保护接地导线连接起来，使可触及的金属部件即使在基本绝缘失效时也不会带电的设备。"如图1-1所示。

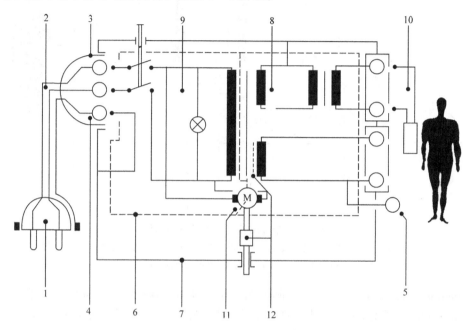

图1-1 Ⅰ类设备的图例

1. 有保护接地接点的插头；2. 可拆卸的电源软电线；3. 设备连接装置；4. 保护接地用接点和插脚；
5. 功能接地端子；6. 基本绝缘；7. 外壳；8. 中间电路；9. 网电源部分；10. 应用部分；11. 有可触及
轴的电动机；12. 辅助绝缘或保护接地屏蔽

具有基本绝缘和接地保护线是Ⅰ类设备的基本条件。但在为实现设备功能必须接触电路导电部件的情况下，Ⅰ类设备可以有双重绝缘或加强绝缘的部件，或有安全特低电压运行的部件，或者有保护阻抗来防护的可触及部件，如果只用基本绝缘实现对网电源部分与规定用外接直流电源（用于救护车上）的设备的可触及金属部分之间的隔离，则必须提供独立的保护接地导线。

（2）Ⅱ类设备。

"对电击的防护不仅依靠基本绝缘，而且还有如双重绝缘或加强绝缘那样的附加安全保护措施，但没有保护接地措施，也不依赖于安装条件的设备。"如图1-2所示。

Ⅱ类设备一般采用全部绝缘的外壳，也可以采用有金属的外壳。采用全部绝

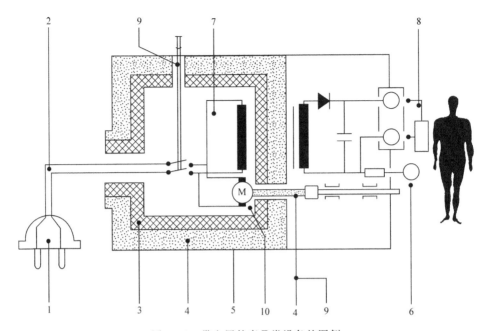

图 1-2　带金属外壳Ⅱ类设备的图例
1. 网电源插头；2. 电源软电线；3. 基本绝缘；4. 辅助绝缘；5. 外壳；6. 功能接地端子；7. 网电源部分；
8. 应用部分；9. 加强绝缘；10. 有可触及轴的电动机

缘外壳的设备,是有一个耐用、实际上无孔隙(连接无间断的)并把所有导电部件包围起来的绝缘外壳,但一些小部件如铭牌、螺钉及铆钉除外,这些小部件至少用相当于加强绝缘的绝缘与带电部件隔离。

　　带有金属外壳的设备是有一个金属制成的、实际上无孔隙的封闭外壳,其内部全部采用双重绝缘和加强绝缘,或整个网电源部分采用双重绝缘(除因采用双重绝缘显然行不通而采用加强绝缘外)。

　　Ⅱ类设备也可因功能的需要备有功能接地端子或功能接地导线,以供患者电路或屏蔽系统接地用,但功能接地端子不得用作保护接地,且要有明显的标记,以区别保护接地端子,在随机文件中也必须加以说明。功能接地导线只能作内部屏蔽的功能接地,且必须是绿/黄色的。

　　若因功能需要,在设备上加入一个装置,使它从Ⅰ类防护变成Ⅱ类防护,则需满足下列要求:

　　① 所加装置要明确所选用的防护类别,以便于选用;

　　② 必须用工具才能进行这种装置的变换,以防随意变动;

　　③ 设备在任何时候都需满足所选用的防护类别的全部要求,以确保防护类别改变后的安全性能;

④ 变为Ⅱ类防护的装置要切断其保护接地导线与设备之间的连接,因为该装置既然已变为Ⅱ类防护,则不具有Ⅰ类防护的附加防护措施——安装接地保护装置,其保护接地导线就不具备其防护作用,而当设备一旦出现单一故障状态时,若接在该装置的接地导线不切断,则将引起电击危险。

在此要作说明的是,Ⅰ、Ⅱ类设备不表示设备本身安全质量的不同,而只是防电击绝缘措施、方法的不同,它们对用户来说都是安全可靠的设备。要引起注意的是,医用电气设备除基本绝缘外,还必须具有一种符合要求的附加保护措施。

8) 医用电气设备

"与某一专门供电网有不多于一个的连接,对在医疗监视下的患者进行诊断、治疗或监护,与患者有身体的或电气的接触,和(或)向患者传送或从患者取得能量,和(或)检测这些所传送或取得的能量的电气设备。"

该定义规定了医用电气设备的界定范围:

(1) 设备与供电网有一个或没有(如内部电源等)连接。如果存在多于一个的连接,则该设备实质上已构成一个医用电气系统。对于医用电气系统的安全,可参照 IEC601－1－1 医用电气设备系统的安全要求执行。

(2) 设备处于医疗监视下,用于对患者进行诊断、治疗或监护。

强调设备应处于医疗监视下,用于诊断、治疗或监护病人为目的。这不同于一般家用的保健电气设备,更与非诊断、治疗或监护用途的其他设备相区别。

(3) 设备与患者有身体的或电气的接触,和(或)在医疗监视下向患者传递或从患者取得能量,和(或)检测这些所传递或取得的能量。也就是说,设备与患者间必须有身体或电气的接触,或者从患者传递或取得能量(所谓能量一般是指声能、光能、热能、电能等)或者检测这些传递的能量。这三者可以是其中之一,也可以任意组合。

9) B 型设备、BF 型设备、CF 型设备

由于医用电气设备使用在不同的场合,故对设备的电气防护程度的要求也不同。这是因为人体各部位对电流的承受能力不同的缘故。医用电气设备同患者有着各种各样的接触,有与体表接触和与体内接触,甚至也有直接与心脏接触。例如,各种理疗设备大多同患者的体表接触;各种手术设备(电刀、妇科灼伤器)要同患者体内接触;而心脏起搏器、心导管插入装置则要直接与心脏接触。这样,就把医用电气设备分成各种型式,按其使用场合的不同,规定不同的电击防护程度,在标准中划分为 B 型、BF 型、CF 型。

(1) B 型设备:对电击有特定防护程度的设备。特别要注意容许漏电流和保护接地连接(若有)的可靠性。

一般没有应用部分的设备,或虽有应用部分,但应用部分与患者无电气连接

（如超声诊断设备、血压监护设备等）的设备，或虽与电气连接，但不直接应用于心脏的设备均可设计为 B 型。

（2）BF 型设备：有 F 型应用部分的 B 型设备。其容许漏电流规定值增加了对应用部分加电压的电流测量要求。

B 型、BF 型设备适宜应用于患者体外或体内，不包括直接用于心脏。具有 F 型隔离（浮动）应用部分的 B 型设备。该类设备要求在应用部分和地之间加 1.1 倍的网电源电压时，患者漏电流要符合不超过正常状态下 0.1mA 和单一故障状态下 0.5mA 的规定。它对漏电流容许值的要求并不高于 B 型。对于低频电子脉冲治疗设备，行业标准规定必须为 BF 型设备。

（3）CF 型设备：对电击的防护程度，特别是在容许漏电流值方面，高于 BF 型设备，并具有 F 型应用部分的设备。CF 型设备主要是预期直接用于心脏。

打算直接应用于心脏的设备或设备部件必须设计为 CF 型。CF 型设备对电击危险的防护程度要求高于 BF 型设备，特别是其漏电流容许值应低于 BF 型设备。目前，大部分心电图机、心电监护设备均设计为 CF 型。

此外，直接用于心脏的具有一个或几个 CF 型应用部分的设备，可以另有一个或几个能同时应用的附加的 B 型或 BF 型应用部分（如手术中应用的多参数病人监护设备，其心电部分设计为 CF 型，血压、呼吸监护部分设计为 B 型，肌肉松弛程度的监护部分设计为 BF 型）。

10）内部电源设备

能以内部电源进行运行的设备。内部电源一般具有两种情况：

（1）具有和网电源相连装置的内部电源设备。这种设备必须为双重分类（如 Ⅱ 类设备、内部电源设备）。

（2）内部电源设备打算与电网相连接时，必须符合 Ⅰ 类设备或 Ⅱ 类设备的要求。例如，有的设备使用电池就可以工作，但在设备上还有一个输入插孔，用来与电源变换器（这种电源变换器可单独配置）连接。通过这种连接，设备就可以使用网电源进行工作。

11）基本绝缘、双重绝缘、加强绝缘、辅助绝缘

（1）基本绝缘。用于带电部件上对电击起基本防护作用的绝缘。

（2）双重绝缘。由基本绝缘和辅助绝缘组成的绝缘。

（3）加强绝缘。用于带电部件的单绝缘系统，它对电击的防护程度相当于通用要求规定条件下的双重绝缘。

（4）辅助绝缘，又称附加绝缘。附加于基本绝缘的独立绝缘，当基本绝缘发生故障时，由它来提供对电击的防护。

通用要求讲述了四种绝缘，为了便于理解，作些简要说明：

（1）基本绝缘是对带电部件提供基本防护，使之在正常条件下不会带电。如

Ⅱ类设备的不可触及的带电部件就可以采用基本绝缘,在一般情况下能起到防电击的作用。

(2)辅助绝缘是附加在基本绝缘上的独立绝缘,以便在基本绝缘万一失效时对带电部件进行防电击,这里特别要注意"独立"二字,即它与基本绝缘之间是相互独立的,可以分开使用,单独进行电介质强度试验,一般情况下,辅助绝缘的电介质强度要比基本绝缘高些。

(3)双重绝缘和加强绝缘的区别是:前者是由基本绝缘和辅助绝缘两个独立的绝缘构成,而后者是个单独的绝缘系统。尽管它们的电介质强度相当,但应用场合不一定相同,双重绝缘一般用于需要双重保护的带电部件,加强绝缘就不宜用作需要双重保护的带电部件。

12)电气间隙、爬电距离

(1)电气间隙。两个导体部件之间的最短空气路径。

(2)爬电距离。沿两个导体部件之间绝缘材料表面的最短路径。

确定电气间隙的基本因素是:瞬时过电压、电场条件(电极形状)、污染、海拔高度。还有下述可能影响电气间隙的因素:电击防护、机械状况、隔离距离、电路中绝缘故障的后果、工作的连续性。爬电距离是由考虑中的距离的微观环境决定的,影响爬电距离的基本因素是电压、污染、绝缘材料、爬电距离的位置和方向、绝缘表面的形状、静电沉积、承受电压的时间等。因此,医用电气设备的设计者应根据具体情况,充分考虑这些影响电气间隙和爬电距离的基本因素及其他可能的影响因素。

13)漏电流

(1)对地漏电流。

由网电源部分穿过或跨过绝缘流入保护接地导线的电流,如图1-3所示。

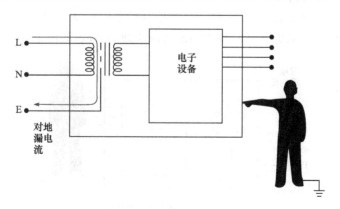

图1-3　对地漏电流

　　在保护接地导线断开的单一故障条件下,如果接地的人体接触到与该保护接地导线相连的可触及导体(如外壳),则这个对地漏电流将通过人体流到地,当这个电流大于一定值时,就有电击的危险。

　　(2) 外壳漏电流。

　　从在正常使用时操作者或患者可触及的外壳或外壳部件(应用部分除外),经外部导电连接而不是保护接地导线流入大地或外壳其他部分的电流,如图 1-4所示。

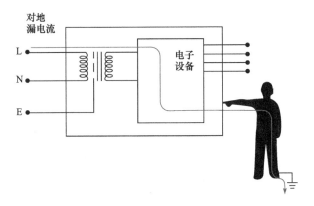

图 1-4　外壳漏电流

　　如果是Ⅱ类内部电源设备,由于它们不配备保护接地线,则要考虑其全部外壳的漏电流;但如果是Ⅱ类设备,而它又有一部分的外壳没有和地连接,则要考核这部分的外壳漏电流;另外,在外壳与外壳之间,若有未接地的,则还要考核两部分外壳之间的外壳漏电流。

　　(3) 患者漏电流。

　　从应用部分经患者流入地的电流,或是由于在患者身上意外地出现一个来自外部电源的电压而从患者经 F 型应用部分流入地的电流,如图 1-5 所示。

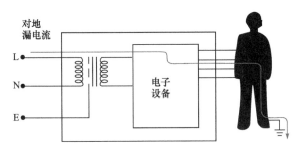

图 1-5　患者漏电流(设备到地)

　　这里是指由于应用部分要接触到患者,而患者又接地,如果应用部分对地存在一个电位差,则必然有一个电流从应用部分经患者流到地(这要排除设备治疗上需要的功能电流),这便是患者漏电流。

作为 F 型隔离(浮动)应用部分本来是浮动的,但是当患者身上同时有多台设备在使用,或者发生其他意外情况,使患者身上出现一个外部电源的电压(作为一种单一故障状态),这时也会产生患者漏电流。

(4)患者辅助电流。

正常使用时,流入处于应用部分部件之间的患者的电流,此电流预期不产生生理效应。例如,放大器的偏置电流、用于阻抗容积描记器的电流,如图 1-6 所示。

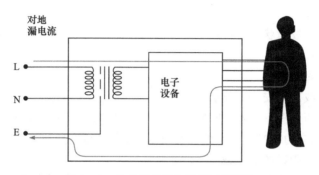

图 1-6　患者辅助漏电流(设备到地)

这里是指设备有多个部件的应用部分,当这些部件同时接在一个患者身上,若部件与部件之间存在着电位差,则有电流流过患者。而这个电流又不是设备生理治疗功能上需要的电流,这就是患者辅助电流。例如,心电图机各导联电极之间的流过患者身上的电流;阻抗容积描记器各电极之间流经患者的电流均属此例。

"患者辅助电流"这一定义应区别于打算产生生理效应的电流,如对神经和肌肉刺激、心脏起搏、除颤、高频外科手术,以前称之为"患者功能电流"的电流。

14)功能接地端子和保护接地端子

(1)功能接地端子。

直接与测量供电电路或控制电路某点相连的端子,或直接与为功能目的而接地的屏蔽部分相连接的端子。

(2)保护接地端子。

为安全目的与 I 类设备导体部件相连接的端子。该端子通过保护接地导线与外部保护接地系统相连接。

"功能接地端子"与"保护接地端子"的目的不同。功能接地端子是为了安全以外的目的,而直接与测量供电线路或控制电路某一点(往往是电路的公共端)相连接,或直接与某屏蔽部分相连接,而屏蔽是为功能性目的的接地。

保护接地端子是为了安全目的而与Ⅰ类设备导体部件相连接的,这个端子必须与外部保护接地系统相连接。

15) 单一故障状态

设备内只有一个安全防护装置发生故障,或只出现一种外部异常情况的状态。

设备在单一故障状态下仍应保证安全。各种单一故障状态是考核测试的主要项目,经验证明它们必须符合通用要求的有关内容;各种单一故障状态在测试时,用模拟的办法来创造测试条件。通过验证,考核设备在单一故障状态下的符合性。

若一个单一故障状态不可避免地导致另一个单一故障时,则二者被认为就是一个单一故障状态。

16) 安全系数

最小断裂载荷与安全工作载荷之比。

这里涉及两个概念:最小断裂载荷与安全工作载荷。所谓最小断裂载荷是"符合胡克定律(当应力不超过材料的弹性极限时,应力与应变成正比关系)的最大载荷",也就是平时所讲的破坏载荷。

所谓安全工作载荷是"某一部件在安装说明和使用说明中的要求都得到遵守的情况下,根据制造厂声明的可承受的最大负载",即平时所讲的设计负载。

安全系数的选取,要根据其具体情况作具体分析。除了要考虑载荷与应力计算的准确程度、材料的均匀性和构件的工作条件等主观估量和客观实际间必须存在的差异等因素外,还必须保证构件有必要的强度储备,以防构件在出现偶然的不利工作条件下发生破坏。一般讲,脆性材料比塑性材料的安全系数要取得大,动载荷比静载荷的安全系数要取得大,重要的及工作条件差的构件比一般的构件安全系数应取得大。

4. 医用电气设备的单一故障

医用电气设备必须在运输、储存、安装、正常使用过程和按制造厂规定保养时保证安全性。同时,必须在正常状态和单一故障状态下保证医用电气设备的安全性。

以超温危险为例。对红外热疗仪而言,超温属同预期应用目的相关的安全方面的危险,而对心电图机而言则属"同预期应用目的不相关的安全方面的危险"。心电图机的预期应用目的是获取人体心电信号,而不是向患者提供热能,但如果由于设计、制造或故障等方面的原因造成超温时,也会对患者、操作者构成危险,显然这种危险与预期应用目的不相关。

　　正是从上述通用要求出发,在第七篇中明确地规定了对超温危险防护的具体要求,包括"不向患者提供热量的设备的应用部分,其表面温度不应超过41℃"等。

　　对各类危险的防护所提的要求,均以"通用要求"为基础。因此,在设计、工艺、生产、标准化、检测等各个环节中,都要以"通用要求"为准则。

　　1)单一故障状态

　　规定的"单一故障状态"有九种。针对每一种单一故障状态都规定了具体的要求和试验方法,这是对产品安全进行风险分析的结果。

　　(1)断开保护接地导线。

　　应考核外壳漏电流、患者漏电流、患者辅助电流(若适用)。

　　当设备的保护接地导线是固定的、永久性安装时,这种故障状态出现的概率很小,因而不需进行该项考核。

　　(2)断开一根电源导线。

　　应考核对地漏电流、外壳漏电流、患者漏电流、患者辅助电流(若适用)。

　　(3)F型应用部分上出现一个外来电压。

　　应考核患者漏电流。

　　(4)信号输入或信号输出部分出现一个外来电压。

　　应考核外壳漏电流(使用说明书有规定的除外)、患者漏电流。

　　通用要求之所以把F型应用部分、信号输入/输出部分上出现一个外来电压作为一种单一故障状态,是因为一个患者身上可能连接有两台或两台以上的医用电气设备,当其中的某台设备出现故障时,或者一个患者身上连接着不符合通用要求的设备时,其保护装置出现单一故障。在这种情况下,即使未发生故障设备的F型应用部分或信号输入/输出部分上也会出现一个外来电压,从而使该设备处于单一故障状态。

　　(5)与氧或氧化亚氮混合的易燃麻醉混合气外壳漏气。

　　应考虑设备在乙醚-氧混合气中连续运行的试验。

　　(6)必要时还应考虑可能引起安全方面危险的其他故障状态。如:

　　① 变压器过载;

　　② 恒温器失灵;

　　③ 双重绝缘的一部分失效;

　　④ 保护接地导线断开;

　　⑤ 散热部件故障:通风风扇持续受阻、通风孔洞不畅、过滤器被堵、冷却剂流动中断;

　　⑥ 活动部件受制;

　　⑦ 电动机电容器的断开和短接;

　　⑧ 有安全方面危险的元件故障;

⑨ 设备过载：电热元件的设备过载、电动机的设备过载、短时或间歇运行的设备过载等。

以上故障状态均应能检测通过。

（7）可能引起安全方面危险的机械零件的故障。

（8）温度限制装置故障。

热断路器不动作。

（9）液体的泄漏等。

2）下列情况不需进行单一故障状态的试验

（1）双重绝缘完全电气击穿（出现的概率很小）。

（2）加强绝缘电气击穿（出现的概率很小）。

（3）固定的及永久性安装的保护接地导线断开（出现的概率很小）。

（4）患者接地（属正常状态）。

3）确保设备在单一故障状态下的安全性，必须在设计中采取的措施

医用电气设备从设计方案开始就应考虑到各种单一故障状态下的安全性，否则到产品定型后，再纠正这些缺陷将会付出更大的代价。安全性一般可选用下列措施：

（1）设计时留有足够的宽裕度，或采用双重保护，以防止单一故障的发生。

（2）可采用熔断器、过电流释放器、安全制动装置等。当一个单一故障发生时，这些装置即会动作，以防止发生安全方面的危险。

（3）单一故障发生时，可触发一个报警信号，提示设备处于故障状态，这个信号必须能很快被操作者发现，以便其采取相应的措施。

（4）单一故障可以通过使用说明书规定的检查和维护保养发现。

1.3　医用电气设备环境试验及要求

环境试验是检验医用电气设备安全性能的重要环节，本节介绍医用电气设备安全通用要求中的分类、标记、环境试验要求的主要内容。

1. 试验原则

只是那些在正常状态或单一故障状态一旦损坏就会引起安全方面危险的绝缘、元器件和结构细节才必须试验和检测。

2. 试验的类型

（1）通用要求中规定的试验都是型式试验。

在产品型式试验中，应该包括通用要求规定的全部试验项目。当然，用于不同

的试验目的时,可以选择不同的项目。

（2）通用要求规定的生产试验是为了保证每一台产品均符合通用要求的各类试验。

一般,医用设备制造行业的检验类型有出厂检验、周期检验、许可证产品检验、产品注册检验和产品安全认证检验等。

产品出厂检验应对每一台设备的必要安全参数进行测试,测试项目应至少包括漏电流和电介质强度。Ⅰ类设备还包括保护接地阻抗。

安全认证检验为企业能力检验;产品准产注册检验、许可证换发、周期检验为产品质量稳定性检验。

3. 样品的数量、重复试验、修理和改进

（1）型式试验的样品数量原则上为一台,特殊情况下可另加样品。

型式试验:为验证医电设备的绝缘、元器件和结构以及整机安全指标是否符合通用要求全部要求所进行的试验（通常所讲的安全认证试验）。

产品标准中规定的用于不同试验目的的型式试验,应另行确定。型式试验的样品,应能代表同类被测项,是否具有代表性应由第三方机构和制造厂商定。

（2）同一项目的试验原则上只进行一次,不得重复试验（除非标准另有规定）。尤其是电介质强度试验,更应避免重复,因为它有可能降低设备受试部位的绝缘和隔离程度。

以下就试验顺序举例:

电介质强度试验先在常温中进行,然后还应在潮湿预处理后进行,再当溢流、进液、消毒和灭菌之后,也要进行电介质强度试验。但是,在常温时只能试验一次,在潮湿预处理之后也只能试验一次。

（3）在试验中发生故障影响以后的试验时,或者为防止以后可能发生故障而需进行修理和改进时,第三方机构和制造厂可以商定选用下列处理方案中的一个:

① 提供一个新样品重新进行全部试验;

② 作全部必要的修理和改进后,只对有关项目重新试验。

必须注意,故障、修理和改进的情况,应予以记录。

4. 试验条件

1）试验的"最不利原则"

为了确保医用电气设备在储存、运输、正常使用和按制造厂规定进行保养、维修时,在正常状态和单一故障状态下的安全性,试验应在设备处于通用要求和产品使用说明书规定的最不利情况下进行,这是在选用试验条件时的一个总准则。

例如,在进行超温试验选用供电电压时,对于采用电热丝之类电热器件的设

备,由于这些器件产生的热量与供电电压的平方成正比。所以,应取规定工作电压的上限,这对于超温试验来说是最不利条件;对于具有压缩机制冷系统的设备,则应取规定工作电压的下限,因为此时其工作电流最大,相关部件上产生的热量也就最多,这对于超温试验是最不利条件。

2) 供电电压及试验电压、电流的类型、电源类别、频率

(1) 电压。

低于交流 1000V、直流 1500V 或峰值 1500V 试验电压时:≤2%;等于或高于上述试验电压时:≤3%。

(2) 频率。

额定频率为 0～100Hz 时:(50±1)Hz;额定频率为 100Hz 以上时:±1%。

(3) 如果设备指定要和某种电源装置一起使用(如有些设备指定要配用某种型式的交流稳压器),则必须和该指定的电源装置一起试验。

执行"最不利原则"时,要符合通用要求和使用说明书规定的条件。

3) 注意试验的环境

试验的结果有时与试验环境密切相关,不同的试验环境可能会出现不同的试验结果,因此,对试验的环境、设备试验前的状态、试验前的预处理作了明确的规定。第三方检验机构和制造厂执行这些规定时,在试验的原始记录中应记载,如果环境条件对试验结果有影响,还应进行修正。

(1) 试验前的预处理有两项。

第一,设备必须在试验场所停放 24h 以上(不工作);

第二,设备必须按使用说明书的规定运转,检查设备是否正常工作。

(2) 试验环境要求包括温度、相对湿度和大气压力。

① 对于基准试验,其试验条件可从通用要求所列三组中任选一组,试验结果均被认可,但产品标准中应有规定。

② 受试设备应与其他干扰源相隔离(如不要让空调器的气流直接吹向设备,以免影响试验结果)。

③ 如果环境条件无法保持稳定,并可能影响试验结果,则试验结果应进行修正(如在试验角里测试具有安全功能的设备部件及其周围温度时,不同的试验角环境温度、不同的受试件温度,就会得到不同的实测结果。应该事先进行一系列测试,得到在不同试验角的温度、不同受试件温度的不同组合条件下,被测部件的不同温度值,然后列出若干表格,或者画出若干曲线。这样,在以后的试验中,就可以从试验的实际条件和实测值出发,方便地修正到规定条件的试验结果)。这些修正表格或者曲线,应该被认可。

5. 潮湿预处理试验

潮湿预处理的目的是因为医用电气设备中的绝缘和电气隔离程度受环境温度和湿度的影响较大,通用要求从"最不利原则"的角度,模拟了一组电介质强度试验和漏电流试验的环境条件,这就是"潮湿预处理",保证被测设备不致出现安全方面的危险。

在进行漏电流和电介质强度试验前,无特殊防护的设备、防滴设备和防溅设备或设备部件必须经过潮湿预处理。

1) 潮湿预处理的条件

(1) 设备应为裸机,不能加储运时的罩、盖。

(2) 不用工具即可拆卸的部件必须拆下,且与主机一起试验。

(3) 不用工具即可打开或拆卸的门、抽屉和调节孔盖必须打开和拆下。

(4) 当潮湿预处理所模拟的气候条件对设备部件安全性能影响不大时,可以不放入箱中试验(如有些不涉及电气元件的大型支架之类的纯机械部件)。

2) 温度 t 的选定

(1) 标准规定在潮湿预处理时,潮湿箱内的湿度为 91%～95%,温度范围应为 20～32℃,允差 $t\pm2$℃,因此,其下限 $t_{min}-2$℃＝20℃,即 $t_{min}=22$℃,其上限 $t_{max}+2$℃＝32℃,即 $t_{max}=30$℃,故潮湿箱温度 t 可在 22～30℃选定(如潮湿箱的控温精度为 ±1℃,t 可在 21～31℃选择)。

(2) t 的选定还应考虑经济因素。为防止设备在放入潮湿箱时出现冷凝,通用要求规定设备必须在 $t\sim t+4$℃的环境中放置 4h 以上,方可放入潮湿箱进行试验。如果不考虑经济因素,可以在 22～30℃任选 t。例如,选 $t=25$℃,若此时实验室温度为 23℃,那么就要开启实验室的空调系统,将室温升到 25～29℃,让受试设备在室内放置 4h,然后再放入温度为 (25 ± 2)℃,相对湿度为 91%～95%的潮湿箱内进行试验。这样,就对潮湿箱外的环境条件提出了较高的要求。

箱内温度虽然会影响设备对湿度的吸收程度,但尚不足以对要进行的电介质强度试验和漏电流试验的结果产生实质性影响。通用要求附录 A 推荐了一种节能方案,即当实验室温度在 20～32℃时,潮湿箱的试验温度 t 可直接选为室温。这样,可将设备直接放入潮湿箱中试验,既降低了费用,也满足了通用要求的规定。

3) 注意不同设备进行潮湿预处理的待续时间

(1) 普通设备或设备部件为 2d(48h)。

(2) 防滴和防溅设备或设备部件为 7d(168h)。

6. 潮湿预处理与性能环境试验的关系

潮湿预处理与性能环境试验两个试验的性质本身是不同的,它们的试验目的、

试验参数以及试验后的测试项目均不相同。在产品型式试验中,有两种方案可供选择:

(1)两个完全独立的试验。这种方案的优点是试验严格按照通用要求的规定参数进行,缺点是试验时间加长,费用较高。

(2)在储存湿热试验后,利用它的恢复过程,控制到潮湿预处理的条件分别进行电介质强度试验和漏电流试验,再恢复到室温进行产品标准规定的性能测试。这种方案的优点是试验时间短,费用较低,但缺点是潮湿预处理的条件比标准的要求加严。

7. 清洗、消毒和灭菌

许多医用电气设备具有与患者接触的部件,在使用过程中必然要对这些部件进行清洗、消毒和灭菌。经过清洗、消毒和灭菌处理的设备部件是否会损坏或者降低其防电击程度、影响其安全防护性能呢?这就必须要对经清洗、消毒和灭菌后的设备或设备部件进行安全试验。因此,清洗、消毒和灭菌也应按通用要求进行试验。

(1)如果设备的使用说明书对整个设备或其中若干部件规定了专门的清洗、消毒和灭菌的方法,则只需用此方法对设备或设备部件反复进行 20 次试验。

(2)如果设备的使用说明书并未对正常使用时与患者接触部件的清洗、消毒和灭菌方法作专门的规定,则用温度为(134 ± 4)℃的饱和蒸汽作 20 次试验,每次持续 20min,间隙时间以设备冷却到室温为准。

经上述试验后的设备或设备部件必须通过通用要求规定的电介质强度试验。

8. 注意事项

(1)医用电气设备制造厂必须从以下几个方面执行试验的通用要求:

① 必须进行生产试验。为提高医用电气设备的产品安全性能,不仅要重视设计、制造工艺和材料的选用,也必须搞好产品安全性的试验;不仅要进行型式试验,也必须进行生产试验,这样才能保证每一台生产设备均符合通用要求的内容。

② 要建立和健全符合通用要求的检验机构,配备必要的符合要求的试验设备(电介质强度、漏电流、保护接地阻抗测试仪等)以满足通用要求的基本要求。

③ 要把电介质强度、漏电流和保护接地阻抗(若有)选定为出厂检验的必测参数。

(2)第三方检测机构应严格按"试验的通用要求"执行。在进行各类型式试验时,特别要注意以下几点:

① 样品的数量一般为一个;

② 不得进行重复试验,尤其是电介质强度试验;

③ 必要的修理和改进要求；

④ 试验时"最不利条件"的选用；

⑤ 试验前的预处理以及潮湿预处理(按产品标准选定的方案)；

⑥ 清洗、消毒和灭菌试验；

⑦ 无特殊规定时,应按附录 A 规定的试验顺序进行；

⑧ 试验用的仪器、仪表应符合通用要求的规定,不得影响测量结果。

(3) 根据通用要求的规定,在编制产品标准的"试验方法"时,如果试验条件对测试结果有明显影响,均应指明具体的试验条件；对产品环境试验中的储存湿热试验和通用要求潮湿预处理试验的关系应有明确规定；对各类试验中发生故障后进行修理、改进和更换样品的方法,及合格与否的判定也应有明确的规定。

1.4　医用电气设备的分类和检测要求

通用要求从不同的角度对医用电气设备进行了分类,又按不同的类别提出不同的标记要求、不同的安全程度要求和不同的检测要求。

1. 医用电气设备的分类

分类是生产、使用和检测的需要。生产厂在设计、制造产品时,要自觉地根据社会的要求结合制造工艺和成本等因素采取一定的安全措施,达到一定的防护程度。这些安全措施,就是一种分类。通用要求从理论角度提出了明确的分类要求,使生产厂的设计、制造规范更加明确,使用者可以根据分类标记明确设备的使用环境和安全程度,使试验者对试验的条件和要求容易正确把握。通用要求的分类是从设备安全的角度划分的,例如,通用要求把设备按工作制分为连续运行、短时运行、间歇运行、短时加载连续运行和间歇加载连续运行五种类型。这种分类法似乎与安全无关,其实,设备按不同的工作制运行,它对安全方面的影响是不同的。当一台按短时运行设计的设备连续运行,很可能有超温的危险,把它按连续运行类型的设备来作超温试验,也可能得到不合格的试验结果。可见,无论设计、使用,还是试验,都要分清该设备的工作制。所以,应该从保证设备安全的需要来正确地认识通用要求规定的分类。

1) 类的组合

在产品标准的"安全要求"中,应明确指出产品对电击的防护类型,一般有五种类的组合：Ⅰ类,Ⅱ类,内部电源,Ⅰ类、内部电源,Ⅱ类、内部电源。

2) 型的组合

有六种型的组合：B 型,BF 型,CF 型,B、BF 混合型,B、CF 混合型,B、BF、CF 混合型。

一般还应指出进液防护类型:普通、防滴、防溅、防浸设备。

例如,心电监护设备可设计为Ⅰ类 CF 型普通设备,某种超声治疗设备可设计为Ⅱ类 B 型防溅设备,带有心电同步显示的超声诊断设备可设计为Ⅰ类、带 CF 型应用部分的 B 型普通设备等。

2. 不同类型的设备具有不同的安全要求

通用要求中规定的安全要求,是依据设备的不同类型,划定不同程度指标的。例如,在规定设备的漏电流要求时,是按照设备的防电击程度(B 型、BF 型、CF 型)来确定具体指标,而在规定设备的潮湿预处理的时间时,则要按照设备防有害进液程度的类别来确定。

(1)在产品设计之前,首先应确定产品的类型。

设计人员可以根据设备的用途、环境(包括储存、运输等)和其他条件以及相关的要求进行综合分析,确定设计对象适用的类型,考虑设计对象的安全指标作为设计的目标。

(2)产品标准应根据产品的实际情况,对设备的分类作出规定。其中,按防电击类型、防电击程度、对有害进液的防护程度、工作制划分的类别必须进行明文规定。

(3)检验(或试验)人员要明确检验对象的分类类别,并严格按照标准对各类型设备的要求进行试验。

3. 识别、标记和文件

通用要求规定的设备安全标记是一种简单醒目、通俗易懂的专用符号,可以不受国家、民族或地区的限制,它容易被一般人员所掌握,也给产品设计、制造和安全使用的指导带来了方便。目前,已基本趋向完整统一,并被许多国家所接受,如表 1-1 所示。

表 1-1　医用电气设备标记

序号	符　号	IEC 出版物	GB 编号	含　义
1	∼	417-5032	4706.1	交流电
2	3∼	335-1	4706.1	三相交流电
3	3N∼	335-1	4706.1	带中性线的三相交流电
4	= = =	417-5031	4728.2	直流电

序号	符　号	IEC 出版物	GB 编号	含　义
5	$\overline{\sim}$	417-5033	4706.1	交、直流电
6	⏚	417-5019	4728.2	保护接地(大地)
7	⏚	417-5017	4728.2	接地(大地)
8	N	445	4728.2	永久性安装设备的中性线连接点
9	▽	417-5021	4728.2	等电位
10	□	417-5172	5465.2	Ⅱ类设备
11	IPX1	529	4208	防滴水

通用要求规定了设备在出厂时,设备的内部和外部,还有设备的控制器件均应有适当的标记,以使用户掌握设备与安全有关的各种情况,正确使用,安全操作。通用要求对标记、符号、导线绝缘的颜色、医用气瓶及其连接点的识别和指示灯、按钮的颜色均做了规定。另外,就随机文件(使用说明书和技术说明书)应包括的内容也作出了规定。

设计人员在设计过程中必须遵守有关的规定,然而,有些设计人员对于安全标记和安全使用说明并不十分重视,他们以为别人也会同他们自己一样熟悉这些设备的使用情况,故将一些必不可少的标记和说明随意地"省"掉了,但这会给设备的安全使用带来意想不到的灾难,这是绝对不允许的。

4. 标记的一般要求和试验方法

1)一般要求

设备应按标准中要求进行标记。标记应做到:永久贴牢,清楚易认。

2)试验方法

(1)对设备或设备部件的外部标记。

① 检查设备表面是否有所要求的标记。

② 试验标记的耐久性,先用一块用蒸馏水浸过的擦布擦 15s,再用甲基化酒精浸过的擦布在室温下擦 15s,最后用异丙醇浸过的擦布擦 15s。擦试用手工,用力不宜过大。

③ 所有试验完成后,标记必须清楚易认。粘贴的标记不应松动或卷边。

在评定耐久性时,还必须考虑到正常使用时对标记的影响。

（2）对设备或设备部件内部的标记。

按检查设备外部标记的方法进行检查,但不做擦拭试验。

（3）控制器件和仪表的标记。

检查控制器件和仪表是否有所要求的标记。

3）设备或设备部件的外部标记

通用要求规定了设备外部标记的最低限度要求表示需要标记。

由于设备的尺寸或外壳特征不允许将所规定的标记全部标上时,至少必须标上生产（或供应）单位、型式标记与电源的连接（永久性安装的设备除外）、分类、生理效应等条所规定的标记,而其余的标记必须在随机文件中完整地记载。不宜作标记处,必须在随机文件中详细说明。

4）图形、符号的解释

在医用电气设备上,为了克服语言的差异,并且为了使人们更容易理解那些往往标在一块很小地方的标记和说明的含义,人们常常喜欢使用符号,而不使用文字。

根据通用要求,需要使用符号时,应使用通用要求附录 D 的符号。附录 D 分别列出了所需要的符号,这些符号已由 IEC 出版物 417、335、445、529、348、878 及相应的国家标准发表过。至于未列入的符号,可参照 IEC 或 ISO 或相应的国家标准的正式符号。若需要,可将两个或两个以上的符号组合在一起表示一个特定的含义,并且只要基本符号的主要含义不变,在图形设计方面允许有某种自由,可参照附录 D。

5. 导线绝缘的颜色

（1）对导线绝缘进行标记主要是为了给人们提供一种便于设备安装、识别导线、确定电路的故障点和维修设备的方法,以免导线混淆,确保安全操作。

（2）标注有以下几种方法：

① 用字母、数字及字母＋数字来标注;

② 用颜色标注;

③ 用图形符号标注。

（3）通用要求中规定了绿/黄色和浅蓝色的用法及电源线中导线绝缘的颜色。

① 保护接地线的整个长度都必须以绿/黄色的绝缘为识别标志。

② 设备内部将可触及的金属部件或其他具有保护功能的保护接地部件与保护接地端相连的导线上的绝缘体必须至少在导线终端用绿/黄色来识别。

③ 用绿/黄色绝缘作识别适用于保护接地线和②的要求以及电位均衡导线。

④ 电源线中,要同电源系统中性线相连的导线绝缘必须采用浅蓝色的绝缘。

⑤ 电源线中,导线绝缘的颜色必须符合 GB5013.1 或 GB5023.1 的规定。

⑥ 在设备部件之间使用多芯电线时,若只采用绿/黄色导线而保护接地电阻超过最大允许值时,可将该电线中其他导线同绿/黄色导线并联使用,但并联导线末端也应标以绿/黄色。

一般标记导线绝缘的颜色为黑色、白色、红色、黄色、蓝色(浅蓝色)、绿色、橙色、灰色、棕色、青绿色、紫色、粉红色及绿/黄双色。为安全起见,除绿/黄双色外,不能用黄色或绿色与其他组成双色。在不引起混淆的情况下,可以使用黄色和绿色之外的其他颜色组成双色。绿/黄双色只用来标记保护接地导线、与保护接地端相连的导线(包括功能导线)、电位均衡导线,不能用于其他目的。浅蓝色只用于中性线或中间线,包括电路中有用颜色来识别的中性线或中间线。

6. 医用气瓶及其连接的识别

对气瓶涂以颜色作标记,其目的是用来区分气瓶中装有不同的介质,以免在使用中造成错用而产生安全方面的危险。因此,设计人员、使用人员和检测人员在选用气瓶时,应注意气瓶的瓶色、字样、字色等是否符合要求。

按照国家标准规定:氧气的瓶色—淡酞蓝,字样—氧,字色—黑;空气的瓶色—黑,字样—空气,字色—白;氮气的瓶色—黑,字样—氮,字色—淡黄;……

同样,为了避免更换时发生差错,气瓶上的连接点必须在设备上作出标记,或者必须保证供不同医用气体的连接头,并不得互换。

7. 指示灯和按钮

指示灯或按钮的颜色是提供设备状态的信息,以引起操作人员的注意,或指示操作人员完成某项工作,使操作人员能安全操作设备。指示灯和按钮的要求是参照 IEC 出版物《用颜色和辅助手段标记指示设备和调节器》的规定。

1) 指示灯颜色

(1) 红色:必须仅用于指示危险的警告和(或)要求紧急行动(这里红色是指大红色)。

(2) 黄色:需要小心或注意。

(3) 绿色:准备运转。

(4) 蓝色:可由专用安全标准专门指定含义(如高频电刀的专用标准中就规定,黄色用于切割功能指示,蓝色用于电凝功能指示)。

(5) 白、灰、黑:无专门指定含义。

(6) 点阵和其他字母——数字式显示装置:不作为指示灯来考虑。

（7）其他颜色：除红或黄色以外的其他含义。

2）不带灯按钮的颜色

红色必须只用于紧急时中断功能的按钮。

8. 随机文件

由于设备的标记、图形、符号还不能向使用者完全表达有关设备的功能、安全运行的条件以及设备的检查、维护和保养的要求，因此，设备还应提供必备的一份随机文件，以解决上述问题。

随机文件必须至少包括使用说明书、技术说明书和可供用户查询的地址在内的文件，随机文件应作为设备的组成部分。如果使用和技术说明书是分开的，则所有可用的分类都必须包含在两个说明书中。

1）使用说明书

使用说明书应包括下列内容：

（1）一般内容。

应给出设备按技术条件运行的全部资料；向使用者和操作者详细说明检查、保养以及保养周期；有关设备上的图形、符号、警告性说明和缩写的解释；设备的分类等。

（2）对信号输出和输入部分规定的说明。

（3）有关患者接触部件的清洗、消毒和灭菌方法的细节。

（4）对由电网供电、并带有附加电源的设备，若其附加电源不能自动地保持在完全可用的状态，使用说明书必须提出警告，规定必须对该附加电源进行定期检查和更换。

（5）一次性电池长期不用应取出的说明。

（6）可充电电池的安全使用和保养的说明等。

2）技术说明书

技术说明书应包括下列内容：

（1）在通用要求中所提到的所有数据和安全运行必不可少的所有特性参数。

（2）熔断器和其他部件的更换要求和方法。

（3）供方按要求提供的电路图、元器件清单等的承诺。

（4）有关运输和储存环境限制条件的规定。

随机文件的目的就是给设备使用者提供一个使用和维修、保养方法的指南。因此，保证其安全运行所必不可少的一些说明，应该是应有尽有的，企业要对此引起足够的重视。在日本标准 JIST1006 标准中还特别单独制定一册，对"说明书"的要求非常完整、详尽和严格，对"说明书"给予了充分的重视。

9. 输入功率

1) 设备输入功率对安全的影响

大多数医用电气设备需使用网电源工作,而网电源都有自身容量的限制。医用电气设备最常用的网电源是市电电网,每一市电电网的容量都是有限的。尤其是有些供电线路的接线或装置老化,电源的内阻变大,这样的供电网接入超容量的设备后,线路中就会有过大的电流,轻则损坏电源设备,严重的会引起线路超温失火,造成重大的安全方面的危险。

另一方面,当供电电源的负载超容量时,它的输出电压就会降低,当设备的输入电压低到一定程度时,还会造成设备的过电流运行,从而会引起安全方面的危险。再者,设备设计时选定的防护材料、结构形式、元器件规格等都与设计的输入功率相适应。由于制造等方面的原因,有些设备的实际输入功率往往偏大,设备所用的材料、元器件规格、结构形式没有相应改变。这样,偏大的输入功率就与设备的材料、元器件和结构形式不相配,从而使设备本身引起安全方面的危险。由此可见,输入功率偏差过大的设备会对安全造成影响。

2) 输入功率的考核

(1) 对于主要由电动机驱动的设备。

① 输入功率≤100W 或 100V·A 时,+25%;

② 输入功率>100W 或 100V·A 时,+15%。

(2) 其他设备。

① 输入功率≤100W 或 100V·A 时,+15%;

② 输入功率>100W 或 100V·A 时,+10%。

注意:当功率因数大于 0.9 时,方可用 W 表示。

3) 试验

(1) 首先检查设备的随机文件或设备上的标记,确定设备输入功率的额定值(或额定电压、电流值)。

(2) 按使用说明书的规定运行设备,待设备达稳态后测量。

(3) 用有效值仪表(如热电式仪表)测量稳态电流,通过计算得到结果,或用有功功率计测量。

生产厂应在使用说明书等随机文件和设备的标记中标明设备的输入功率,并且要合乎通用要求的规定。

10. 环境条件

运输和储存条件:

如果制造厂没有另行规定设备的运输和储存环境条件,设备必须能在不超出下列范围的环境条件下放置 15 周：

(1) 环境温度范围：−40～＋70℃。

(2) 相对湿度范围：10％～100％,包括冷凝。

(3) 大气压力范围：500～1060hPa。

这里包括两层含义：

① 制造厂应对设备的运输和储存条件作出规定,将其写入产品标准或使用说明书等随机文件中。

② 若制造厂未作规定,则作为产品来讲,不得在上述极限环境条件下运输和储存超过 15 周,也不得对超过 15 周的设备进行上述极限环境条件的试验。

11. 运行环境

设备在下列条件最不利的组合环境下运行时,必须符合通用要求的所有规定。

(1) 环境温度：＋10～＋40℃。

(2) 相对湿度：30％～75％。

(3) 大气压力：500～1060hPa。

(4) 水冷设备的进水口温度,不高于 25℃。

12. 电源条件

必须对电源的额定电压及其波动范围、内阻抗、电压波形、频率及其误差、保护措施等几个方面提出下列要求：

(1) 额定电压：按设备的不同类型提出了最高限值,该电压指的是有效值。

① 手持式设备：不超过 250V；

② 额定视在输入功率不超过 4kV・A 的设备：直流不超过 250V；交流单相、多相电源不超过 500V；

③ 其他设备：不超过 500V。

(2) 电源的内阻抗足够低（由专用标准规定）。

(3) 电源电压的波动范围。

① 不超过额定电压的±10％；

② 允许短时间（不超过 1s）跌至额定电压的−10％以下。

这主要是考虑到电网上一些大容量设备（如大功率电动机、冷却系统压缩机等）的启动会引起电网电压的短时间波动,设计时要采取措施,使设备能承受此类电压的低落。

(4) 系统的任何导线之间或任何导线与地之间,没有超过额定值＋10％的电压。

(5) 电压波形应为正弦波,且是对称供电系统的多相电源。

（6）频率不超过 1kHz。

（7）额定频率不超过 100Hz 时：其频率误差≤1Hz。

额定频率在 100Hz～1kHz 时：其频率误差≤1％额定值。

应注意这里规定的电源电压波形和它的频率是对设备所接的外部电源而言，并不是对设备内部逆变电源的电压波形和频率的限制。

（8）保护措施按 IEC364《建筑物内电气设施对电击的防护》的规定。

（9）内部电源如可更换，制造厂必须作出规定。

13．网电源

1）交流供电网的几种型式

电网的种类很多，按照电压可分为 1000V 以上的高压电网和 1000V 及以下的低压电网；按电流种类可分为交流电网和直流电网；按相数可分为三相电网和单相电网；按用途可分为动力电网、照明电网和专用电网；按运行方式可分为直接接地电网、经阻抗接地电网和不接地电网等。

最常见的是三相交流电网，这种电网有三种运行方式。

（1）中性点直接接地的三相四线制电网。

从安全角度考虑，这种电网在抑制过电压、减轻故障条件下的触电危险等方面有明显的优点。而且，三相四线制线路能提供两组电压，同时供给动力和照明用电，大大节省了变配电设备，有良好的经济性能。因此，我国和世界各国绝大部分地区都采用这种供电网。

（2）不接地的三相电网。

对于过电压危险性不大，供电连续性要求较高，而且电网对地绝缘水平高，在对地分布电容不大的场合，宜采用不接地电网。在我国，这种电网主要用于矿井。

（3）经阻抗接地的三相电网。

当采用不接地电网且需消除谐振危险时，将电网带电部分经高阻抗接地，以代替不接地电网。

应该指出，不同的电网应采取不同的防护方式，不同电网中的用电设备则应采取不同种类的安全防护措施。

2）采用星形接法的中性点直接接地的三相四线制电网中电气设备的保护措施

除矿井等少数特殊场合外，我国最常用电压为 380V/220V、采用星形接法的中性点直接接地的三相四线制电网。这种供电网有两类基本的电击防护方式。

（1）保护接地方式：TT 系统。

就是用一根足够粗的导线，一头接在设备的金属外壳上，另一头接在连通大地的金属体上(其接地电阻在 4Ω 以内)。这样,在设备的绝缘损坏发生漏电而使金属外壳带电时,电流将通过这根导线流入大地,并使装在供电线路上的过电流保护装置动作切断电源,达到保护设备的目的。这种配电-防护系统称为 TT 系统。

(2) 保护接零方式:TN 系统。

把设备金属外壳接到供电线路中的"专用接零地线"上,如供电线路上采用单相三极插座即属此种(中间那极为"专用接零地线")。这样,当设备绝缘损坏时,通过设备金属外壳与专用接零线连接,熔断供电线路上的保险丝或使过电流保护装置动作而断开电源。这种配电-防护系统称为 TN 系统。

由于 TT 系统和 TN 系统都是防止间接接触电击的安全措施,在做法上有一些相似之处。因此,被人们广义地理解为"接地",但是,这毕竟是两种完全不同的保护方式。值得注意的是:

① 不能在同一供电系统中把一部分设备采用保护接地,而把另一部分设备采用保护接零。这样,当保护接地的设备发生漏电时会使其他保护接零的设备外壳带电,人触及后将发生电击危险。因此,在 TN 系统中混用 TT 方式是不允许的。

② 在中性点接地的三相四线制供电网中采用 TT 方式,很难真正起到保护作用。这是因为:

a. 有时故障电流不使供电网的保护装置动作;

b. 即使保护装置动作也需要一定的时间,而这种时间差也会造成危险。

因此,中性点接地的三相四线制电网实际上均采用 TN 系统而不采用 TT 系统。如果把保护接地设备的金属外壳再同"保护接零线"连接起来,那么,TT 方式就变成重复接地 TN 系统,这对安全是有益无害的。因此,专为医用电气设备单独埋设保护接地线时,应把它与保护接零线连接起来。

3) Ⅰ类设备在电网中的防电击问题

在Ⅰ类医用电气设备接入中性点直接接地的三相四线制供电网后,由于供电线路的接地或接零,实际上会组成 TT 系统或 TN 系统。

但不论是 TN 还是 TT 系统,Ⅰ类设备要实现防电击保护,最终应注意两个环节:第一,当外壳带电要尽可能快地使过电流保护装置动作,以迅速切断电源,解除外壳的带电状态;第二,要尽可能降低外壳对地电压。要达到这两个目的,设备除了应安装容量适宜的快速熔断保险丝或过电流保护装置之外,还应将设备的保护接地阻抗限制在较小值。

14. 溢流、进液等

潮湿是降低电气绝缘最常见的因素之一。许多情况都会使医用电气设备处于潮湿状态,使其电气绝缘和隔离程度受到影响,以致引起安全方面的危险。因此,通用要求对设备环境适应性提出了规定。它们是:溢流、液体泼洒、泄漏、受潮和进液。

通用要求规定的试验,是对设备结构是否符合通用要求所进行的考核,是对环境条件的一种模拟,要正确把握试验的对象、方法和步骤。现将有关试验后进行的检验项目加以介绍。

(1)溢流。

试验后,检查无绝缘的带电部件、可能引起安全方面危险的电气绝缘部分,看是否有受潮的痕迹。若对绝缘有怀疑,则应进行电介质强度试验。

(2)液体泼洒。

试验后,检查无绝缘的带电部件、可能引起安全方面危险的电气绝缘部分,看是否有受潮的痕迹。若对绝缘有怀疑,则应进行正常状态下的漏电流试验。

(3)泄漏。

进行单一故障状态下的所有漏电流试验。

(4)进液。

防浸设备由专用标准规定,非防浸设备与"溢流"试验相同,重点检查有爬电距离规定的绝缘上是否有水迹,并应承受电介质强度试验。

15. 供电电源的中断

在医疗实践中,由于一些不可预见的因素导致正在运行的医用电气设备供电电源中断,这种情况并不少见。这可能是由设备本身的故障造成的,也可能是由于设备外部的故障造成。

(1)"如果由于自动复位会造成安全方面的危险,则不得使用自动复位的热断路器和过电流释放器。"

例如,某一设备的网电源输入端安装了自动复位的过电流释放器,当设备绝缘损坏时,金属外壳带电产生的大电流将使该过流释放器动作而切断电源(假定供电线路上的熔断器由于容量较大没有熔断)。但因自动复位功能的作用,该过流释放器又恢复对设备的供电,如此反复动作,显然造成了安全方面的危险。可以通过功能试验来检测是否合格。

(2)"设备必须设计成当供电电源中断后又恢复时,除预定功能中断外,不会发生安全方面的危险。"

例如,某二氧化碳激光治疗机,选用机械式自锁按键来控制激光器工作高压的通断,在医生手持激光治疗头对患者治疗时,按下该按键自锁接通高压,即输出大功率激光束。如果此时电源突然中断,则激光输出中止。假定操作者未按动按键解除其自锁状态,而供电又突然恢复,那么,激光器马上就有大功率输出,这是十分危险的现象,因为此时激光束的照射部位是不确定的,万一医生手中的激光器正无意中指向患者的非治疗部位,就将造成安全方面的事故。必须通过中断并恢复有关电源来检测是否合格。

(3)"必须有当电源中断时消除患者身上的机械压力的措施。"通过功能试验来检验是否符合要求。

1.5　医用电气设备电气安全检测

为了保证医用电气设备的安全性,必须通过连续漏电流和电介质强度规定的方法进行试验。

1. 隔离、保护接地、功能接地及检测方法

保证医用电气设备产品的安全性符合通用要求的重要环节是使产品有良好的隔离、保护接地、功能接地的措施。

在对"带电部件"进行电介质强度试验时,要遵循不重复、不遗漏两个基本原则,即同一绝缘路径的几个"带电部件",只进行一次电介质强度试验,而不同绝缘路径的"带电部件"要分别试验。

基于上述情况,在产品标准中应明确哪些部件属"带电部件"(尤其是中间电路),哪些是同一绝缘路径的"带电部件"及"带电部件"的最高电位点,明确测试点及试验电压值。指出"带电部件"的功能地与保护接地的连接点(在设备上应有明确的标记),并在标准的编制说明中予以充分的论证,说明测试点及试验电压值选择的依据,以及不作为"带电部件"考虑的中间电路确定的依据。

(1)在正常状态和单一故障状态下,应用部分必须与设备的带电部分隔离。可以采取以下措施:

① 应用部分仅用基本绝缘与带电部件隔离,但要保护接地(如牵引床、牙科椅等设备,其应用部分仅用基本绝缘与带电部件隔离,但要保护接地)。

② 应用部分用一个保护接地的金属部分与带电部件隔离(如热疗设备,其应用部分——远红外辐射器与加热体之间使用保护接地的金属导热板隔离)。

③ 应用部分未保护接地,但用一个中间保护接地电路与带电部分隔离(如低频电子脉冲治疗设备,其应用部分浮地,但用一个原、副边分别绕制在铁芯两侧,并且铁芯保护接地的脉冲变压器与带电部件隔离。这样,即使原边与铁芯间的绝缘被破坏,由于铁芯保护接地,也不会造成流向应用部分的漏电流超过容许值要求的结果)。

④ 应用部分用双重绝缘或加强绝缘与带电部件隔离(如心电图机等设备的导联插座)。

⑤ 用"保护阻抗元件"防止超过容许值的患者漏电流和患者辅助电流流向应用部分(如心电图机和心电监护设备的前置放大器,使应用部分浮动,防止患者漏电流超过容许值,并且其前置放大器采用高输入阻抗的场效应管(或 IC)作输入级,降低偏置电流,防止患者辅助电流超过容许值)。应用部分与带电部件的隔离是否符合要求,通过对患者漏电流和患者辅助电流的测量来检验。

由于空气可以形成一部分或全部的基本绝缘和(或)辅助绝缘,也可以作为一种隔离手段,但应用部分与带电部件之间的爬电距离和(或)电气间隙应符合通用要求的规定,如不符合要求,在测量漏电流时应将其短接。

(2) 应用部分不得与未保护接地的可触及金属部件有导电连接,是否符合要求,按通用要求规定的漏电流测量来检验。

(3) 在正常状态和单一故障状态下,非应用部分的可触及部件,必须与设备的带电部件隔离到使漏电流不超过容许值的程度。

采用以下方法之一,可满足该项要求:

① 可触及部件仅用基本绝缘与带电部件隔离,但要保护接地。

② 可触及部件用保护接地金属部件与带电部件隔离。金属部件可能是全封闭的导体屏蔽。

③ 可触及部件未保护接地,但用中间保护接地电路与带电部件隔离。

④ 可触及部件用双重绝缘与带电部件隔离。

⑤ 用元件的阻抗防止超过容许值的外壳漏电流流到可触及部件。是否合格,通过检查隔离措施及测量外壳漏电流进行判断。

(4) 在产品设计中应注意的问题。

为满足通用要求的带电部件与应用部分及可触及部件的隔离要求,必须在设计中按标准提出的方法采取隔离措施。

对于 I 类设备还应注意功能接地的合理安排。

① 如果允许的话,设计中可将功能接地与保护接地分开,使功能接地浮动。或者功能接地通过某种 RC 网络与保护接地的机壳连接,满足中间电路对机壳的电流小于漏电流容许值的要求,这样中间电路就不再作为"带电部件"考虑。

② 如果为满足抗干扰及屏蔽的要求,功能接地必须与机壳相连,也应尽量设计为功能接地集中于一点与保护接地连接(功能接地点必须明确标记),并且当连接断开后中间电路与机壳之间具备足够的电介质强度。

2. 医用电气设备对保护接地、功能接地和电位均衡的要求和检测方法

(1) I 类设备中可触及部件和带电部件间用基本绝缘隔离时,必须以足够低的阻抗与保护接地端子连接。应当引起注意的是,用装饰层覆盖的金属部件,当装

饰层的强度不符合机械强度试验要求时,被认为是可触及的金属部件。但是Ⅰ类设备中允许有不连接保护接地端子,但采用其他方法与网电源部分隔离的可触及部件。隔离方法有:

① 采用双重绝缘;

② 用已保护接地的金属屏蔽;

③ 用已保护接地的金属部件或中间电路与网电源部分隔离。

这些方法的隔离效果应保证在正常状态和单一故障状态下。从这些可触及金属部件至地的漏电流不超过通用要求的容许值。满足以上要求的可触及部件可以浮动,或与功能接地端子连接。

(2) 保护接地端必须适合于经电源线的保护接地导线和电源插头与供电系统的保护接地线连接,或者通过固定的永久安装的保护接地导线与网电源的保护接地线连接。

(3) 设备如果有电位均衡导线连接装置,必须符合以下要求:

① 容易接触到;

② 正常使用中能防止意外断开;

③ 不用工具即可拆下导线;

④ 电位均衡导线不能包含在电源线中;

⑤ 连接装置必须有标志。

(4) 对保护接地阻抗的要求。

① 不用电源软电线的设备,其保护接地端子至保护接地的所有可触及金属部件间的保护接地阻抗不大于 0.1Ω。

② 带有电源输入插口的设备,插口的保护接地端与保护接地的所有可触及金属部件间的保护接地阻抗不大于 0.1Ω。

③ 带有不可拆卸电源软电线的设备,网电源插头的保护接地插脚至已保护接地的可触及金属部件间的保护接地阻抗不大于 0.2Ω。

④ 检测方法。使用 $50\sim60Hz$,空载电压不超过 $6V$ 的正弦波交流电源,产生 $10\sim25A$ 的电流,时间至少为 $5s$,测量上述部件之间保护接地连接的电压降,计算其保护接地阻抗。

使用大电流测量的原因,是需要有足够的幅值引起电气设备中的保护装置(熔断器、断路器、对地漏电流断路器等)在短时间内动作,并且考核保护接地线不会被熔断。试验时间至少为 $5s$,是为了显示出保护接地连接太细或接触不良而产生的过热,而这样的"薄弱点"只用测量电阻值的方法是不能发现的。

值得注意的是,功能接地端子不得用作保护接地。

(5) 对带有隔离的内部屏蔽的Ⅱ类设备的要求。

① 如果该类设备使用了三芯电源线供电,则与网电源插头的保护接地插脚相

连的线只能作为内部屏蔽的功能接地,并且必须是绿/黄色。

② 该内部屏蔽和与其相连的所有内部布线的绝缘必须是双重绝缘或加强绝缘。

③ 该种设备的功能接地端子必须有标记,使之和保护接地端子能区别,还必须在随机文件中加以说明。

(6) 对保护接地端子和连接的要求。

通用要求提出保护接地端子应该安装牢固、可靠,使用含有保护接地线的电源插头座应该符合以下要求:

① 保护接地端子,无论是固定的电源导线,还是电源软电线,所用的紧固件必须是在夹紧或松开接线时都不会使内部布线受到应力,也不会使爬电距离和电气间隙降低到规定值以下。

② 如果用设备电源输入插口做设备的电源连接,则设备电源输入插口中的接地脚必须被看作是保护接地端子。

③ 保护接地端子是专用的,不能同时兼有设备不同部分的连接作用,亦不能作为与接地无关的元件的固定装置使用。

④ 保护接地连接必须先于电源连接,电源断开之后方可断开。这一要求适用于通过插头座与网电源连接的设备,包括设备上的辅助网电源插头座。

⑤ 工艺的要求。不借助工具不可能使紧固件松动。包括在设备内部做保护接地连接的螺钉不可能在外部使它松动。检查和试验方法有:检查材料和结构;手工进行试验。

3. 漏电流及其检测方法

(1) 漏电流是指非功能性电流,涉及的种类有对地漏电流、外壳漏电流、患者漏电流及患者辅助电流。

通用要求规定:防电击作用的电气绝缘必须有良好的性能,以使穿过绝缘的电流被限制在规定的数值内。

(2) 连续的对地漏电流、外壳漏电流、患者漏电流及患者辅助电流的规定值适合于下列条件的任意组合时,测量值不得超过规定的容许值。

① 通用要求中所规定的潮湿预处理之后和在工作温度下。

② 在正常状态和规定的单一故障状态下。

③ 设备已通电处于待机状态和完全工作状态,且网电源部分的任何开关处于任何位置。

④ 在最高额定供电电压下。

⑤ 电压为 110% 最高额定网电压下。

(3) 规定接至 SELV(安全特低电压)电源的设备,仅在该电源符合通用要求规定,且设备与电源组合起来试验符合容许漏电流要求时,才能认为符合通用要求的规定。

(4) Ⅰ类设备外壳漏电流的测量必须仅限于:

① 未保护接地外壳的每一部分到地。

② 未保护接地外壳的各部分之间。

注意:在制定产品标准时,如果设备外壳已全部保护接地,就不再考虑外壳漏电流。

(5) 必须测量的患者漏电流。

① 对 B 型设备,对连在一起的所有患者连线或按制造厂的说明对应用部分加载进行测量。

② 对 BF 型设备,轮流地从应用部分的同一功能的连在一起的所有患者连线或按制造厂的说明对应用部分加载进行测量。

③ 对 CF 型设备,轮流地从每个患者连接点进行测量。

(6) 患者辅助电流必须在任一患者连接点与连接一起的所有其他患者连线之间进行测量。

4. 单一故障状态

(1) 对地漏电流、外壳漏电流、患者漏电流及患者辅助电流必须在下列单一故障状态下进行测量。

① 每次断开一根电源线。

② 断开保护接地导线(在对地漏电流时不适用)。

(2) 患者漏电流必须在下列单一故障状态下测量。

① 将最高额定网电压值的 110% 的电压加到地与任一未保护接地的信号输入或信号输出部分之间。

② 将最高额定网电压值的 110% 的电压加到任一 F 型应用部分与地之间。

③ 将最高额定网电压值的 110% 的电压加到地与任一未保护接地的可触及金属部分之间。

(3) 必须将最高额定网电压值的 110% 的电压加到地与未保护接地的信号输入或输出部分之间来测量外壳漏电流。

① 如果制造厂规定信号输入或信号输出部分只能同与设备随机文件中规定要求相符合的设备相连时,(2)中的①、③条可不进行测量。这点在制定产品标准时要特别注意。

② 在制定产品标准时,要注意(2)中的①、③的要求不适用于下列情况:B 型设备,在对其电路及结构安排的检查表明不存在安全方面的危险时;CF 和 BF 型设备。

5. 连续漏电流和患者辅助电流的容许值

1) 容许值

(1) 在表1-2中给出了频率小于或等于1kHz的直流、交流及复合波形的连续漏电流和患者辅助电流的容许值。

(2) 频率超过1kHz时，表1-2所列容许值须乘上以千赫兹为单位的频率数。然而，乘得的值必须不超过10mA。

表1-2　连续漏电流和患者辅助电流的容许值　　　（单位:mA）

电流	B 型		BF 型		CF 型	
	正常状态	单一故障状态	正常状态	单一故障状态	正常状态	单一故障状态
对地漏电流（一般设备）	0.5	1[①]	0.5	1[①]	0.5	1[①]
按注[②]、注[④]的设备对地漏电流	2.5	5[①]	2.5	5[①]	2.5	5[①]
按注[③]的设备对地漏电流	5	10[①]	5	10[①]	5	10[①]
外壳漏电流	0.1	0.5	0.1	0.5	0.1	0.5
患者漏电流	0.1	0.5	0.1	0.5	0.01	0.05
患者漏电流（在信号输入部分或信号输出部分加网电压）	—	5	—	—	—	—
患者漏电流（应用部分加网电压）	—	—	—	5	—	0.05
患者辅助电流　d.c　　　　　　a.c	0.01　0.1	0.05　0.5	0.01　0.1	0.05　0.5	0.01　0.01	0.05　0.05

① 对地漏电流的唯一故障状态，每次有一根电源线断开。

② 必须同时满足下列三个条件的设备，对地漏电流的要求可以按新的容许值（表1-2中的第二行）执行：具有未保护接地的可触及部件；没有供其他设备保护接地用的装置；外壳漏电流和患者漏电流符合要求。例，某些带有屏蔽的网电源部分的计算机。

③ 规定是永久性安装的设备，其保护接地线的电气连接只使用工具才能松开，且紧固或机械固定在规定位置，只有使用工具才能被移动。

例如，X射线设备的主件（X射线发生器、检查床、治疗床），有矿物绝缘电热器的设备，由于符合抑制无线电干扰的要求，其对地漏电流超过通用要求表1-2中第一行规定值的设备。

④ 移动式X射线设备和有矿物绝缘的移动设备。

2) 容许值的一些说明

一般来说，室颤或心泵衰竭的危险随几秒钟内流过心脏的电流值或流过的时间增长而增加。对从 10～200Hz 范围的频率来说,危险性最大,超过 1kHz,危险迅速下降。表 1-2 中的值是指直流到 1kHz 的频率范围。50Hz 和 60Hz 的供电频率是在最危险的范围内。虽然一般规律是通用要求中的规定比专用标准中的要求较少限制性,但表1-2中一些容许值的确定是合适的,大多数类型的设备都能达到。此外,它们能适用于无专用标准的大多数设备类型。

（1）对地漏电流。

对地漏电流的容许值从理论上讲不是临界值,但作为考核参数被选用来防止流过供电设施保护接地系统电流的显著增加的考核是临界值。

（2）外壳漏电流。

外壳漏电流值是根据下列因素考虑的:

① CF 型设备正常状态的外壳漏电流,被增加至与 B 型、BF 型设备相同的值,因为这些设备可能同时用于一个患者。

② 外壳漏电流可能流经患者至地。若是 B 型设备,则通过应用部分;若是 BF 和 CF 型设备,则通过操作者与外壳之间的接触。

③ 外壳漏电流流经心脏引起室颤或心泵衰竭的概率。

④ 患者可觉察得出外壳漏电流的概率。

（3）患者漏电流。

CF 型设备正常状态时,患者漏电流的容许值是 $10\mu A$,当这一电流流经心内小面积部位时,引起室颤或心泵衰竭的概率为 0.002%。

CF 型设备单一故障状态时最大容许值为 $50\mu A$,是以临床得到的,极少可能引起室颤或干扰心泵的电流值为依据的。

单一故障状态时容许的 $50\mu A$ 电流,不大可能达到足以刺激神经肌肉组织的电流密度,也不会达到引起组织坏死的电流密度。

B 型、BF 型设备在单一故障状态时,最大容许患者漏电流为 $500\mu A$,因为这一电流不直接流过心脏。

（4）患者辅助电流。

患者辅助电流的容许值,适用于阻抗体积描记器之类的设备,用于频率不低于 0.1Hz 的电流。对直流规定了较低的值,以防长时间使用时组织坏死。

6. 电介质强度的检测

电介质强度的要求,是为了便于检验医用电气设备不同部位的绝缘质量,仅仅是具有安全功能的绝缘需要承受试验。电介质强度的检测。

1）单相设备和按单相设备来试验的三相设备的试验电压

必须把按通用要求规定的电压值加在绝缘部分上,历时 1min。开始,必须加上不超过一半规定值的电压,然后必须在 1s 内将电压逐渐增加到规定值,必须保持此值达 1min,之后必须在 1s 内将电压逐渐降至一半规定值以下。

2)在以下两种条件下分别试验

(1)在设备升温至工作温度后,立即用接入线路已闭合的电源开关断开设备电源后,或对于电热元件,升温到工作温度后,使用图 1-7 的电路使设备保持在工作状态下。

(2)在潮湿预处理之后,让设备保留在潮湿箱内,断开电源后立即进行,和设备断电并在所有要求的消毒程序之后。

3)试验电压的波形和频率

应使绝缘体上受的电介质应力至少等于在正常使用时以相同波形和频率的电压加于各部分上时所产生的电介质应力。

4)试验结果的判定

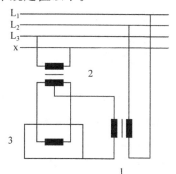

图 1-7 电热元件在工作温度下电介质强度试验用电路图例
1. 试验用变压器;2. 隔离变压器;3. 受试设备

试验时不得发生闪络或击穿现象。如发生轻微的电晕放电,但当试验电压暂时降到高于基准电压(U)的较低值时,放电现象停止,且这种放电现象不会引起试验电压的下降,则这种电晕放电可以不考虑。但是要注意,在试验时,必须分清闪络现象和电晕现象。闪络可以通过显示高压回路电流变化的试验仪器判定,明显时也可通过看火花、听声音来判定。

5)试验注意事项

(1)加到加强绝缘上的电压不使设备中的基本绝缘或辅助绝缘受到过分的应力。

例如,在变压器中,采用抽头和铁芯或和其他某些适当的接点相连接的电压分压器,以保证在实际绝缘上有正确的电压分布,或采用两个相位连接正确的变压器。

(2)当受试部位两端正常工作时,频率应力不同时可考虑分解试验,这原则上由专用安全要求规定。一般根据最不利原则,选择工频应力试验。

(3)使用金属箔时,要注意放置的位置,以免绝缘内衬边缘产生闪络。若有可能,可移动金属箔以使表面的各个部位都受到试验。

(4)与被试绝缘并联的功率消耗和电压限制器件,从电路的接地侧断开。

进行试验时,若有需要可把灯泡、电子管、半导体器件或其他自动调节器件取下,或使其停止工作。设计用来限制电压的元器件,在电介质强度试验中可能因功率消耗而损坏时,在试验进行时可以拆下。接在 F 型应用部分和外壳间的保护器件,如在试验电压时或低于试验电压时会动作,则可断开。此外,网电源部分、信号输入部分、信号输出部分的接线端子,在试验时要各自短接。

（5）配有电容器且可能在电动机绕组和电容器连接点与对外接线的任一端子之间产生谐振电压U_c的电动机，必须在绕组和电容器连接点与外壳或仅使用基本绝缘隔离的导体部件之间加$2U_c+1000V$的试验电压。试验中，以上没有提到的其他部件要断开，电容器必须短接。

6）电介质强度试验

在其他行业的安全标准中，进行电介质强度试验时，引入了一个判断介质强度电流的概念，一般定为20mA。在通用要求中，对于判断电介质强度，没有整定电流值的概念，这是医用电气设备试验电介质强度与其他行业试验电介质强度时最大的区别，在进行试验时要注意这一点。

7）绝缘程度的确定

在进行电介质强度试验前，应先确定待试验的电气绝缘要求达到什么程度，即通用要求所述的基本绝缘、辅助绝缘、双重绝缘和加强绝缘。

（1）试验电压值的确定。

电气绝缘的电介质强度必须足以承受在表1-3中所述的试验电压。

表 1-3　电介质强度的试验电压　　　　　　　　　（单位：V）

被试绝缘	对基准电压(U)相应的试验电压					
	$U\leqslant50$	$50<U$ $\leqslant150$	$150<U$ $\leqslant250$	$250<U$ $\leqslant1000$	$1000<U$ $\leqslant10000$	$10000<U$
基本绝缘	500	1000	1500	$2U+1000$	$U+2000$	1)
辅助绝缘	500	2000	2500	$2U+2000$	$U+3000$	1)
加强绝缘和双重绝缘	500	3000	4000	$2(2U+1500)$	$2(U+1500)$	1)

注：① 表中所用基本电压（U）是在正常使用时，当设备加上额定供电电压或制造厂所规定的电压二者中取较高电压时，设备有关绝缘可能承受的电压。

② 双重绝缘中每一绝缘的基本电压（U），等于该双重绝缘在正常使用、正常状态和额定供电电压时，设备加上前一段条文所规定的电压时，每一绝缘部分所承受的电压。

③ 对于未保护接地的应用部分的基本电压（U），患者接地（有意或无意的）被认为是一种正常状态。

④ 对两个隔离部分之间或一个隔离部分与接地部分之间绝缘，其基本电压（U）等于两个部分的任何两点间最高电压的算术和。

⑤ F型应用部分和外壳之间绝缘的基本电压（U），取包括应用部分中任何部位接地的正常使用状态时，该绝缘上出现的最高电压。

⑥ 基本电压必须不低于最高额定供电电压，或在多相设备时不低于相中线的电压，或内部电源设备时不低于250V。

（2）在确定试验电压值时：

① 先确定被测绝缘两端可能出现的最高电压值。如果一端可能出现的最高电压为 U_1，另一端可能出现的最高电压为 U_2，则基准电压为 $U=U_1+U_2$。

② 再依据绝缘程度要求及基准电压值，查表 1-3 得出试验电压值。

例 1.1　某一个 I 类设备，要进行电源输入端与外壳之间（A-a_1）电介质强度试验，如何确定试验电压？

解　a. 电源输入端可能出现的最高电压为 220V+22V（+10%）。

外壳可能出现的最高电压为 0V。

基准电压为 $U=242V+0V$。

b. 该设备的绝缘程度为基本绝缘。

c. 查表 1-3 得到：试验电压值为 $2U+1000V=1500V$。

例 1.2　某一个 BF 型设备，要进行应用部分和电源输入端之间电介质强度试验，应用部分可能出现 50V 电压，试求试验电压。

解　a. 电源输入端可能出现的最高电压为 242V，应用部分可能出现的电压为 50V，基准电压为 $U=242V+50V=292V\approx300V$。

b. 该设备的绝缘程度为双重绝缘。

c. 查表 1-3 得到：试验电压值 $=2(2U+1500)=2\times(2\times300+1500)=4200(V)$。

7. 医用电气安全检测仪器

1）PZ168 型数字耐压试验仪

PZ168 型数字耐压试验仪是国产新一代的耐压试验仪器，如图 1-8 所示。它采用微处理器控制，能进行测量、数据的校正及显示数据等工作，提高了数据的测试速度，减少了操作人员的工作复杂度。它的报警电流分 8 挡：0.5mA、1mA、2mA、5mA、10mA、20mA、50mA、100mA。该仪器具有测量输出高压范围：0～3000V AC、0～

图 1-8　PZ168 型数字耐压试验仪

5000V AC 电压、电流测试自动量程转换，报警电流、测试时间可以一次设定。该仪器的开关和按钮均采用轻触键，图 1-9 所示是该仪器的面板和后面板的图例。显示采用 LED 数码管，清晰直观。拥有多种保护设计，测试结果和报警状态均由数码管显示和蜂鸣器发声进行指示。

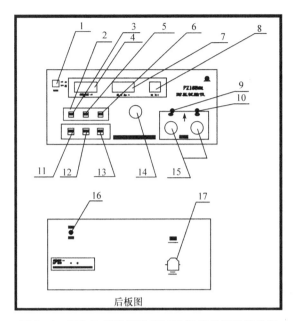

图 1-9   PZ168 型数字耐压试验仪的面板和后板图

1. 电源开关;2. 设定指示灯;3. 设定按钮;4. 电压显示框;5. 加值键;6. 减值键;7. 电流显示框;

8. 计时显示框;9. 测试指示灯;10. 合格指示灯;11. 测试按钮;12. 复位按钮;13. 计时按钮;

14. 高压调节旋钮;15. 高压输出端子;16. 人工/自动计时选择开关;17. 电源插座

(1)电路结构。

① 直流电源部分:可输出 +5V、-5V、+8V、-8V 四组电源,分别供给主控板、显示板、AC/DC 转换器和运放电路使用。

② 主控板部分:输入为电压、电流互感器的信号,在经过信号放大,自动量程切换电路后,进行 AC/DC 转换,转换后的直流信号通过模/数转换电路后,得到数字量的电压、电流值,由微处理器接收,经过软件处理、数字滤波、线性校正等处理后,送显示板进行显示,并根据先前设定的电流报警值与当前的测量值进行比较,判断被测样品的耐压参数是否合格,在电流显示框显示"PASS"(合格)或"FAIL"(不合格)。若合格,"合格指示灯"将点亮,若不合格,蜂鸣器将鸣响,以多种方式指示测试结果。并根据键盘命令启动或结束测试,设定电流报警值和测试时间。

③ 显示板部分:接收主控板发送来的显示数据,并将检测到的按键信息传送至主控板。

④ 键盘板部分:由按键开关组成,连接至显示板。

(2)基本工作原理。

当按下"测试键",该仪器启动测试时,主控板首先控制固态继电器动作,接通调压器和隔离变压器,建立测试用高压,当调整测试电压旋钮到电压显示窗读数为指定电压时,若计时模式处于"自动计时模式"时,则该测试仪立即开始计数。若计时模式处于"手动计时模式"时,则该测试仪在按下"计时键"后才开始计时。仪器计时开始后,主控板开始检测被测回路中的电流值 Ix,一旦被测电流值超过设定的报警电流时,主控板立刻切断高压回路,并发出蜂鸣报警,此时电流显示框里显示"FAIL"。若当设定的测试时间到时,未发现电流值超过报警值,表明测试合格,此时电流显示框里显示"PASS"。该仪器具有过零启动功能,并且在"人工计时模式"时,要求零电压启动。

（3）仪器原理图,如图 1-10 所示。

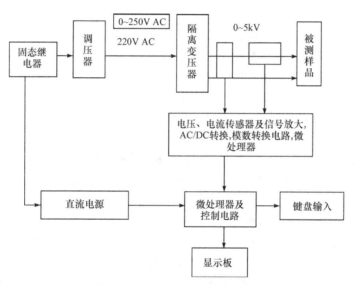

图 1-10　PZ168 型数字耐压试验仪方框图

2）QA-90 电气安全分析仪

QA-90 代表了新一代智能化的电气安全分析仪,能在一次测试中对带有不同防护等级的被检设备进行测试的安全分析仪,如图 1-11所示。

（1）主要功能。

用户只需选择被检测设备的类型和等级,按下启动按钮 STAR 后,QA-90 即自动按选定标准的内容进行电气安全分析,可

图 1-11　QA-90 电气安全分析仪

选 择 的 标 准 是 IEC60601.1、EN60601—1、VDE0750 T1/12—91、BS5742、UL 2601.1.1和 HEI158DEN 等。

(2) 技术参数。

① 电压测量。

a. 量程:0~400V;分辨率:0.1V。

b. 精度:DC-100Hz,全标度的 1%+1 LSD;100Hz~10kHz,标度的 2%+1 LSD。

c. 测量方式:导线 1 和导线 2 之间(在电源连接中);导线 1 和地线之间(在电源连接中);导线 2 和地线之间(在电源连接中);输入/输出的 $E+$ 和 $E-$ 之间(浮动输入/输出)。

d. 测试次数:4 或多次 (LSD=最后有效数字)。

② 电流消耗。

a. 量程 1:1~1000 mA(@<250V AC);分辨率:1mA;精度:全标度的±2%±1 LSD;测试次数:1 或多次。

b. 量程 2:1~16A(@<250V AC);分辨率:1mA;精度:全标度的±1% ±1 LSD;测试次数:1 或多次。

c. 测量方式:电流测量在导线 1(火线)上进行。

③ 保护接地。

a. 量程:0~2000mΩ;分辨率:1mΩ;精度:全标度的±2%±1 LSD。

b. 测量方式:测试电流为 25A 或 1A 可选,通过一个最大空载电压为 6V 的变压器输出。测量在地线上或 $E+$ 和 $E-$(浮动输入/输出)之间进行。

c. 测试次数:1、2 或多次。

④ 绝缘阻抗。

a. 量程 1:1~50mΩ;分辨率:1mΩ;精度: 全标度的±2%±1 LSD。

b. 量程 2:51~200mΩ;分辨率:1mΩ;精度:全标度的±2%±1 LSD。

c. 测量方式:绝缘阻抗的测量在外壳和电源部分之间或患者模块和电源部分之间进行。

d. 测试电压:500V DC 通过一个 130kΩ 限流电阻加载;测试次数:1、2 或多次。

⑤ 泄露电流。

a. 测量方式:所有的测量可通过加载一个 IEC601 滤波器(等效患者)进行,也可不加载(平坦频带响应)。滤波器可以更改以满足其他标准的要求。所有的测量可以 RMS 测量方式进行,或是 AC/DC 测量。

患者漏电流测试次数:6;应用部分加网电压漏电流测试次数:2;患者辅助漏电流测试次数:6;浮动双线测量漏电流测试次数:多次。

b. 测量项目:对地漏电流测试次数:4;外壳漏电流测试次数:6 或多次。

⑥ 测量精度。

量程 1:0～100μA;分辨率:1μA;精度:全标度的±2%±1 LSD;

量程 2:100～1000μA;分辨率:1μA;精度:全标度的±2%±1 LSD;

量程 3:1.0～10.0μA;分辨率:1μA;精度:全标度的±1%±1 LSD。

⑦ 频率响应。

DC-1MHz(－3dB),振幅(波峰)因数＞2。

应用部分加电压,漏电流的测试电压为 110% 的线电源电压,通过 47KΩ 的限流电阻加载。

(3) QA-90 面板简介,如图 1-12 所示。

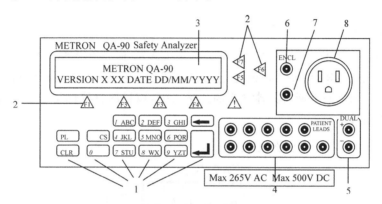

图 1-12　QA-90 面板示意图

① 键盘:11 个字母数字键,用于输入信息。

$\boxed{PL}$ 患者导联:开启新窗口用于患者导联输入。

$\boxed{CLR}$ 清除键:清除整个屏蔽显示。

$\boxed{\leftarrow}$ 删除键,删除最后一个字符。

$\boxed{\hookleftarrow}$ 回车键,记录输入的数据。

② 功能键。

F1～F4 用于选择显示在屏幕底部的菜单条上的功能,即选择键位上方直接对应的功能。F5～F7 用于选择对应的功能或是在相应行的信息域中输入信息。

数字符及字母符的输入:

数字符的输入:直接按下所显示的数字键。

字母符的输入:按下所需字母所在的键,直到显示屏上出现所需的字母。

③ LED 显示:显示信息、测试结果以及功能菜单。

④ PATIENT LEADS 患者导联:用于连接患者应用部分。注意:测试过程中此部分将施加 250V AC 或 500V DC 的测试电压。

⑤ DUAL（双线测试）：$E+$ 和 $E-$，浮动输入/输出。此功能用于标准多用表导线样式。

⑥ ENCL（外壳）：用于连接被检测设备的外壳。

⑦ EARTH：校准测量导线用的额外地线连接。

⑧ 插座：连接被检测设备的电源插头。

（4）QA-90 MKII Safety Analyzer 测试操作说明及使用方法。

① 测试导线校准。

QA-90 的自校准功能主要用于测定测试导线的阻抗，并在随后的测试中将其扣除。

操作步骤：

a. 在进行自校准前，将测试导线连接在 QA-90 前面板上的外壳插孔（ENCL）和接地插孔（EARTH）之间，或是连接在双线输入（DUAL）的两个插孔之间，如图 1-13 所示。断开所有其他导线的连接，这是该机的自校也是进行其他测试项目的先决条件。

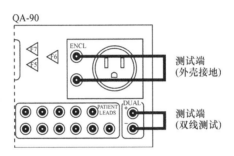

图 1-13　导线自校接线示意图

b. 在菜单上按 SETUP(F3)。

c. 在系统设置菜单（SYSTEM SETUP）上按 CAL(F3)。

d. 在自校准（SELF CALIBRATION）窗口，按 Calibrate test lead, enclosure/ground(F6)或 Calibrate test lead, dual float(F5)选择一个选项。

e. 校准测试结束后，测试结果即显示在屏幕上。

② 测量不带病人导联的仪器。

将被检测的医用电气设备的电源插入 QA-90 前面板上的插座，然后将校准的测试导线连接在被测设备的外壳和 QA-90 前面板上的 ENCL 插孔之间，如图 1-14所示。

操作步骤：

a. 按 Equipment Classification(F6)并选择分类；

b. 按 MORE(F1)；

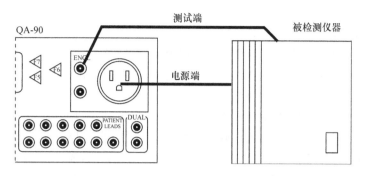

图 1-14 测量不带病人导联的仪器的示意图

c. 按 Test according to (F7)并选择测试标准；

d. 按 Test Type (F6)选择快速测试(Rapid)或常规测试(Normal)；

e. 按 Test Mode (F5)并选择自动(Automatic)或手动(Manual)；

f. 按 START(F4)启动测试。

③ 测量带病人导联的仪器。

按 IEC 分类：躯体(B 型)、躯体浮动(BF 型)和心脏浮动(CF 型)。将被检测的医用电气设备的电源插头插入 QA-90 前面板上的插座，然后将校准过的测试导线连接在被测设备的外壳和 QA-90 前面板上的 ENCL 插孔之间。然后将患者导联连接在被测设备和 QA-90 前面板的导联插孔之间，如图 1-15所示。

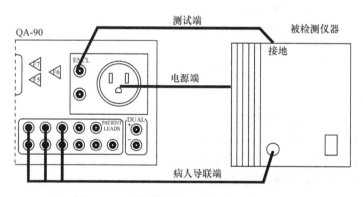

图 1-15 测量带病人导联的仪器的示意图

操作步骤：

a. 被测仪器的电源插头插入 QA-90 专用输出电源插座上，然后用校正过的 TEST LEAD 将所有病人电极(最多 11 个)连接至被测仪器上，以及连接 QA-90ENCL 插孔和待测仪器的外壳，打开电源。

b. 按主菜单上的 F6 选定测试级别 CL1、CL2 或 LP。

c. 按 F1 进入子菜单。

d. 按 F7 选定标准 IEC601.1。

e. 按 F6 选择正常(快速)测试或常规测试。

f. 按 F5 选择手动测试(Manual)或自动测试(Automatic)。

g. 按 PL 键打开病人导联窗口。

h. 在此窗口下按 F7 记录新模块的名称,并回车(ENTER)。

i. 按 F6(No of lead)键入导联线的数目(最多 11 个)回车。

j. 按 F5 选择防护等级 B、BF 或 CF,按 F1(ADD)存入输入选择,则屏幕显示 xx lead xx mode,按 F4(START)启动测量,则屏幕显示结果。

④ 电源电缆测试。

待测仪器的电源保护接地是否正常是其他测量的先决条件。将电源电缆插入 QA-90 前面板的插座,然后将校准过的测试导线连接在 QA-90 前面板上的 ENCL 插孔和电源电缆的接地脚之间。电源电缆中的接地导线测试如图 1-16所示。

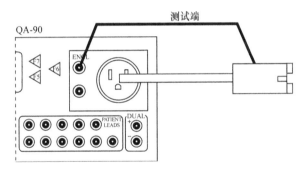

图 1-16　电源电缆中的接地导线测试示意图

操作步骤:

a. 在主菜单上按 MORE(F1);

b. 按 F5 选择手动方式 Manual;

c. 按 F4(START)进入手动测试菜单;

d. 按 F1 进入保护接地测试项;

e. 按 F7 选择 Protective Earth;

f. 按 F1(START)开始测试。

⑤ 电压测量测试(双线)。

测量相对于指定参考点之间的电压。如图 1-17 所示。

操作步骤:

a. 在主菜单上按 MORE(F1);

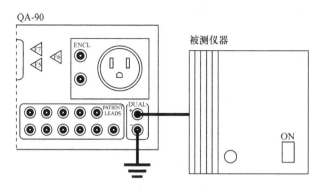

图 1-17　电压测量测试示意图

b. 按 Test Mode（F5）并选择 Manual；

c. 按 START（F4）；

d. 在手动测试设置菜单（MANUAL TEST SETUP）上按 MORE（F1）；

e. 再按 MORE（F1）三次；

f. 按 Voltage Measurement Dual Lead（F6）；

g. 按 START（F1）。

⑥ 电流测量测试（双线）。

此项测试是测量一个设备和另一个设备间的泄漏电流，如图 1-18 所示。

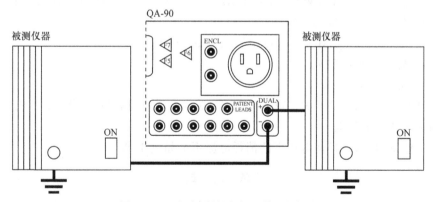

图 1-18　电流测量测试（双线）示意图

操作步骤：

a. 在主菜单上按 MORE（F1）；

b. 按 Test Mode（F5）并选择 Manual；

c. 按 START（F4）；

d. 在手动测试设置菜单（MANUAL TEST SETUP）上按 MORE（F1）；

e. 再按 MORE（F1）三次；

f. 按 Current Measurement Dual Lead(F7)；

g. 按 START(F1)。

⑦ 阻抗测量（双线）。

测量固定安装设备的保护接地阻抗,如图 1-19 所示。

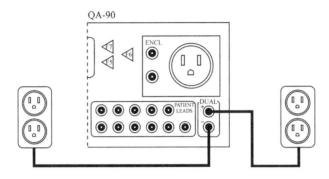

图 1-19　测量两个固定插座保护接地阻抗的示意图

操作步骤：

a. 在主菜单上按 MORE(F1)；

b. 按 Test Mode(F5)并选择 Manual；

c. 按 START(F4)；

d. 在手动测试设置菜单（MANUAL TEST SETUP）上按 MORE(F1)；

e. 再按 MORE(F1)三次；

f. 按 Resistance Measurement Dual Lead(F6)；

g. 按 START(F1)。

⑧ 注意事项。

电源：主电源开关。关闭电源后,QA-90 至少需要间隔 5s 才能再次开机,以使得测试电路完全放电。

工作量程内,在任何电压下的消耗电流不能超过 16A。

思　考　题

1. 试述执行 GB9706.1 安全通用要求的重要性和适用范围。

2. 简述 I 类设备、II 类设备、B 型、BF 型、CF 型医用电气设备的含义,并举例说明。

3. 简述基本绝缘、双重绝缘、加强绝缘和辅助绝缘的基本含义和电解质强度试验电压的要求。

4. 有源医疗器械电气安全参数的测试项目主要有哪几项？其中,漏电流、单一故障的分类和检测方法是什么？保护接地阻抗的要求是什么？

5. 简述医用电气设备环境试验的"最不利原则",潮湿预处理的意义和潮湿预处理的试验条件和方法。

第二章　呼吸机的基本原理及其检测技术

2.1　概　述

人体进行正常生理活动所需的能量都是由体内氧化代谢作用产生的,细胞组织必须不停地进行氧化代谢才能维持正常的生命活动。正常情况下,健康人通过呼吸活动,从空气中摄入的氧气已能满足各器官组织氧化代谢的需要。但是,如果呼吸系统的生理功能遇到障碍,如各种原因引起的急慢性呼吸衰竭或呼吸功能不全等,均需采取输氧和人工呼吸进行抢救治疗。人工呼吸机在临床抢救和治疗过程中,可以有效地提高患者的通气量,迅速解除缺氧和二氧化碳滞留问题,改善换气功能,延长患者生命,被普遍地应用于病人呼吸功能衰竭、急救复苏以及手术麻醉等领域。

肺泡是人体进行呼吸运动的生理基础。在人体自主呼吸时,肺泡的膨胀和收缩与大气压之间的压力差形成了呼吸功能。吸气时,肺内压力低于外部大气压,而呼气时,肺内压力大于外部大气压。呼吸机的基本原理就是用机械的办法建立这一压力差,从而实现强制的人工呼吸过程。

早期的呼吸机多为负压呼吸机,如1927年Drinker发明的箱式体外负压通气机。负压呼吸机向病人提供的是负压通气,有时也被称作铁肺。这种呼吸机尽管比较符合生理特点,但由于对操作方法和各种呼吸参数(如压力)的大小掌握不易,已很少使用。

目前,大多数现代呼吸机属于正压呼吸机。正压呼吸机是利用增加气道内压力的方法将空气送入肺内,肺内的压力增大使肺腔扩张。当压力失去后,由于肺腔组织的弹性,将肺恢复到原来的形状,使经过交换的一部分空气呼出体外。

呼吸机的发展经历了从简单到复杂,从功能单一到多模式、多功能的过程,至今已经发展到一个比较成熟的阶段。特别是近20年来,呼吸机的发展非常迅速。随着机电技术的发展、材料工艺的不断进步和计算机控制技术的提高,许多呼吸机带有参数自检及自校、数据通信、多参数监测及显示、通气气流及压力实时波形显示、多参数自动报警等功能。而且功能的改进,基本上只需要通过更新软件来完成。呼吸机的性能日臻完善,其适用范围也日益扩大和普及,并向多功能、智能化方向发展。图2-1为呼吸机的临床使用示意图。

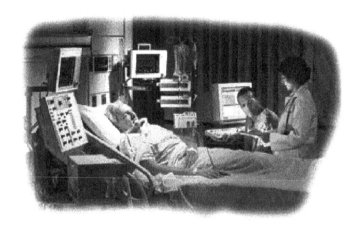

图 2-1　呼吸机的临床使用示意图

2.2　呼吸机的通气技术

人体的肺通气过程包含吸气相、吸气相向呼气相切换、呼气相以及呼气相向吸气相切换四个状态(两个相位和两个切换)。其中,吸气相包含吸气保持,呼气相包含呼气保持。

1. 呼吸机的气体切换形式

1)呼气相和吸气相的切换形式

呼吸机的种类不同,其吸气相和呼气相的转换方式也有所不同。目前,呼吸机呼吸相的切换主要有以下四种形式,其中最基本的是压力切换和容量切换。

(1)时间切换。

负压呼吸机采用的是时间切换。现代的时间切换呼吸机都是采用电子电路进行控制,利用各种无稳态多谐振荡器确定呼吸的周期或频率以及呼吸比。这些电子电路用以启动调节电机或空气流量电磁阀。这种气体切换形式是先预置某一吸气时间,当吸气时间达到预置值时,呼吸机自动将吸气相转变为呼气相。它的特点在当吸气时间固定后,当病人的顺应性、气道阻力发生变化时,吸气压力、容积以及流速都要发生相应的变化。

(2)容量切换。

由送给病人的空气容量所决定的呼吸的周期运动。在送给病人的空气容量达到预置值时,呼吸机才进行切换工作,由吸气相转换为呼气相。它配备有压力释放阀,在向病人送入空气的过程中,如果压力超过了预置值时,不管送给病人的空气容量是否够,只要压力释放阀工作,机器就自动地将吸气相转换为呼气相,以避免对病人造成严重损伤。这种切换形式的优点是能够保持稳定的通气量。

（3）压力切换。

送给病人体内的空气压力超过预置值时,呼吸机便将此时的吸气相切换成呼气相。因压力是预先设定好的,当病人的顺应性、气道压力发生变化时,潮气量将随之发生变化。它的特点是不能保持稳定的潮气量。

（4）流量切换。

在流量切换形式下,吸气时气体流速的波形随时间的变化而变化。当流速达到预置值时,机器自动地将吸气相转换为呼气相。

一般说来,对于功能齐全的呼吸机,上面的四种切换形式都应该具备,以满足不同的临床要求。

2）呼吸模式

呼吸模式是指呼吸机以什么样的方式向病人进行送气,来达到最好的通气治疗效果。

（1）强制性通气（CMV）。

在病人没有任何呼吸能力时才采用的通气方式。呼吸机按照医生所设置的潮气量、呼吸频率、吸呼比和气体流量等,将正压气体输送给病人。它提供给病人的呼吸曲线如图 2-2 所示。

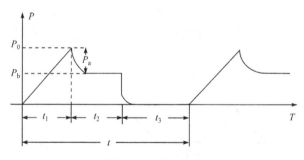

图 2-2　呼吸曲线

图 2-2 中,P_0 是呼吸机在设定潮气量、呼吸频率、吸呼比、气体流速后,送给病人的吸气压力;P_a 为消耗在气道阻力上的压力;P_b 为消耗在弹性阻力上的压力;t_1 为呼吸机的注气时间;t_2 为吸气末正压时间,也称平原期。吸气末正压时间在临床上的实际意义是:当呼吸机给病人按照预先给定的量进行送气停止后的一段时间内,呼气阀不立即打开,而是继续保持关闭状态,使吸入的气体在病人肺内停留,同时维持气道内正压的继续存在。其目的主要是改善气体在肺内的分布,促进肺泡中氧向血液弥散,减少无效腔通气。如果吸气末正压时间过长,会使平均气道内压增加,加重心脏循环负担,故 t_2 最长不应超过呼吸周期的 20%。t_3 为呼气

时间,它取决于所设定的吸呼比。t 为呼吸周期,f 为呼吸频率,两者是互为倒数的关系。

(2) 强制性深呼吸(CMV+SIGH)。

这种呼吸模式一般是经过 30～40 次呼吸之后加入一个深吸气过程。深呼吸时的波形如图 2-3 所示。图中右半部的波形就是经过几十次呼吸后,呼吸机产生一个深呼吸通气,其通气量约为正常通气量的 2 倍。该过程用以解除病人长时间的通气而产生的疲劳。

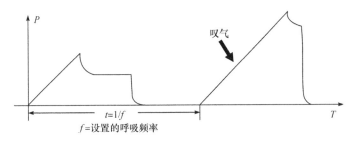

图 2-3　深呼吸波形

(3) 辅助强制性通气(assised+CMV)。

在辅助强制性呼吸过程中,病人可以自己引发一个机械性通气。病人只需要有一点小的呼吸,就能使呼吸机按照医生设定的潮气量给病人通气。这时呼吸机的频率不再按照固有频率设定,而是根据病人的实际需要,实现自动跟踪功能。只要病人有自主呼吸,随之就触发呼吸机产生一个送气过程。若病人没有自主呼吸能力,呼吸机仍然工作在强制性通气方式,如图 2-4 所示。图 2-4(a)是病人在没

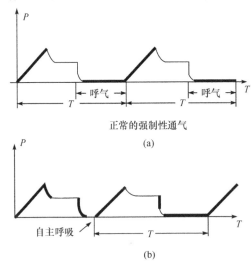

图 2-4　辅助强制性通气

有自主呼吸条件下的机械通气,图 2-4(b)是在自主呼吸触发下的机械通气。

(4) 间歇性同步强制呼吸(SIMV)。

经过长时间治疗以后,若病人开始有自己的呼吸,而且能够不完全依靠呼吸机时,可使用这种通气方式。其目的是为了让病人逐渐地脱离呼吸机,逐渐降低强制性通气的密度,更多地进行自主呼吸。在强制性通气的过程中,一旦病人有一个自主呼吸,且只需每秒吸入 0.1L 的气体,就能触发呼吸机按医生设定的潮气量及气体流速向病人送气。病人每触发一个机械通气,呼吸机将以 25% 的设定呼吸频率给病人通气,如图 2-5 所示。

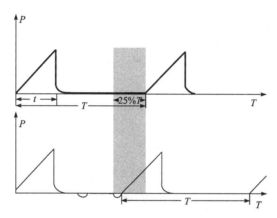

图 2-5　间隙性同步间隙强制呼吸

(5) 延长指令通气(EMMV)。

EMMV 是新型的通气方式,亦是一种万能的辅助性通气,它适合于任何类型的病人。EMMV 能按照病人自主呼吸的强弱,随时自动调节强制性机械通气。这种呼吸方式使病人总能得到所设置的分钟通气量。由于这种呼吸方式能按病人的实际需要,使病人吸入的气体超出了设定值,故叫做延长指令通气。

延长指令通气的基本原理:假设有一个气缸被一定量的稳定气体充满,如果没有自主呼吸,流入气缸的气体会将活塞逐渐地推到所设置的潮气量,然后被压下来,使这一部分气体作为强制性通气输送给病人。但是,如果病人有一次自主呼吸将气缸内的气体吸入,那么活塞将需要更长的时间达到强制性通气的水平。如果病人完全能自主呼吸,那么活塞将永远达不到触发水平,也就不会有强制性通气。其呼吸模式如图 2-6 所示。

(6) 呼气末正压(PEEP)。

无论是自然呼吸还是普通机械通气,当呼气终了、气流停止时,肺泡内压等于大气压。呼气末正压就是人为地在呼气末气道内及肺泡内施加一个高于大气压的压力,这样就可以防止肺泡陷闭的发生,增加功能残气容积。由于肺泡压力升高,

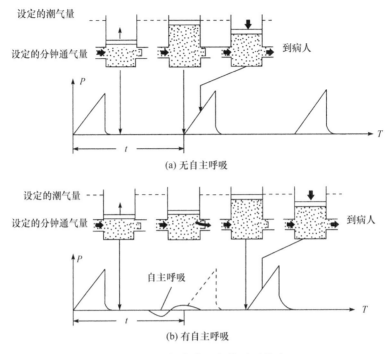

图 2-6　延长指令通气的呼吸模式

在吸氧浓度不变的前提下,肺泡-动脉血氧分压差增高,有利于氧向血液弥散。同时,由于肺泡充气的改善,可使肺的顺应性增加,减少呼吸功。也可认为,呼气末正压能促进肺泡表面活性物质的生成,但此功能的应用也可能对机体造成不良影响,主要为各种气压损伤以及因平均气道内压升高而致使胸内压上升,导致静脉回流障碍。也可能产生或加重机械通气的其他综合病,如颅内压升高、肾功能减退、肝淤血等。

(7)持续气道正压(CPAP)。

亦是一种自主通气模式。CPAP 是在自主呼吸条件下,在整个呼吸周期内,人为地施加一定量的气道内正压。它与呼气末正压相比,能更好地达到防止气道萎陷,增加功能残气量,改善顺应性及扩张上气道的作用。如图 2-7 所示,图 2-7(a)是当 PEEP/CPAP＝0 的条件下,没有设定气道内正压时的通气波形,这时 $P_0=0$;图 2-7(b)是在设定有气道内正压时的通气波形,即有一个 $P_0>0$ 的压力维持在气道内。

2. 呼吸机的分类

作为治疗、急救、复苏用设备,当今的呼吸机功能越来越多,性能越来越完善。目前,世界上投入临床使用的各类呼吸机已达 200 多种,按习惯通常可以分为以下

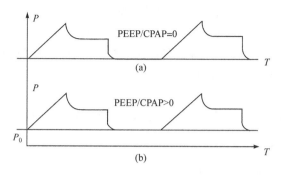

图 2-7 持续气道内正压呼吸

几种：

1）按照动力来源分类

（1）气动气控呼吸机。

只以氧气作气源，不需外接电源，由于采用全气动元件实现通气功能，功能一般比较简单，多用于急救场合和对电磁干扰要求比较严格的场合。

（2）气动电控呼吸机。

通常需要外接氧气、压缩空气，控制部分比较复杂。采用电子或先进的计算机技术，以及高精度的流量、压力传感器和耐用的控制阀组成，拥有多种通气模式、多种呼吸参数的监测，有些还具备呼吸力学的曲线波形以及趋势分析等。

（3）电动电控呼吸机。

一般只用氧气作气源，不需要压缩空气，实现在常压下对患者的通气。这类通气机内部大都有气缸、活塞泵等，但吸气触发灵敏度较低，吸气响应时间也长，往往不能与病人很好地同步，使其应用受到限制。

2）按照吸气向呼气的切换方式分类

（1）压力切换型：采用压力切换方式即通过气道压力来管理通气。其优点是压力可控，有助于对呼吸机疗效作出判断；其主要不足是不能保持稳定的潮气量，对医生的操作要求高。

（2）容积切换型：其基本工作过程是预定潮气量、峰流值对患者进行通气，当肺部充气扩张，容量、流速达到预定值后立即停止供气，由吸气转为呼气。其优点是可保持通气量稳定，调节方便，适用于任何疾病长期人工通气；缺点是通气过程中压力不稳，易发生气胸和低血压。

（3）时间切换型：基本工作过程为预定呼吸周期，按设置的潮气量定时进行吸气、呼气切换，兼有定压、定容型的特点，但对肺顺应性和气道阻力有一定的影响，当顺应性、气道阻力发生变化时，吸气压力、容积、流速都要发生变化。此类呼吸机一般较小巧，多用于急救。

（4）联合切换型：兼有多种吸气相转换的方式，各种转换方式按需设置，在计算机的智能化控制下，机器自动调节有关的参数，实现供气。该型呼吸机的优点是计算机控制，能保证较高的精度，具有强大的扩展功能，操作简便，通用性强，呼吸模式齐全，适用于各种病人救治。

3）按应用对象分类

按呼吸机应用对象分类可分为成人呼吸机、小儿呼吸机、成人-小儿兼用呼吸机。

3. 呼吸机工作原理及结构

1）结构与功能

呼吸机的类型和工作原理决定其结构。早期的医用呼吸机大部分是气控气动型的，由压力调节装置、气动逻辑元件和管路组成，操作和维护都比较简单。而在呼吸机家族中占主导地位的还是气动电控式的呼吸机，其结构和工作原理也比较有代表性，图 2-8 所示是上海医疗设备厂生产的 SC-300 呼吸机的外形图。

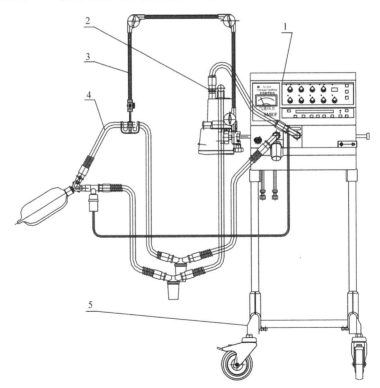

图 2-8　SC-300 整机外形

1. 呼吸机主机；2. 潮化器（湿化器）；3. 机械手；4. 呼吸管道；5. 机架

（1）呼吸机的组成。

气动电控式呼吸机主要有主机、混合器、湿化器、患者管路和空气压缩机等部分组成。这种分离式结构的优点是便于选择、维护和更换，缺点是体积大、占位多、临床使用和管理复杂。近年来，随着计算机技术的飞速发展和普及，具有智能化、一体化的新型呼吸机结构更加精巧和美观，并增设了多参数监测和报警功能，其主机大都带有显示屏幕，能够动态显示通气参数和波形，使机械通气治疗更加直观和安全。

（2）主机结构和工作原理。

气动电控呼吸机主机是由控制、监测单元和内部气路组成，是呼吸机的主体，人机界面一般是采用带旋钮的面板，面板上显示基本参数，这种方式操作直观、一目了然，不易出错。

呼吸机还可采用全气动逻辑元件结构或电子控制机械结构的方法来实现。采用不同的控制方法会导致其性能和结构方面的根本差异，但呼吸机的基本工作原理和目标是相似的，即：打开吸气阀、关闭呼气阀完成向患者的送气过程，然后再关闭吸气阀、打开呼气阀使患者完成呼气过程。电控类呼吸机还要同时进行必要的安全性监测，如气道压力和漏气监测、气源和窒息报警等。

呼吸机气体控制流程：空气和氧气通过"混合器"按一定比例混合后进入"恒压缓冲装置"→以设定的通气模式和在一定范围内可调节的潮气量和（或）每分通气量、通气时序（通气频率、吸气时间、屏气时间）控制呼吸机的"吸气阀"→将混合气体送入吸气回路→经过接入吸气回路中的"湿化器"加温加湿后→经"气管插管"将气体送到患者肺内（气体交换）→再通过控制"呼气阀"将废气排出来，这样完成一个送气周期并不断地重复。呼吸机主要由电子控制和气路两大部分组成。气路部分主要是一个气体传送系统，包括气体供应（气体储存、压力支持）、气体传输、压力流量监测和校正。压缩空气、氧气按设置所需的比例混合后，通过管道及相关伺服阀门以设置的气压、流速送到病人端。流量传感器将测量到的实际值馈送到电子控制部分与面板设置值比较，利用二者间的误差通过控制伺服阀门来调节吸入和呼出气体。电子控制部分的主要功能是控制呼吸机以一定的频率、潮气量进行通气，同时监测相应传感器的反馈数据，超过限定范围时报警提示。

（3）气体供应系统。

如图 2-9 所示，气体供应系统从气体进口处接收外来的气体，并将气体调节到合适的压力。该系统有两个类似但不一样的蓄气回路，一个供氧气用，一个供空气用。气体供应系统在一种气源供应发生故障后，会切到另一种气体供应患者。当一种气源压力下降到低于最小压力时，这一切换工作通过给电控单元发信号来实现。

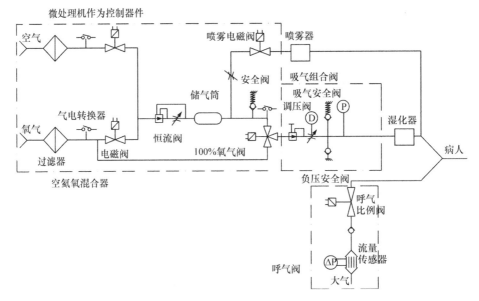

图 2-9　SC-300 呼吸机气体供应系统流向图

（4）管道连接。

① 连接气源。

将呼吸机后面板上空气接口（air）连接到空气压缩机或中心供气接头处，将呼吸机后面板氧气接口（O_2）连接到氧气瓶减压器接头处或中心供氧接头处。

② 连接电源。

将呼吸机电源插头与市电插座接好。

③ 连接与病人的管道。

将呼吸机前面机壳上的"接潮化器"（to humidifier）接口与潮化器进气口连接（在潮化器顶部），中间有过渡接头，将潮化器出气口串接一雾化器与 Y 型接头连接。Y 型接头处插入温度计以观察吸入气体温度，Y 型接头的另外一头与呼吸机前面机壳上的呼气阀相连。雾化器下部用细管道与呼吸机前面机壳上的"接雾化器"（to nebulizer）接口相连，如图 2-10 所示。

2）主要附件

（1）湿化器。

接入呼吸机外部吸气回路中的湿化器，是对患者吸入的气体进行加温和加湿的装置，在机械通气过程中必不可少（短时间通气和急救的情况可除外）。常用的湿化器有冷水湿化器、加热湿化器、超声雾化湿化器和热湿交换湿化器（人工鼻）等，临床以使用加热湿化器居多，且效果也最好。

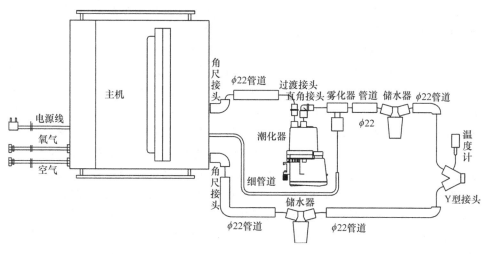

图 2-10　管道连接

① 冷水湿化器。

冷水湿化是在不给水加热的情况下吸入气体直接通过装水的容器,在室温下达到湿化的目的。冷水湿化器的相对湿度由于受到气-水接触面积和水温的限制,患者吸入后往往因绝对湿度较低感到不适,为了提高绝对湿度,也有采用机械的方式将水雾化。冷水湿化器的优点是简单易用、顺应性小,缺点是由于吸入温度过低,患者有不适感,且湿化效果不理想。

② 加热湿化器。

加热湿化器加热方式有直接加热和间接加热两种方式。

直接加热方式是在加热湿化器的水容器中放置加热板或加热丝的办法来实现加热效果,当患者吸气气流经过水时带走水蒸气,以达到湿化的目的。加热湿化器的优点是结构简单、实用,清洗、消毒方便,价格也相对便宜,大多数加热湿化器都采用这种方法,如航天部二院生产的 SS-I 湿化器。

间接加热方式是采用湿化罐放置在加热盘上的,湿化罐内垂直放置一个多层卷筒,筒内侧壁贴放一层吸水滤纸(要求定期更换)。罐内加水最多到 1/3 处,这样就在气体出入口之间形成一个温湿走廊,气体经过时带走水蒸气。罐也可做成一次性消耗品,如新西兰 Fisher&Paykel 生产的 MR 系列湿化器。

加热湿化器是通过调节加热温度来改变绝对湿度,这种湿化方法的优点是患者吸入比较舒适,能保持体温,缺点是其罐的顺应性大且随液面变化而改变,尤其是采用在罐内直接加热的加热湿化器。

目前,加热湿化有两种伺服形式:单伺服加热和双伺服型加热。前者只用一个加热元件在容器中加热,后者不但在容器中加热,而且在患者吸入管道中也放置加热丝加热,利用容器和管道间的温差来控制加热丝。双伺服型加热改进了单伺服型加热容易在管道中凝水的缺点,虽然不增加相对湿度,但因其减少凝水而使到达患者的绝对湿度提高了。众所周知,热力学中饱和度是随温度升高而升高的。绝对湿度是指气体中含水蒸气的多少,温度越高,绝对湿度越大;而相对湿度是指水蒸气相对达到饱和的程度。换言之,当温度升高时,容器中蒸发的水蒸气增多,即绝对湿度就增加,但由于饱和度提高,相对湿度却不一定能增加到接近饱和的程度。所以,在使用双伺服湿化器时必须注意,不要将加热丝的温度设置得过高,以免降低相对湿度。Willians 等研究表明,只有相对湿度而不是绝对湿度对患者起作用。假如出现管道温度比容器温度过高的情况,那么气体到达管道后再次被加热,绝对湿度不变,而相对湿度却由于饱和度升高而降低。为了达到饱和度,气体就会从患者的气道中吸取水分,如果长时间使用会严重影响机械通气的效果。

　　通常加热湿化器的温度应设置在 $32\sim36$℃,以便使吸入的气体接近于体温,相对湿度保持在 95% 以上,绝对湿度 $\geqslant30mg/L$,即患者吸入的每升气体应含有超过 $30mg$ 的水蒸气。

　　图 2-11 是 SH-ⅠB 湿化器外形结构图。湿化器由主体和储水罐两大部分构成。主体包括安装部件、框架部件、电路控制部件和加热元件等,其主要作用是通

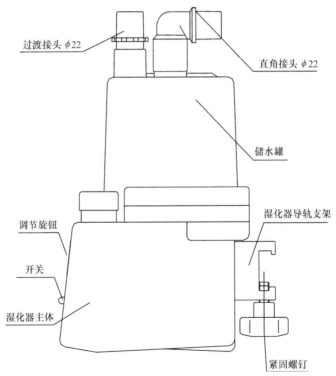

过渡接头 $\phi22$

直角接头 $\phi22$

储水罐

调节旋钮

湿化器导轨支架

开关

湿化器主体

紧固螺钉

图 2-11　潮化器(湿化器)外形

过加热板对连接的储水罐进行加热。大功率加热板使加热速度大大提高,能满足不同潮气量、不同频率的要求;高性能温度传感器使温度控制更精确、更稳定;热保护器则是当加热板因某些意外而骤然温度升高时自动切断加热电源,以确保使用的安全性与可靠性。

③ 雾化湿化器。

用超声晶体的振动产生很细的水雾来达到雾化湿化的效果,用于病房环境和家庭加湿的雾化器就是采用这种原理。超声雾化湿化器出来的水蒸气是常温,不能长期用在呼吸机上,否则可能降低病人的体温。接入呼吸机外通气回路中的另一种超声雾化器用作药物吸入用。

④ 热湿交换器(HME/HMEF)。

热湿交换器亦称人工鼻,为一次性消耗品,仿生骆驼鼻子制作而成,其内部有化学吸附剂,当患者呼出气体时能留住水分和热量,吸入气体时则可以湿化和温化。热湿交换器集中了以上几种湿化器的优点,能保持体温,顺应性小,使用方便简单,且为一次性消耗品,没有滋生细菌的危险和清洗消毒所带来的麻烦,但使用时存在一定的呼气阻力,需要 24h 更换 1 次,用于如乙型肝炎或结核等阳性的患者更有优越性。

(2) 空氧混合器。

空氧混合器的作用是完成空气和氧气的混合及吸入氧浓度的调节。混合器通常有机械式和电子控制式两种。机械式混合器结构与原理如图 2-12 所示,在麻醉机上则采用两个转子式流量计来调节氧浓度,机械式大部分挂在主机的外部,靠手动调节吸入氧浓度。早期的电子控制式混合器由若干个小电磁阀组合而成,通过调整电磁阀开通的数目来确定输出氧浓度,而目前以 Siemens SV-300 为代表的呼吸机则由两套吸气伺服机构分别控制氧气和空气流量,使空气氧气直接在患者的吸气回路中混合,称为电子控制式混合器,其功能是完成吸入氧浓度的调节和潮气量的控制,是呼吸机的主要部件。

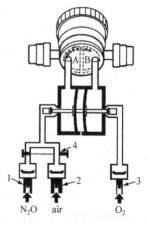

图 2-12　机械式混合器结
构与原理示意图

1. 氧化亚氮进气口;2. 空气进
气口;3. 氧气进气口;4. 配比阀

(3) 选配装置。

选配装置包括呼吸机监护仪、二氧化碳监护仪、简易肺功能仪、记录仪等。为了提高治疗效果和安全性,这些装置对临床使用来说,可以根据需要而配制。

(4) 支持设备。

支持呼吸机临床应用的辅助设备有血气分析仪、心输出量测定仪、肺功能测试仪、电动吸引器或中心负压等,其中,血气分析仪和负压吸引是必不可少的医疗设备,也是机械通气治疗过程中必不可少的支持设备。

2.3　呼吸机的检测

加强呼吸机的应用管理和质量控制对提高其安全性和使用效率、提高临床救治的成功率、减少临床风险具有重要意义。呼吸机检测所采用的标准有YY91108《气动呼吸机》、YY91041《电动呼吸机》和GB9706.28《医用电气设备第 2 部分:呼吸机安全专用要求》等。本节将介绍呼吸机的技术要求、试验方法和检验规则。

1. 技术要求

1) 呼吸机必须具备下列功能

(1) 呼吸频率。

对于呼吸频率固定式呼吸机,要求其呼吸频率分别为:成人 20 次/min、小儿 30 次/min、婴儿 40 次/min。对于呼吸频率可调式呼吸机,成人呼吸机调节范围至少为 14～30 次/min;小儿和婴儿呼吸机调节范围分别至少为 20～40 次/min 和 30～60/min。其中,允差均为±15%。

(2) 呼吸相时间比。

可调节式呼吸机的呼吸相时间比范围至少为 1:1.5～1:2.5。固定式成人呼吸机应控制在 1:2 或 1:1.5,固定式小儿呼吸机为 1:1.5,固定式婴儿呼吸机为 1:1,允差均为±20%。

(3) 潮气量调节范围。

成人呼吸机至少为 300～1000mL,小儿呼吸机至少为 50～300mL,婴儿呼吸机至少为 30～150mL。其中,允差均为±20%。

(4) 每分钟通气量。

如果呼吸机是控制每分钟通气量的,则成人呼吸机每分钟通气量应大于 18L,小儿呼吸机应大于 10L,婴儿呼吸机应大于 5L。其中,允差均为±20%。

(5) 呼吸机系统顺应性。

成人呼吸机不大于 4mL/100Pa,小儿和婴儿呼吸机不大于 3mL/100Pa。

(6) 吸入安全阀。

呼吸机应配有吸入安全阀,当管道内的压力在−800～−500Pa 范围内,吸入安全阀应开启。

(7) 最大安全压力。

成人呼吸机的最大安全压力不得大于 6kPa,小儿呼吸机的最大安全压力不大于 5kPa,婴儿呼吸机的最大安全压力不大于 4kPa。其中,允差均为±15%。

（8）呼吸机的整机噪声。

呼吸机在正常工作噪声不大于 65dB。

2）当呼吸机具有以下列功能时,应符合相应的规定

（1）呼气末正压力装置（PEEP）。

呼气末正压力装置可调节范围至少为 0～1000Pa,允差±20%。

（2）吸气触发压力（Ptr）。

吸气触发压力调节范围至少为－400～＋1000Pa,允差±50% Pa。吸气触发压差（ΔPtr）调节范围至少为－400～－100Pa,允差±50% Pa;如同步触发压力是固定式的,则成人呼吸机应在－300～－100Pa 范围内;小儿和婴儿呼吸机应在－200～100Pa 范围内。

（3）气道压力上限报警。

可调式的调节范围至少为 2～5kPa,允差±20%;固定式的应控制在该范围内。当管道内一出现调定值时,应立刻有声或光报警。

（4）气道压力下限报警。

可调节范围至少为 500～2000Pa,允差±20%;固定式应控制在该范围内。当管道内出现该压力持续 10～20s 时,必须有声或光报警。

（5）电源故障报警:断电应立即有声响报警,报警持续时间不得小于 30s。

（6）消声时间:不大于 120s。

（7）文丘里管装置氧浓度:成人呼吸机＜45%,小儿呼吸机＜50%,婴儿机＜55%。

（8）空氧混合器装置输出氧浓度的可调节范围 21%～100%,允差±15%。

3）潮化器

（1）潮化器的构造必须使病人、操作者和周围环境都是无危险,且必须相当坚固和抗腐蚀性,以承受可能遇到的机械应力、热、冷、麻醉气体、消毒,而不会降低其安全可靠性。

（2）潮化器气流的阻力。

成人呼吸机气流流量为 30L/min;小儿和婴儿呼吸机气流流量 10L/min,压降不超过 300Pa。

4）自动控温潮化器

（1）自动控温潮化器的水温控制范围至少为 37～65℃,且可调,控温允差±5%。

（2）潮化器在发生故障引起超温时,必须有报警或保护装置。

5）无自动控温潮化器

（1）这类潮化器不应有任何调节温度刻度指示或类似的数字指示,且制造厂

在操作说明书中予以说明。

（2）这类潮化器必须有加热调节装置，以便操作者在潮化器温度过高或过低时，可以适当调节。

6）储水罐

（1）储水罐在其偏离放置位置20°时，能防水从储水器进入呼吸管道。

（2）如果储水罐水位看不见，必须配备容易看得见的水位指示器，还必须标注最高和最低水位线。

7）连接呼吸机、病人和潮气量计的接头

（1）采用22mm的圆锥接头，应符合GB11245中规定。

（2）成人呼吸机病人连接口必须采用GB11245规定的22mm/15mm的同心接头。小儿和婴儿呼吸机病人连接口建议采用GB11245规定的15mm圆锥接头。

（3）通气系统中，呼吸机与病人连接口之间的连接必须遵循外锥-内锥配置序列，必须非标准连接，把部件装错的危害减少到最小限度。

（4）22mm的圆锥接头不必遵循某一特定的外锥配置序列，除非部件的正常工作对安全十分重要，而正常的工作又取决于正确的气流方向，这种部件必须遵循进口-内锥，出口-外锥的配置序列。

（5）如果呼吸机上配备有供安装手动呼吸囊的接头，则此开口必须朝下，并且位置远离病人呼吸接头，囊的安装座必须用带凹槽的标准22mm外锥体，安装气囊的接头必须清晰地标注符号和"气囊"的字样。

（6）如果在病人系统中安装潮气量计（在吸气或呼气系统中，或者在病人和Y型管之间），则必须用22mm锥体和锥套来实现连接。

（7）如果在呼吸管道或呼吸机上有一单独通向潮气量计的出口，并且从潮气量计出来的空气拟释放到大气中，则接潮气量计的出口必须采用30mm的外锥体。

（8）如果呼吸机上装有空气进口，它不得用22mm、15mm或30mm的外锥体，并应清晰地标明"空气进口"。

（9）如果呼吸机上装有呼气排出口（装潮气量出口之外），它必须设计得不易与15mm、22mm或30mm的圆锥或承座连接，也不易与22mm内径的导管连接。

8）呼吸机的电气安全要求

应符合GB9706.1中规定的Ⅰ类B型设备的电介质强度和漏电流的规定。

9）呼吸机应符合WS2-283中规定的气候环境试验Ⅰ组和机械环境试验Ⅱ组的要求

10）呼吸机应能承受 2000h 的寿命试验

2. 试验要求

1）环境要求

环境温度为 5～40℃，相对湿度不大于 80％，大气压强为 96～104kPa。

2）电、气源要求

（1）交流：198～242V，49～51Hz。

（2）直流：应注明直流电压、电池规格。

（3）气源：压缩空气（净化）或氧气。

（4）额定工作压力：不大于 500kPa。

3）部分测试仪器

（1）模拟肺：要求顺应性成人呼吸机不大于 0.50mL/Pa，小儿呼吸机不大于 0.15mL/Pa，婴儿呼吸机不大于 0.05mL/Pa。

（2）通气量计：测量范围 0～20L，误差±5％。

（3）气阻器：调节阀通径大于 φ15mm。

（4）标准压力表：500kPa，精度 2.5 级。

（5）直流电压表：误差±0.5％。

（6）氧浓度测试仪：测量范围 21％～100％，误差±3％。

（7）流量计：误差 5％。

（8）记录仪：误差 5％。

（9）压差仪：误差 5％。

（10）QA-VTM 测试仪。

4）呼吸机在测试时，主要参数均作如下调整

成人呼吸机潮气量 700mL 或每分钟通气量 14L，呼吸比 1：2，呼吸频率 20次/min；小儿呼吸机潮气量 200mL 或每分钟通气量 6L，呼吸比 1：1.5，呼吸频率 30 次/min；婴儿呼吸机潮气量 100mL 或每分钟通气量 4L，呼吸比 1：1，呼吸频率 40 次/min。

3. 试验方法

1）呼吸频率测试

将呼吸机的功能按"呼吸频率"的规定调节，在呼吸机的呼出口接上流量描绘仪，调节呼吸频率旋钮，分别绘出呼吸波形，计算出呼吸周期，用下式计算出呼吸频率：

$$F = \frac{60}{T} \tag{2.1}$$

式中，F 为呼吸频率，次/min；T 为呼吸周期，s。

若该呼吸机是靠皮囊往返运动供气的，则可用光电频率仪来测试其呼吸周期，用上式计算出呼吸频率。如呼吸机的呼吸次数易于观察，可用秒表直接读出其频率。测试时，至少两人同时用秒表测试，且至少连续测试 1min，然后将二人的测试结果取平均值，应符合技术要求中"呼吸频率"的规定。

2）呼吸相时间比测试

呼吸机的参数按"潮气量检验"规定调节，测试时逐挡调节呼吸比旋钮，用上述流量描绘仪，绘出呼吸波形，计算出吸气时间、呼气时间，用下式计算，应符合技术要求中"呼吸相时间比"的规定。

$$\text{吸}：\text{呼} = \frac{\text{吸气时间}}{\text{呼气时间}} \tag{2.2}$$

3）潮气量测试

鉴于各种呼吸机对潮气量的精度要求不同，为此，推荐两种方法对呼吸机的潮气量进行检验。主要采用误差为 10% 的呼吸监护仪进行测试，测试时将呼吸机的其他参数按"潮气量检验"规定调节，在呼吸机供气端连接测试仪，逐挡调节呼吸机的潮气量，观察监护仪的数值显示，应符合技术要求中"潮气量调节范围"的要求。也可将呼吸机按图 2-13 连接，观察压力表的显示值 p，计算出潮气量。潮气量＝$c \times p = 500\text{mL}$。

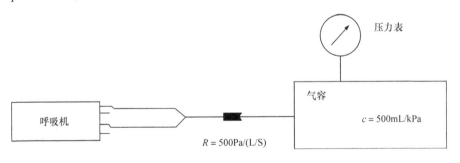

图 2-13　潮气量测试

4）每分钟通气量测试

将呼吸机的呼吸比调至 1：2，逐挡调分钟通气量旋钮。按"呼吸频率和潮气量"规定测出呼吸频率和潮气量，用潮气量乘以呼吸频率即为每分钟通气量，当每分钟通气量调至最大时，其测试结果应符合技术要求中"每分钟通气量"的规定。

5）呼吸机系统顺应性测试

将呼吸机按图 2-14 连接，将各排气口堵上，用一标准计量容器，如医用注射器，将一定量的气体（40mL 或更多）注入呼吸机系统内，观察压力表，记录系统内的压力差，用下式计算机器系统顺应性，应符合技术要求中"呼吸机顺应性"的要求。

$$C = \frac{V}{P} \tag{2.3}$$

式中，C 为呼吸机系统性，mL/Pa；V 为气体体积，mL；P 为系统内的压力，Pa。

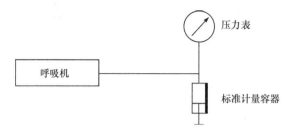

图 2-14　呼吸机系统顺应性测试

6）吸入安全阀测试

将呼吸机的电源关闭，并在呼吸机的供气口接上负压表，在系统内加上负压，观察压力表的示值，应符合技术要求中"吸入安全阀"的规定。

7）最大安全压力测试

将呼吸机关上，按图 2-15 连接。接通电源、气源，按测试条件选择呼吸机工作参数，向管道系统加压，使气流量恒定在 5L/min，观察压力表，其示值应符合技术要求中"最大安全压力"的规定。

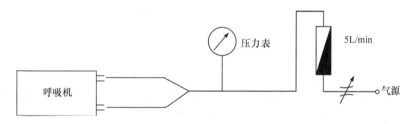

图 2-15　最大安全压力测试

8）噪声测试

将呼吸机的潮气量、呼吸频率或每分钟通气量、呼吸比等调至最大，在离呼吸机 1m 处用声级计"A"级计权网络分别测试前、后、左、右四个方位，取其最大值，应符合技术要求中"呼吸机的整机噪声"的规定。

9）PEEP 装置测试

将 PEEP 装置及测试仪器按图 2-16 连接，开启节流阀，使流量计指示 5L/min，调节 PEEP 阀，观察压力表的值，应符合技术要求中"呼气末正压装置"的规定。

10）吸气触发压力测试

将呼吸机的参数按"呼吸频率和潮气量"规定调节，在呼吸机的供气口接上压

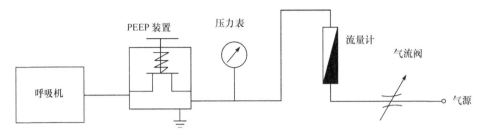

图 2-16　PEEP 装置测试

差仪和记录仪,向系统内加负压,如图 2-17 所示,使呼吸机触发,此时,实测吸气触发压,应符合技术要求中"吸气触发压力"的规定。

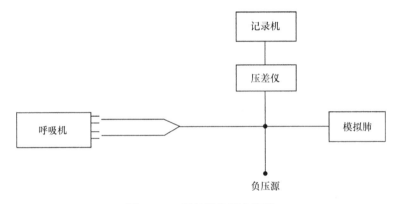

图 2-17　吸气触发压力测试

11) 吸气时间和吸入潮气量范围测试

把呼吸机按图 2-18 连接(其中,电源为呼吸机工作电压,气源为额定工作压力)。呼吸方式置同步位置,频率计置测时位置,信号管接负压源,有同步吸气触发压力可调装置呼吸机的测试,应将该装置调至最灵敏挡,接通电源,调节负压源,使呼吸机有气体变化,同时频率计开始计时,送气停止,计时也停止。此时,频率计、流量描绘仪和模拟肺上的指示值应符合表 2-1 的规定。

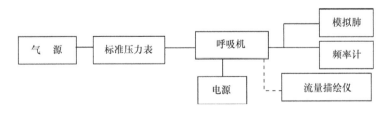

图 2-18　吸气时间和吸入潮气量范围测试方框图

表 2 - 1　吸气时间范围(时间切换型)**和吸入潮气量**(容量切换型)

呼吸机 类别	调节方式			吸入潮气量/mL
	固定式	可调式	允差/%	
成　人	1	至少为 0.7~1.2		至少为 300~1000
小　儿	0.8	至少为 0.5~0.7	±15	至少为 50~400
婴　儿	0.5	至少为 0.3~0.8		至少为 20~150

12）气道压力上限报警测试

将呼吸机按图 2 - 19 连接,向系统内持续加压,使回路的压力逐渐上升,至预定上限报警压力,应有声或光报警,并符合技术要求中"气道压力上限报警"的规定。

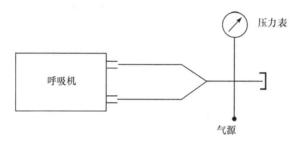

图 2 - 19　气道压力上、下限报警测试

13）气道压力下限报警测试

将呼吸机如图 2 - 19 连接,先向系统内充气使系统内的压力升高且超过预调的下限报警压力。然后逐渐向系统外排气,使其压力下降,当系统内压力达到下限报警值后,停止排气,在 10~20s 内应出现声响报警,应符合技术要求中"气道压力下限报警"的规定。

14）电源故障报警测试

将开启的呼吸机的电源线插头取下,应该有声响报警,并符合技术要求中"电源故障报警"的要求。

15）消声时间的测试

当呼吸机报警,按下消声按钮,同时秒表或频率计开始计时,当报警再次出现时,读出秒表或频率计数值,测得时间应符合技术要求中"消声时间"的规定。

16）呼吸机输出气体氧浓度测试

（1）文丘里管装置氧浓度测试。

将呼吸机按测试框图 2 - 20 连接,呼吸方式选择置控制呼吸挡,按测试条件额定工作压力选择呼吸机工作参数,使呼吸机对模拟肺送气,将潮气阀调至最大,呼吸机送气 30s 后,用氧浓度测试仪测试,测得值应符合技术要求中"文丘里管装置氧浓度"的规定。

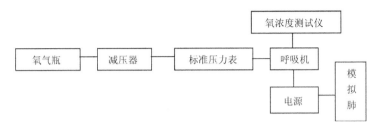

图 2-20　文丘里管装置氧浓度测试测量框图

(2) 空氧混合器输出氧浓度检验。

将呼吸机的参数按"呼吸频率和潮气量"的规定调节,在呼吸机的供气口接上精度为 2.5 级的测氧仪,测定氧浓度应符合技术要求中"空氧混合器输出氧浓度"的规定。如图 2-21 所示。

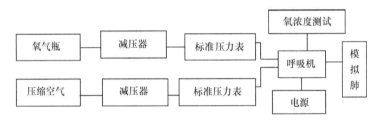

图 2-21　空氧混合器装置氧浓度测试框图

17) 耗氧量测试(空氧混合状态)

把呼吸机按图 2-22 连接,呼吸方式置控制呼吸挡,频率计量测时挡,氧浓度调节装置置最低挡。按测试条件选择呼吸机工作参数,调节额定工作压至潮气量(成人:700mL;小儿:200mL;婴儿:100mL),使呼吸机对模拟肺送气,测量时间 1h 的耗氧量应符合"在氧气瓶规格为 12250kPa/L,连续使用 24h 的条件下,成人呼吸机耗氧量不大于 3 瓶,小儿呼吸机耗氧量不大于 2 瓶,婴儿呼吸机耗氧量不大于 1 瓶"的规定。测定时,每小时压力降($P_1 - P_2$)应符合"成人呼吸机 $P_1 - P_2$ 为

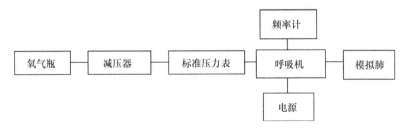

图 2-22　耗氧量测试框图

1530kPa,小儿呼吸机 P_1-P_2 为 1020kPa,婴儿呼吸机 P_1-P_2 为 510kPa"的规定。

18) 叹息(深呼吸)送气量测试

把呼吸机按图 2-23 连接,呼吸方式选择钮置叹息挡,频率计置测时挡或测频挡,按测试条件选择呼吸机工作参数,调节气源压力,使呼吸机对模拟肺送气,模拟肺上测得的加倍潮气量其叹息送气量应符合"送气量不小于原设定潮气量 1.5 倍"的规定。

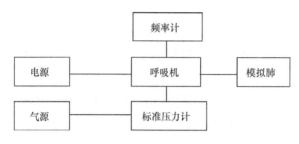

图 2-23 叹息(深呼吸)送气量测试框图

19) 控制和辅助呼吸相互转换时间测试

呼吸机呼吸方式置同步呼吸挡,频率计置测时位置,吸气时间调至最短,机控频率调至最高,呼吸比调至最大,接通电源,调节负压源,当呼吸机有气体输出时,立即停止负压调节,送气停止时,频率计开始记数,直至转入控制吸状态的送气时,停止记数。此时,频率计或记录仪上的指示值为控制或辅助呼吸相转换时间,重复五次,求出平均值应符合表 2-2。

表 2-2 控制和辅助呼吸相互转换时间

呼吸机类别	转换时间	允 差
成人	6	+1 -2
小儿	2.5	±0.5
婴儿	2	

20) 间歇指令通气频率范围测试

测试方法与呼吸频率测试相同,测得值应符合"成人通气频率 1～10 次/s,小儿通气频率 2～15 次/s,婴儿通气频率 4～20 次/s,允差±15%"的规定。

21) 潮化器测试

(1) 潮化器气流阻力检验。

将潮化器按图 2-24 连接,调节输出口的流量,成人呼吸机为 30L/min,小儿和婴儿呼吸机为 10L/min,观察两只压力表,其压差不大于 300Pa,符合技术要求中"潮化器气流的阻力"的规定。

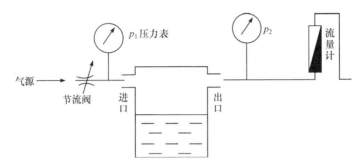

图 2-24 呼吸频率检验和潮气量检验

（2）潮化器自动控温测试。

将潮化器接通电源，由低到高调节控温旋钮，在控温范围内等距取点不小于6点（包括最低、最高两点）用温度计测试。

（3）潮化器超温测试。

将潮化器放入恒温装置内，调节恒温装置的温度，当升高到一定限度时，潮化器的保护装置或报警装置应起作用。

22）雾化器测试

（1）雾化器雾粒直径测试。

在雾化器储水器内注入 2/3 的水，并按测试方框图 2-25 连接好雾化器。调节额定工作压力，使雾化器对喷雾口 10cm 处的取样平板玻璃喷雾（玻璃上均涂上油脂），用 150 倍以上的显微镜观察取样平板上的雾粒直径，应符合"雾化器的雾粒直径 90% 小于 40μm，喷雾用水小于 40mL/h"的规定。

图 2-25 雾化器

（2）雾化器喷雾速率的测试。

将雾化器按图 2-25 连接好，连接好气源，并在雾化器储水器内注入 30mL 的水，调节额定工作压力（200kPa）使雾化器喷雾 30min，其喷雾用水量应符合"雾化器的雾粒直径 90% 小于 40μm，喷雾用水小于 40mL/h"的规定。

23）储水罐测试

将潮化器偏其放置位置 20°，观察潮化器的输出、输入口，应符合技术要求中"储水罐"的规定。

24）呼吸机的电气安全检验按 GB9706.1 中规定方法进行

25）呼吸机环境试验按 WS2—283 中规定的方法进行

2.4 呼吸机的检测仪器

前一节介绍了主要由模拟肺、通气量计、气阻器、标准压力表、直流电压表、氧浓度测试仪、流量计等组成的呼吸机检测仪器，本节主要介绍挪威 METRON 医用电生理仪器检测设备 QA-VTM 测试仪。

1. QA-VTM 测试仪

QA-VTM 测试仪是挪威 METRON 医用电生理仪器检测设备中用于检测婴儿、儿童和成人等各种呼吸机的检测仪器。它可以测试呼吸机的主要参数，即呼吸率、吸气和呼气时间、呼吸比、流速、潮气量以及气路压力。它还可以单独测量流量、压力、容积及顺应性，并能进行 48h 的趋势测试。它还能利用专用软件编程自动测试，并能观测各种波形。

2. QA-VTM 测试仪的组件和功能

QA-VTM 测试仪具有测量小流量、精度高、稳定性好、同时显示多参数的特点，其主要部件和功能如下：

1）前面板

键盘：11 个用于输入信息的字符数字键。

清除键：清除保存之前的最后一个字母，保存完毕后，清除数据域中所有数据。

确认键：将字符数字键输入的信息保存到数据域中。

功能键：F1～F4 用于选择在显示器菜单栏底部中的功能键，用于选择键所直接对应的功能。F5～F7 用于选择或进入对应的信息输入行。

2）端口

流量端口：内径 15mm、外径 22mm，用于连接呼吸回路或流量管。

输出端口：内径 15mm、外径 22mm，可连接模拟肺。

低压端口：用于低范围压力的连接端口（在通气或单独压力测量期间）。注意端口适配（P/N16250）。

打印端口：双向 25 脚接口。

RS-232 端口：9 脚接口，用于遥控（利用 PR0 软件）和硬件升级。

3）其他

液晶显示器：显示信息测试结果功能菜单。

电源开关和插座。

3．QA-VTM 测试仪的设定

QA-VTM 测试仪的显示器,数字输入键、控制键和可编程功能键提供测试中灵活、可控的操作。QA-VTM 的屏幕上有四行,上面三行由操作者输入测试参数和信息,分别由 F5～ F7 键控制,测试状态和结果由 QA-VTM 测试仪显示。这三个键位于显示器的右边,只有当看见指向箭头指向这些键时,这些键才是可操作的。

底部的一行是菜单栏,由功能键 F1～F4 控制。

1) 设定屏幕 1

如图 2 - 26 所示,这个屏幕包括以下几个设置:

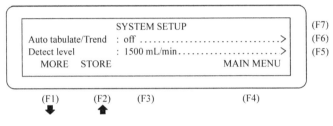

图 2 - 26　设定屏幕 1

按"Auto tabulate/Trend"F6 键,这将打开或关闭自动列表。这个设定将在选定的时间间隔(8、16、32、64、128 或无)内收集结果,并送到内存中。

按"Detect level"F5 键,用数字键输入检测水平,单位为 mL/min,并按确认键保存。这设定将确定一个阈值,以辨认流量中的一个变化,QA-VTM 将其作为一个呼吸。

按 F1 键,以进入设定屏幕 2。

按 STORE F2 键,将所有设定存在 QA-VTM 的内存中。

2) 设定屏幕 2

如图 2 - 27 所示,按"Noise level"F7 键,使用数字键键入噪声水平值,单位为 mL/min,按确认键保存。这设定将确定一个阈值,QA-VTM 将过滤掉那些不希

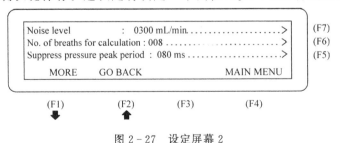

图 2 - 27　设定屏幕 2

望包括在估算内的噪声,如呼吸回路振动。

　　按 F6(用于估算的呼吸次数),确定将被平均计算的,用以估算所有显示值的呼吸次数,可以选用的是 1、2、4、8、16 和 32。

　　按 F5 键,以抑制压力尖峰期(单位为 ms),可选范围为 10～100ms,以 10ms 增加。这个设定用于滤掉那些可能被看作吸气开始的压力尖端。

　　3)设定屏幕 3

　　如图 2-28 所示,通过 F7 键键入"Y"(是)或"N"(否),以确定是否希望用这个方法得到 Calculate flow。当打开后,它显示所有流量和容积。

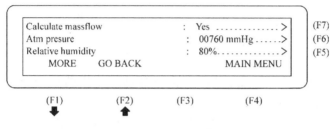

图 2-28　设定屏幕 3

　　按"Atm pressure",以确定将在测试中使用的大气压,单位为 mmHg。

　　按"Relative humidity",以确定将在测试中使用的相关湿度(10%～99%)。

　　按 F1 键进入下一个设置屏幕 4。

　　4)设定屏幕 4

　　如图 2-29 所示,按"Gas mixture"键以确定在测试中使用的混合气体,按顺序可选的是:空气、氧气、氧气/氮气、氧气/一氧化二氮。

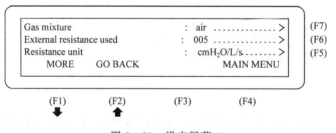

图 2-29　设定屏幕 4

　　按"External resistance used"F6 键,以确定测试中使用的阻抗水平可选的是:无、5、10、50、100 和 500。

　　按"Resistance unit"F5 键,以确定 QA-VTM 的使用的阻抗单位,可选的是:$cmH_2O/L/s$ 或 mbar/L/s。

　　注意:该设定仅用于外部阻抗在设置中使用时。

按 F1 键进入下一个设定屏幕。

5）设定屏幕 5

如图 2-30 所示,按"Flow unit"F7 键,以确定将在测试中使用的流量单位,可选单位:L/min、L/s、mL/s。

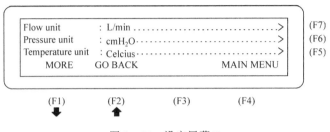

图 2-30　设定屏幕 5

按"Pressure unit"F6 键,以确定将在测试中使用的压力单位,可选单位:cmH_2O、mbar、mmHg、lbf/in^2。

按"Temperature unit"F5 键,以确定将在测试中使用的温度单位,可选单位:℃、℉、K。

按 F1 键进入设定屏幕 6。

6）设定屏幕 6

如图 2-31 所示,按"Operator"F6 键,使用字符键输入操作者的姓名或其他身份证明。按确定键保存。

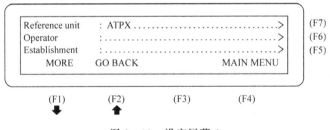

图 2-31　设定屏幕 6

按"Establishment"F5 键,使用字符键输入或其他身份证明,按 ENTER 键保存。

7）设定屏幕 7

Language(F7):这是出厂设定的,缺省为英语。如图 2-32 所示。

Date(F6):用数字元字母键设定或重新设定系统的日期(日,月,年),按 ENTER 键保存。

Time(F5):用数字元字母键设定或重新设定系统的时间(时,分,秒),按 F3 键指定 12h(AM/PM)或 24h(24HOUR)。

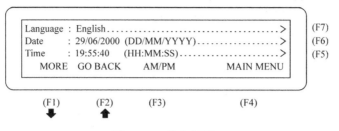

图 2 - 32　设定屏幕 7

MORE(F1)进入设置屏幕 8。

8）设置屏幕 8

如图 2 - 33 所示,这个屏幕包括下列设置:

按 Adjust 02 Measurements(F7),进入到氧气调整屏幕(如下)。

按 QA_VTM Serial NO_(F6),用数字元字母键输入 QA_VTM 的序列号码,按 ENTER 键保存。

QAVTM Application SW RV XX . XX,这里显示目前 QA_VTM 的软件版本。如果你想把 QA-VTM 的参数设置保存到内存中,按 STORE(F1)键。如果 SROTE,QAVTM 将一直随着你的设置改变而改变直到关机。

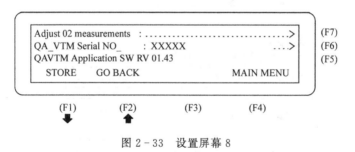

图 2 - 33　设置屏幕 8

9）设置屏幕 9

如图 2 - 34 所示,OXYGEN ADJUSTMENT SCREEN,这个屏幕包括下列快速氧调整。用含 21% 氧气的空气冲洗时按 F6 键。

用纯氧气冲洗一会时按 F5 键。

10）设置屏幕 10

TABULATE(F4)键在不同的检测状态中被按下时,都将对被检测器械的检测结果进行编辑,并在 QA-VTM 的内存中储存管理。

按主菜单中的 MEMORY(F2)键,将得到一系列的储存接口,使你从 QA-VTM 的内存中的储存结果进行储存、恢复、转移、打印、删除。

屏幕如图 2 - 35 所示:

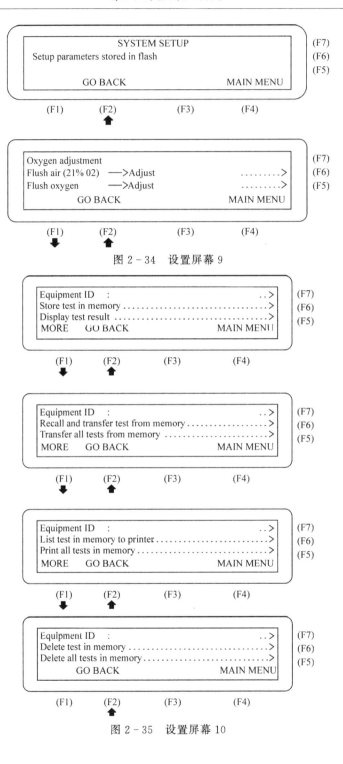

图 2 - 34　设置屏幕 9

图 2 - 35　设置屏幕 10

F5 和 F6 功能键能得到新的列表,证实测试功能或错误信息等。

按 GO BACK(F2)键,回到上级保存屏幕。

4. 打印结果

测试结束后,将处于准备打印状态。

如图 2-36 所示,在设一个测试结果的屏幕上,可以选择 PRINT(F3)键。选择后将出现下列屏幕:

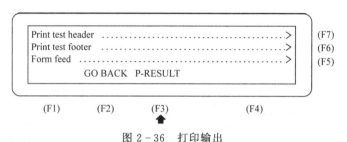

图 2-36 打印输出

P-RESULT(F3):选择此键准备打印测试结果,输出测试内容。

Form feed(F5):按此键当前页被打印后进入下一页。

5. 设定与连接

(1) 在主菜单的 Test mode(F6)翻找到 Ventilator test,然后按 Parameter(s)(F5)翻找到 Template。

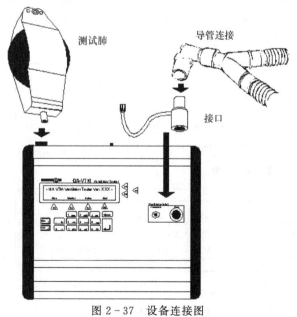

图 2-37 设备连接图

（2）在连接进出口之前按 ZERO(F1)，这样将返回到置 0 界面。调整 ZERO FLOW(F5)和 ZERO PRESSURE(F6)到 0。

（3）用提供的装管装备(P.N16250)把分路流量-压力连接器连接到呼吸机的进入压力和流量口。把呼吸循环接口连接到连接器。如果必要，附加一个装备使连接成为循环。

（4）可选：测试过程中把一个负载——测试肺(P.N.16240)连接到 QA-VTM 后面的出口处，如图 2 - 37 所示。

6. 模板测试

（1）在主菜单中按 START(F4)键。当前屏幕改变成一系列连续的屏幕，测试开始，如图 2 - 38 所示。

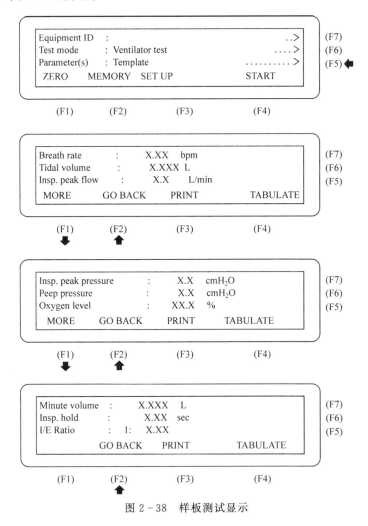

图 2 - 38　样板测试显示

（2）测试的结果显示在屏幕上。不同的单位按设置中指定的单位显示。MORE(F1)和 GO BACK(F2)键让你浏览 9 个模板参数的结果。

（3）然后可以按 PRINT(F3)键打印这些参数测试结果，或按 TABULATE (F4)键把结果储存到内存。打印或储存的结果都包含 9 个模板参数中内容。

注意：如果想储存测试仪器的测试结果，必须要通过按 GO BACK(F2)键返回到主菜单屏幕。在储存屏幕 1 内按 MEMORY(F2)键，再按 Store test in memory (F6)键。

7. 其他参数的测量

在当所有的模板参数都没有要求，只是要求个别的呼吸机参数被测量时，可选参数为：

RATE 呼吸率；VOLUME 容量；PRESSURE 压力；ENVIRONMENT 环境；TIME 时间；FLOW 流量；CAPA MEASUREMENTS 连续气道正压通气测量。

参数测试屏幕：

（1）其他参数测量的设置，如图 2-39 所示。

① 从主菜单中的 Test mode(F6)中找到 Ventilator test。

② 然后在参数 Parameter(s)(F5)中找到需要的参数，按 START(F4)，屏幕改变成指定参数的显示屏幕，测量开始。

③ 参数测量的结果显示在屏幕上，不同的测试单位按设置时指定的单位显示。

④ 接下来既可以按 PRINT(F3)键打印测试结果，也可以按 TABULATE (F4)键保存测试结果到内存里。

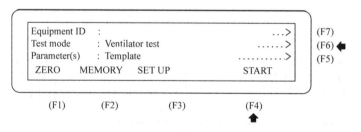

图 2-39　其他参数测量显示

⑤ 为了重设置显示的内容和重新测试参数，按 RESET(F1)键。

⑥ 按 GO BACK(F2)键返回到主菜单选择其他的参数测试。

（2）比率 RATE 测试，如图 2-40 所示。

（3）时间 TIME 测试，如图 2-41 所示。

（4）容量 VOLUME 测试，如图 2-42 所示。

（5）流量 FLOW 测试，如图 2-43 所示。

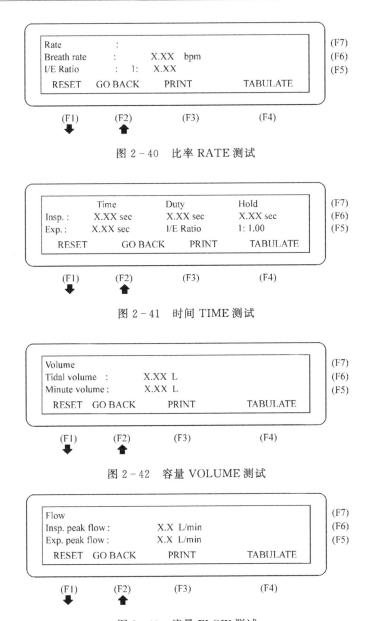

图 2-40　比率 RATE 测试

图 2-41　时间 TIME 测试

图 2-42　容量 VOLUME 测试

图 2-43　流量 FLOW 测试

（6）压力 PRESSURE 测试，如图 2-44 所示。

（7）连续气道正压通气测量 CAPA MEASUREMENTS 测试，如图 2-45 所示。

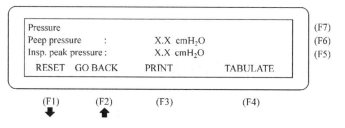

图 2-44 压力 PRESSURE 测试

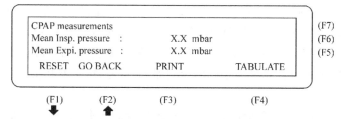

图 2-45 连续气道正压通气测量 CAPA MEASUREMENTS 测试

（8）环境 ENVIRONMENT 测试，如图 2-46 所示。

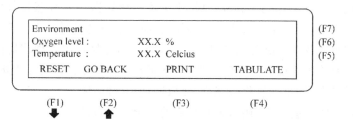

图 2-46 环境 ENVIRONMENT 测试

思 考 题

1. 简述呼吸机的主要呼吸模式和含义。
2. 呼吸机的基本工作原理是什么？
3. 呼吸机的电气安全检测项目是什么？
4. 画出呼吸机潮气量和最大安全压力的测试方框图以及测试方法。

第三章 麻醉机的基本原理及其检测技术

3.1 概 述

麻醉学是临床医学的一个重要组成部分,麻醉机是临床手术中实施麻醉不可缺少的设备,随着科学技术的不断发展,新理论、新方法的不断涌现,麻醉学理论和实践也有了很大的提高,麻醉机的结构和功能也日臻完善。特别是电子计算机技术的应用,更使现代吸入麻醉机的水平大大提高。麻醉机的发展已由简单的气路设备发展到复杂的以计算机为基础的控制器、显示器、指示器和报警器组成的现代化的机器。

吸入麻醉是通过机械回路将麻醉药送入患者的肺泡,形成麻醉药气体分压,弥散到血液后,对中枢神经系统直接发生抑制作用,从而产生全身麻醉的效果。吸入麻醉易于控制,安全、有效,用于临床效果良好。

麻醉机(anaesthetic machine)是用来分配和传送医用麻醉蒸发气体进入一个呼吸系统的设备,其功能是向病人提供氧气、吸入麻醉药及进行呼吸管理。麻醉机要求提供的氧气及吸入麻醉药浓度应精确、稳定和容易控制。现代麻醉机要求能从压缩气筒释放出准确量的麻醉气体,和从蒸发器内释放出准确浓度的麻醉蒸气,同时保证供氧充足,排二氧化碳完全,无效腔量小,呼吸阻力低。此外,为防止人为的或机械的故障伤害病人,还需要有可靠的安全控制系统。

3.2 麻醉机的基本原理

现代麻醉机的结构,主要包括以下部分:供气装置、麻醉蒸发器、麻醉呼吸机、CO_2 吸收器、安全监测装置及其他附属装置,如图 3 - 1 所示。

1. 供气装置

供气装置包括气源、压力调节器、压力表和流量计。

1) 气源

与麻醉机连接的气体常用的有空气、氧气和麻醉气体。这些气体或装于气瓶内或以中心供气系统与麻醉机连接,以供给麻醉过程中所需要的气体。

(1) 压缩气瓶。

压缩气瓶,是专用于储存压缩氧气、空气和麻醉气体等气体的密封容器,由能

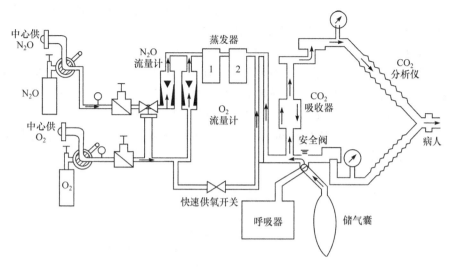

图 3-1　现代麻醉机的结构

抗理化因素影响、耐高温全钢制成,壁厚应不少于 0.94cm,不同的气体应装在承压能力不同的压缩气瓶内。为了便于识别和保证使用安全,避免错用,各种不同压缩气瓶的外壁均油漆成规定的颜色,第一章已作了介绍,我国规定氧气为淡蓝色,氧化亚氮为灰色,二氧化碳为铝白色,氮气为黑色等。目前,国际上尚无统一的颜色标准,各国麻醉气体钢瓶的颜色如表 3-1 所示。同时国际上规定,在气瓶的肩部必须有气体的化学名称符号、气瓶自重、承受压力、出厂日期、复检日期及制造工厂、审核管理机构代号等各种钢印标记。

表 3-1　医用压缩储气瓶的颜色标记

	ISO	英国	美国	德国	荷兰	瑞士	中国	日本
air	黑/白	黑/白	黄	灰(黄)	蓝/绿	棕	黑	灰
CO_2	灰	灰	灰	灰(黑)	灰	黑	铝白	绿
N_2O	蓝	蓝	蓝	灰	蓝/灰	绿/灰	银灰	灰(蓝)
N_2	黑	黑	黑	绿	黄	绿	黑	灰
O_2	白	白	绿	蓝	蓝	蓝	淡蓝	黑(绿)

压缩气瓶供气结构简单但存在如下缺点:①供气压力较高,当温度升高或遇到强烈振动与碰撞时,会有潜在爆炸的危险。②气瓶充气时会被油、水、细菌和气瓶本身污染,气体质量不能保证。③更换气瓶时需要接表调压,而且需要中断供氧,操作不当会给病人带来危险。

(2) 中心供气系统。

为了避免压缩气瓶所存在的缺点,许多大医院已安装了中心供气系统,集中供给手术室氧气、麻醉气体和压缩空气。中心供氧系统一般由氧气源、输氧管道、减压阀、压力表和流量计、安全装置、供氧终端等部分组成。中心供气系统应设置低压报警,以保证气体的正常供应。输送管道接头必须紧密,输气管道一般用紫铜管连接,必须经常检查输送管道是否漏气。减压表的输出压力为 $0.3 \sim 0.4 \mathrm{MPa}$ ($3 \sim 4 \mathrm{kg/cm^2}$),一般麻醉机与麻醉呼吸机的驱动和使用压力应 $> 0.3 \mathrm{MPa}$ ($3.0 \mathrm{kg/cm^2}$)。现代中心供气系统如图 3-2 所示,还装有附加的安全装置,在压力调节器与高压管之间设有校验阀(check valve),以防储气瓶减压阀失灵时气体流失或储气瓶出口管道漏气。

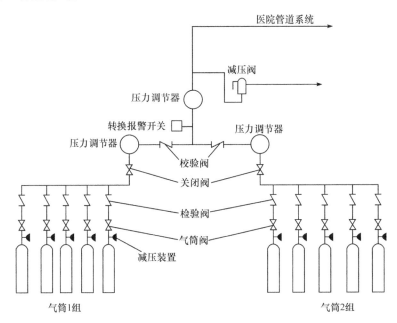

图 3-2　中心供气系统结构简图

2) 减压阀和压力表

减压阀又称压力调节器,压缩气瓶内气体的压力很高,如满瓶氧气的压力一般可达 14MPa,若直接供给麻醉机,高压气流将不可避免地引起麻醉机的损坏和发生危险。减压阀的作用就是用来降低从高压压缩气瓶内出来的气体的压力,使之成为使用安全、不损坏机器,恒定在 $0.3 \sim 0.5 \mathrm{MPa}$ 的低压,作为麻醉机的气源。临床上常用的减压阀如图 3-3 所示,压强为 P_c 的高压室内的气体经活门进入低压室,由于容积扩大,压强下降为 P_r,气体通过出气口流出,从而使气体压力调节至直接供麻醉机或麻醉呼吸机所需的压力。

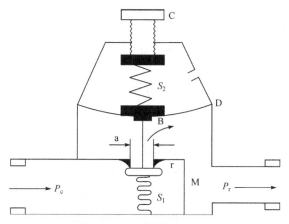

图 3-3 减压阀结构原理图

r. 中间导柱；S_1. 中阀弹簧；D. 膜片；C. 调节钮；M. 二级密闭室(P_r)；B. 阀轴；

S_2. 膜片弹簧；一级密闭室(P_c)；a. 阀座面积

压力表是指示压缩气瓶内气体压力实际值的仪表。连接在压缩气瓶出口与减压阀之间。常用的有两种类型。压力表值的单位用 MPa 表示（1MPa＝10kg/cm^2）。

（1）膜盒（波纹管）式压力表结构原理。

作用原理：基于弹性元件（测量系统中的弹性膜盒）变形。在被测介质的压力作用下，迫使弹性膜盒产生相应的弹性变形——位移，借助于拉杆，通过齿轮传动机构的传动，并预放大，由固定于齿轮轴上的指针逐渐将被测的压力在分度盘上指示出来。

（2）弹簧管（波顿管）式压力表结构原理。

如图 3-4 所示，弹簧管式压力表作用原理是基于弹性元件（测量系统中的弹性管）变形，在被测介质的压力作用下，迫使弹簧管末端产生了相应的弹性——位移，借助于拉杆通过齿轮传动机构的传动，并予放大，由固定于齿轮轴上的指针，逐渐将被测压力在分度盘上指示出来。

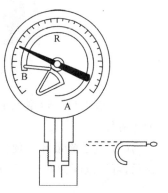

图 3-4 波顿管型压力表

一般压力表准确度等级为：1，1.5，2.5，4。

3）流量计

流量计（flowmeter）也称流量指示器（indicator），可精确地测定通过它的气体的每分钟的流量。麻醉机上均设有各种气体的流量计，包括 O_2、N_2O 和空气流量计，用以表示每分钟输出的气体流量，以 mL/min 或 L/min 读数，流量计从结构上可分为进气口可变型及进气口固定型流量计两种。

（1）进气口可变型流量计。

基本结构包括：流量控制钮、针栓阀、针栓座、针栓制停器、刻度玻璃管和浮标，根据浮标的结构不同可分为以下几种流量计：

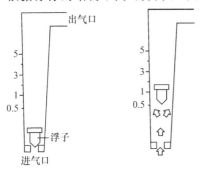

① 转子式流量计：是目前最通用的流量计，为下细上粗带计量刻度的玻璃管，其中置一由轻质金属铝制成的锥形浮标。打开针栓阀，气流自玻璃管下方的进气口输入，将浮标向上顶起（有的并作旋转）。与转子顶面平齐的刻度数，即为气体流量值，如图 3-5 所示。

② 浮杆式流量计：如图 3-6 所示，将一根由轻质材料制成的浮杆置于下细上粗、呈圆锥形的金属管中，上端伸入刻度玻璃管中，气流通过针栓阀时将浮杆向上托起，与杆顶端平齐的刻度数即为气体流量值。

图 3-5　转子流量计气体进入情况

③ 滑球式流量计：将两个空心金属小球置于一根斜置的下细上粗的刻度玻璃管中，气流自下而上输入，推动小球向上滑行，与两小球之间平齐的刻度数即气体流量值，如图 3-7 所示。

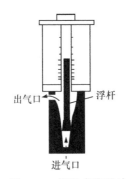

图 3-6　浮杆式流量计

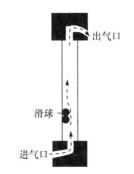

图 3-7　滑球式流量计

（2）进气口固定型流量计。包括水柱式流量计（湿性流量计）和弹簧指针式流量计两种。

（3）电子流量计。现代麻醉机的流量计如 Dräger Julian 采用电子控制，数字显示，可调范围为 0～12L/min。

2. 麻醉蒸发器

在吸入麻醉中，现在使用的吸入麻醉药大多数为液态，如安氟醚、异氟醚、七氟醚、地氟醚等。因此，使用前必须对其进行汽化。蒸发器（vaporizer）就是一种能有效蒸发麻醉药液并精确地将麻醉药按一定浓度输入麻醉呼吸回路的装置。蒸发器的结构必须保证精确地控制麻醉药蒸气浓度,以排除温度、流量、压力变化等因素对蒸发器的影响。目前使用的绝大多数蒸发器的基本结构如图 3-8 所示。

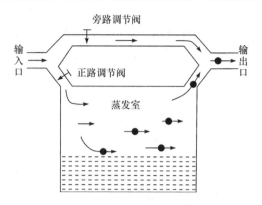

图 3-8　麻醉蒸发器结构原理图

在一般条件下,盛装液体麻醉药的蒸发室内含有饱和蒸气,在蒸发室的上方空间流过一定量的气体,合理控制阀门,让一小部分气流经过正路调节阀流入蒸发室,携走饱和麻醉药蒸气,这部分气体称为载气(carrier gas)。大部分的新鲜气流则直接经过旁路,这些气体称为稀释气(diluent gas)。稀释气流与载气流在输出口汇合,成为含有一定浓度麻醉蒸气的气流流出蒸发器。其中,稀释气流(旁路气流)与载气流之比称为分流比(splitting ratio)。

蒸发器输出浓度与气体流速、气体与液面的距离及接触面的大小、时间长短、液面温度等有关。假设蒸发室内的饱和麻醉蒸气分布均衡,则麻醉蒸气浓度输出稳定。

由此可得

$$蒸发室内麻醉药蒸气浓度 = \frac{P_a}{P_b} \times 100\% \tag{3.1}$$

式中,P_a 为麻醉药饱和蒸气压;P_b 为大气压。

根据道尔顿定律,上式可改为

$$蒸气浓度 = \frac{V_a}{V_a + V_c} \times 100\% \tag{3.2}$$

式中,V_a 为麻醉药蒸气容积;V_c 为载气容积。

蒸发器是通过旁路气体对上述气体浓度进行稀释。因此,蒸发器输出口的麻醉药浓度为

$$输出浓度 = \frac{V_a}{V_a + V_b + V_c} \times 100\% \tag{3.3}$$

式中,V_b 为经过旁路的稀释气流容积。从式(3.1)与式(3.2)中解出 V_a,并将其代

入式(3.3)可解得

$$输出浓度 = \frac{V_c \times P_a}{V_b \times (P_b - P_a) + V_c \times P_b} \times 100\% \tag{3.4}$$

根据式(3.4),一台输出浓度可调且稳定的理想蒸发器,必须是:①蒸发室内的饱和蒸气压 P_a 是恒定的。由于饱和蒸气压与温度密切相关,因此要求温度稳定,要考虑热力学补偿。②载气 V_c 与稀释气流 V_b 的分流比是精确的。目前,常用的蒸发器均在内部配备精密的流量控制阀。通过调节浓度控制转盘,可同时精确地调整两路气流,并采用热补偿等机构来自动提高输出精度,典型的蒸发器如图3-9所示,为 Ohmeda 公司生产的 Tec6 蒸发器。

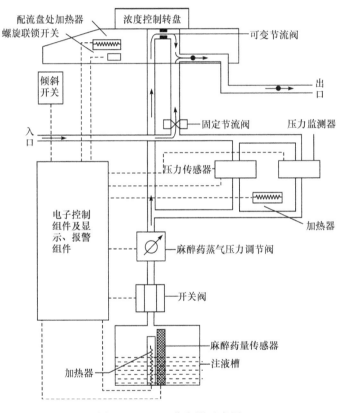

图 3-9　Tec6 蒸发器示意图

3. 麻醉通气系统

1) 麻醉通气系统的分类

主要根据有无呼出气重复吸入、储气囊、CO_2 吸收罐及导向活瓣等进行分类。通常分为开放、半开放、半紧闭和紧闭 4 类,如表 3-2 所示。

表 3 - 2　麻醉通气系统的分类

麻醉通气系统	呼出气重复吸入	储气囊	CO_2 吸收罐	导向活瓣
开放式	无	无	无	无
半开放式	无	有	无	1 个
半紧闭式	部分	有	有	2 个
紧闭式	全部	有	有	2 个

开放式呼气通向大气,呼吸阻力小,不易产生 CO_2 蓄积,尤其适宜于婴幼儿麻醉。缺点是麻醉药消费多,室内空气污染严重。紧闭式时,病人的呼气、吸气均在一个紧闭的回路内进行交换,所以气体较为湿润,麻醉药和气体消耗较小,室内空气污染少,缺点是自主呼吸时阻力较大,CO_2 吸收不全时易引起 CO_2 蓄积。当新鲜气体流量小于每分钟通气量,呼出余气被病人再吸入时,称为半紧闭式;而当新鲜气体流量大于病人的每分钟通气量,呼出气再吸入量可忽略不计时,则称为半开放式。

2) 常用的麻醉通气系统(呼吸回路)

(1) 开放系统。

结构简单,为数层干纱布片覆盖于金属网面罩的麻醉通气装置。实施吸入麻醉时,麻醉者左手持面罩放在病人的口鼻部,右手持抽有吸入麻醉药的注射器滴向面罩,麻醉药蒸发后随空气被病人吸入,呼出气全部经面罩排入大气。因此,麻醉药浪费较多,室内空气污染严重,麻醉深度不易维持平稳,临床应用逐渐减少,或仅用于小儿短小手术的麻醉。

(2) 无重复吸入系统。

无重复吸入系统是通过吸入和呼出两个单向活瓣来控制呼吸气流,病人吸气时经吸入活瓣吸入由麻醉机提供的麻醉混合气体,呼气时由呼出活瓣全部排入大气。所以,无重复吸入系统属一种开放式麻醉通气系统,种类很多,国内以 Ruben(鲁平)活瓣最为常用,如图 3 - 10 所示。该活瓣小巧灵活,呼吸死腔和阻力小,特别适宜于给小儿施行辅助或控制呼吸。缺点是长时间使用时病人的呼出水蒸气或分泌物会进入活瓣而影响其活动度,应引起注意。

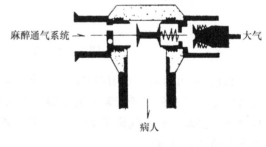
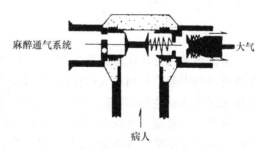

图 3 - 10　Ruben 活瓣

4. 轴针指数安全系统

自气源开始,为防止气体连接错误,近年来,国际上已采用轴针指数安全装置,其基本原理为:各种储气瓶与麻醉机连接处接口上均有两个大小不等的"轴孔",在麻醉机气筒口(即轭头)上有两个大小不同和距离不等的"轴针",只有轴孔和轴针二者完全吻合时才能相互连接,按国际统一规定,每种麻醉气体有其各自固定的轴孔与轴针,此即为"轴针指数安全系统",如图 3-11 所示,为保证 N_2O 和 O_2 混合适当,避免发生麻醉机输出低氧混合气事故,流量计通路前设有 N_2O-O_2 比例调控保护装置,以保证输出混合气中 O_2 浓度不低于 25%,而 O_2 流量又可单独调节。为了保证使用安全,麻醉机一旦打开气流总开关,即自动提供 200~300mL/min 的氧气,以绝对保证病人的供氧。现代麻醉机一般配备 1~3 个麻醉专用蒸发器,各蒸发器之间采用机械保险装置,当打开一个蒸发器的浓度控制钮时,其他蒸发器则自动锁定,以避免蒸发器同时输出两种以上不同麻醉气体。

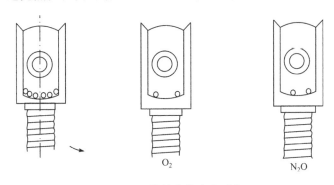

O₂　　　　　　N₂O

图 3-11　轴针指数安全系统

目前,常用的麻醉专用蒸发器采用蒸发器专药专用灌注嘴及排放装置,以防止无意中错把另一种麻醉药装入蒸发器。为避免挥发性麻醉气体污染室内空气,现代麻醉机多装备有废气排出系统,与现代手术室的废气排出管道相连接,以免危害医务人员的身体健康。

5. 麻醉呼吸机

麻醉呼吸机是现代麻醉机必配的设备,与治疗型呼吸机相比,结构较为简单,在麻醉过程中起着控制通气的作用,而且由于使用时间短,一般都不配备湿化器,多数无同步呼吸性能,需通过转换开关选择手控呼吸和机械控制通气。

麻醉呼吸机多为气动,电控,定时兼定容切换,直立型密闭箱内风箱式呼吸机,用压缩氧气或压缩空气驱动,吸气相时,呼吸机根据设定的通气量的大小,密闭箱内驱动的气体部分压缩或完全压缩风箱,将风箱内的气体挤进病人的肺脏,同时也关闭呼吸器内的减压阀;呼气相时,驱动气体停止进入密闭箱,由麻醉机流量计提供的新鲜气体和部分呼出气体进入风箱,同时减压阀开启,部分呼出气和余气经废气排除系统排出体外。根据风箱在呼气相的升降,可将风箱分为上升式和下降式两种类型。上升式在有呼吸回路漏气或脱开或风箱破裂时可立即发现,所以,现代麻醉机大多采用上升式风箱,以利病人的安全。

麻醉呼吸机的呼吸参数设定包括:潮气量或分钟通气量、呼吸频率、吸呼比值、吸气流速、PEEP、气道压限定等,在进行小儿麻醉时大多数呼吸机需要换成小儿风箱。新型的呼吸机可提供压力控制和容量控制两种呼吸模式,在进行容量控制通气时,呼吸机的流量补偿系统会对新鲜气体流量的变化、较小的呼吸回路系统漏气、肺顺应性的改变等情况进行自动调整,使病人的通气量基本保持不变,后备电源可支持停电后呼吸机工作 30min。麻醉呼吸机多设有窒息报警,潮气量、分钟通气量、气道压力等上下限报警,气源中断或过低、电源中断报警等。

6. CO_2 吸收器

CO_2 吸收器为循环紧密式麻醉机确保无 CO_2 重复吸入的必备装置,利用吸收器中的碱石灰(或钡石灰)与 CO_2 起反应,以清除呼出气中的 CO_2。常用的有来回吸收式和循环吸收式 CO_2 吸收器两种。前者结构简单,吸收罐安置于病人呼吸面罩或气管导管与储气囊之间使用,后者则安装在循环紧闭式麻醉机上使用。

3.3　典型麻醉机

上海医疗器械股份有限公司医疗设备厂生产的 MHJ-ID 麻醉机,采用电子测量气体流量装置,改进了新鲜气体流量调节和测量系统,由显示屏显示每种气体流量管流量,直观地比较新鲜气体流量,同时可将电子流量数据传输到信息管理系统。通过完全独立的气动和电子系统,旋转流量控制阀调节每种气体流量,同时在总的新鲜气体流量管上,显示输出气体流量。即使在电源供应和后备蓄电池用尽的情况下,MHJ-ID 仍可经由蒸发器输送新鲜气体,对病人进行手动通气。

MHJ-ID 内置的呼吸机为电动电控滚膜式呼吸机,无需消耗驱动气体,比传统的风箱式呼吸机顺应性更小、更经济,因为所有的新鲜气体只输送给病人。该呼吸机可提供 IPPV、ASSIST、PLV、SIMV 以及手动、自主通气模式,满足从小儿直至成人的需求,而无需更换任何部件。除了对呼吸机实时电子监控,还可以通过机器前端的透明窗口观察呼吸机的运动状况。呼吸机与病人气体接触部件,可以拆卸消毒。具有专为低流量、微流量麻醉设计的对接式集成呼吸回路,系统容量小,顺应性小,泄漏低,防止污染手术室和过多气体消耗。具有新鲜气体隔离阀,潮气量输送不受新鲜气体流量的影响,控制精确,适宜于低流量麻醉,转臂式储气囊接管可随着医生需要的位置左右大范围旋转。

MHJ-ID 麻醉机内置备用蓄电池，即使是在电源断电时，仍能保证整机正常工作 4h。单一中央监护屏显示所有气道压力、频率、潮气量、分钟通气量、氧浓度、呼吸机参数、各种新鲜气体流量，以及心电、无创血压、血氧饱和度、体温等。主机两侧的可固定支臂的滑槽和顶部的大搁盘的结合，确保适用任何设备、附件的安装。主机后面气瓶支架可安放两个直径 140mm、容量为 10L 的备用气瓶（氧气、笑气），以防中央供气系统失效时，为机器提供气源。

MHJ-ID 多功能麻醉机可用于小儿和成人低流量和微流量半紧闭吸入麻醉，适用于市、区、县级医院手术室实施吸入麻醉、供氧和进行机械通气，按通用要求电击防护分类属于 I 类 B 型设备。

1. 主要部件和工作原理

MHJ-ID 多功能麻醉机有机架箱体部分、气体输送系统部分、呼吸回路部分、蒸发器、麻醉呼吸机、呼吸生理监护仪、机械手以及通气管道附件等组成，如图 3－12 所示。

1）机架与机体

该机机架、底座由铝合金制成，机架设计成推车型，底座上装有四个 ϕ125 万向轮子，可灵活转动，一旦位置放妥后，可踩下两个前轮上的刹车片，使整机固定保持平稳。机架后面有两对气瓶安装托盘和固定支架皮带，可供放置两个直径为 140mm、容量为 10L 的备用气瓶，安装在左侧滑槽上的机械手，用来固定引向病人端的生理监护传感器的电极导线和测血压管道等。

2）气体输送系统部分

MHJ-ID 多功能麻醉机使用 O_2、N_2O、air 三种气源，可由储气气瓶或中心管道供气。麻醉机后面有五个供气接头，其中有两个气瓶供气接头（O_2、N_2O）和三个中心供气接头（O_2、N_2O、air），中心供气接头带有过滤器。当用气瓶供气时，气瓶压缩气体必须经减压阀减压至 0.4～0.5MPa 后，才能通过 O_2、N_2O 输气软管接入气瓶供气接头，要注意接头上所标明的气体名称应与所接气瓶的气体一致，绝对不允许接错。当用中心管道供气时，可直接用输气软管，但同样应注意输入气体与接头上标明的气体名称一致，同时还应注意中心管道供气压力是否在 0.27～0.55MPa 范围内，确认无误后，才能接入麻醉机，如图 3－13 所示。气体输送系统的工作原理如图 3－14 所示，压力表（1）显示气瓶气体压力，减压阀（2）把气瓶内气体减压至 0.4～0.5MPa 后输出，单向阀（3）防止气体倒流，避免接头间相互串气。O_2、N_2O、air 三种气体的输入压力都指示在前面板的压力表（4）上。带压力开关压力表（5）用于监测 O_2 供气压力，当 O_2 压力不足，低于（0.2±0.02）MPa 时，压力表开关接通，报警器（6）便发出声报警，同时，显示屏将会出现"氧气压力不足"的

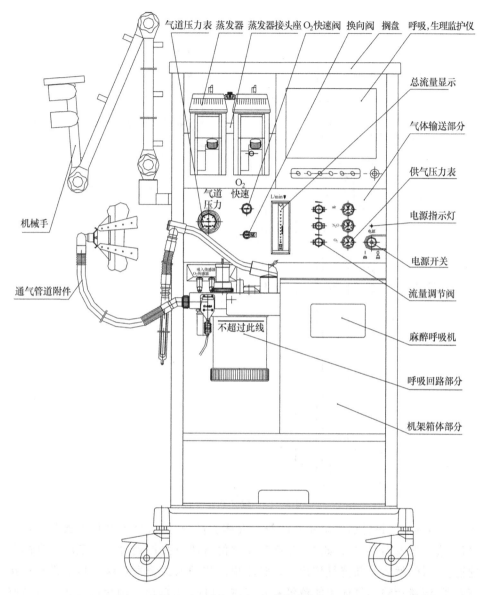

图 3-12 MHJ-ID 多功能麻醉机

文字,如果氧气压力继续下降,N_2O 流量将相应减少,当 O_2 压力 $\leqslant 0.1MPa$ 时,N_2O 截流阀(7)将 N_2O 完全切断。输入的 O_2、N_2O、air 分别经两级减压阀(8)减压后输入流量计。流量调节阀(9)可分别调节 O_2、N_2O、air 三种气体的流量大小,采用电子测量气体流量装置,每种气体的流量显示在显示屏的左下方。电子流量显示确保识别每种气体的流量大小,同时可将流量数据传输到信息管理系统。前

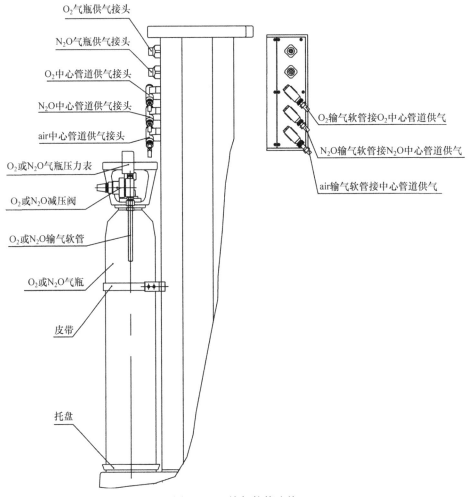

O₂气瓶供气接头

N₂O气瓶供气接头

O₂中心管道供气接头

N₂O中心管道供气接头

air中心管道供气接头

O₂或N₂O气瓶压力表

O₂或N₂O减压阀

O₂或N₂O输气软管

O₂或N₂O气瓶

皮带

托盘

O₂输气软管接O₂中心管道供气

N₂O输气软管接N₂O中心管道供气

air输气软管接中心管道供气

图 3 - 13　输气软管连接

面板上的浮标流量计(10)显示总的新鲜气体流量,新鲜气体流经插入式蒸发器座
(11),进入蒸发器(12)。此时,开启蒸发器便可调节并得到含有一定浓度麻醉药
的混合气体,然后经新鲜气体出口(13)输出。如插入式蒸发器座(11)上没有连接
蒸发器,流量计输出气体也能流经新鲜气体出口(13)输出。两个插入式蒸发器座
(11),必须插入具有互锁装置的蒸发器,即保证两个蒸发器只能开启其中一个,不
能同时开启,防止两种不同的麻醉药气体同时输入新鲜气体出口。按下 O₂ 快速
阀(14)上的按钮,能立即有 35～75L/min 的 O₂ 流量经新鲜气体出口输出,放开
按钮,O₂ 快速阀(14)应能自动关闭。换向阀(15)切换 N₂O、air 两种气体的输出,
即转向 N₂O 输出,使 N₂O 与 O₂ 混合;转向 air 输出,使 air 与 O₂ 混合。如 air 流
量调节阀处于开启状态时,当 O₂ 压力≤0.07MPa 时,自动切换阀(16)即自动接通

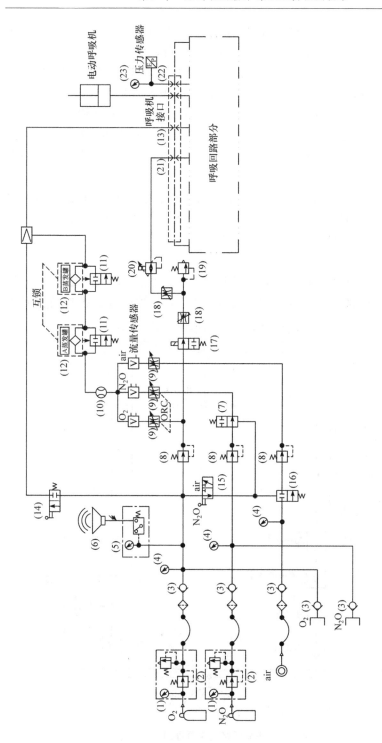

图3-14　气体输送系统工作原理图

air 流量。另一路 O_2 两级减压阀输出的气体经由电磁阀(17)、气阻(18)、溢流阀(19)输出一个 5.5～6kPa 的旁路气体,经由电磁比例阀(20),板式接口(21)输入呼吸回路。当电磁比例阀(20)关闭时,输出一个气压为 5.5～6kPa 的旁路气体,当电磁比例阀排空时,旁路气体输出压力为零,由电磁比例阀的开启大小来控制旁路气体的输出压力,以此调节呼气末正压从 0～2kPa,由呼吸回路输出的气道压力,经由板式接口板气道压力接口(22),输入前面板上气道压力表(23)和压力传感器,由气道压力表和显示屏指示气道压力。呼吸回路输出的废气经由呼吸回路上的排气口排出。

整个呼吸回路部分用手柄(23)拎起放置在麻醉机左前方的接口支架上,顺时针转动气路接口板上的锁紧手柄(15),使气路接口板(13)与呼吸回路压紧对接。气路接口板上的气孔密封圈,保证各通道无泄漏。

3) 呼吸回路部分

呼吸回路气路原理如图 3-15 所示,呼吸回路部分由板式呼吸回路部分、连接板 12、气路接口板 13、吸入和呼出流量传感器 4 与 14、氧浓度传感器 5、麻醉呼吸

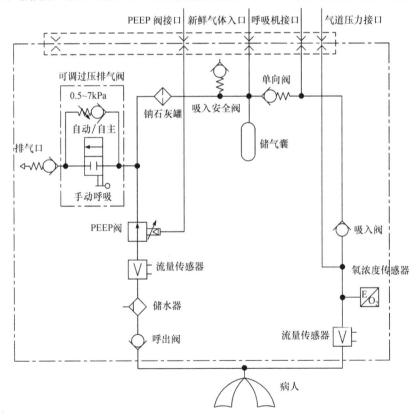

图 3-15　呼吸回路气路原理图

回路管道和附件等组成,如图 3-16 所示。

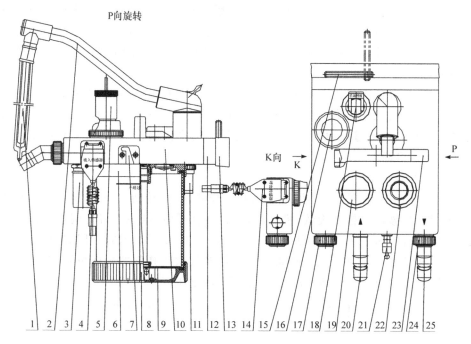

图 3-16　板式呼吸回路部分

1. 储气囊;2. 储气囊转臂;3. 储水器;4. 吸入流量传感器;5. 氧浓度传感器;6. 石灰罐座;7. 导向板;8. 石灰罐部件;9. 网眼隔板;10. 板式回路主板;11. 排气口;12. 连接板;13. 气路接口板;14. 呼出流量传感器;15. 锁紧手柄;16. PEEP 阀;17. 呼出传感器压紧螺母;18. 可调过压排气阀;19. 呼出阀门;20. 呼出接口;21. 锥接头;22. 吸入阀门;23. 手柄;24. 吸入传感器压紧螺母;25. 吸入接口

　　板式呼吸回路由板式回路主板 10、石灰罐座 6、石灰罐部件 8、吸入阀门 22、呼出阀门 19、PEEP 阀 16、可调过压排气阀 18、储气囊转臂 2、储气囊 1、储水器 3 等组成。所有管道接口均采用 ISO 国际标准。

　　吸入流量传感器 4,从板式回路主板 10 右下方孔中向上放入,对准通道,顺时针旋紧吸入传感器压紧螺母 24。呼出流量传感器 14,从板式回路主板 10 左下方孔中向上放入,对准通道,顺时针旋紧呼出传感器压紧螺母 17。吸入接口 25 与呼出接口 20 分别接上呼吸回路波纹管,波纹管另一端循环回路接头处接面罩或插管,不接面罩或插管时,可以将循环回路接入病人端内锥孔,插在锥接头 21 上。

　　(1) 吸入阀门 22 与呼出阀门 19,通过单向活瓣使气流定向流通,形成吸入、呼出气流回路,其吸入、呼出活瓣罩采用耐 134℃高温蒸汽的透明材料制成,有利于随时观察病人的呼吸情况。

(2) 板式呼吸回路具备单个大容量旋入式耐134℃高温蒸汽的透明石灰罐8，能随时观察罐中钠石灰的色泽变化。石灰罐的有效容积为1.6L。手持石灰罐底部，逆时针旋转石灰罐体，即能卸下，反之顺时针旋转石灰罐体直至旋紧，即能装上，并保证气密性。逆时针旋转网眼隔板9上螺母，卸下网眼隔板，能定期清除石灰罐底部的钠石灰粉末。

注意：清除后应重新旋上网眼隔板9，否则会有堵塞气路通道的危险。

(3) 可调过压排气阀(APL)18的作用是呼吸回路在手动呼吸状态下，调节和限制呼吸回路的气道压力，可通过调节弹簧压力来控制排气压力，其限压范围为0.5～7kPa可调。

(4) 手动呼吸。

按控制面板"呼吸模式"按钮，激活呼吸模式菜单，转动飞梭钮，当主屏幕出现"手动呼吸"，按压飞梭钮确认，机器即进入"手动呼吸"状态。将可调过压排气阀18手柄扳到"手动呼吸"铭牌朝上位置，如图3-17所示。这时，可调过压排气阀18内的阀门被关闭，可旋转手柄来调节过压排气阀内弹簧的高低位置，弹簧座顶部边缘指示的刻度值即为呼吸回路气道压力的限压值。

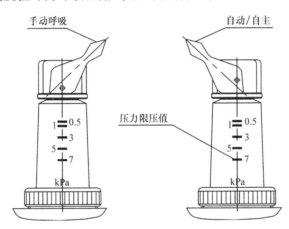

图3-17　可调过压排气阀手柄位置

手捏储气囊1，挤压囊内的混合气体经吸入阀门供病人吸入。呼气相时，病人呼气经呼出阀门19、呼出流量传感器14、石灰罐8，回到储气囊1中，与新鲜麻醉气体混合，再重复进行上述吸入和呼出过程。当储气囊充气不足时，开启 O_2 快速阀，能立即将新鲜氧气输入到储气囊中，当储气囊内气体积储过多，充盈过大时，可立即扳动可调过压排气阀18手柄至"自动/自主"铭牌朝上位置，也可直接按压手柄，使可调过压排气阀18打开，多余气体立即排放，以保证麻醉正常进行。吸入压力可通过调节可调过压排气阀的排气压力限压值来控制，其压力限定范围为0.5～7kPa，当进行低流量麻醉时，应将排气压力设置在7kPa，限制其排气。

（5）自主呼吸。

把可调过压排气阀 18 手柄扳到"自动/自主"铭牌朝上位置,这时可调过压排气阀内的阀门被提起打开,气流能通过可调过压排气阀和单向阀排出。吸气相时,新鲜混合气体经吸入阀门 22,供病人吸入。呼气相时,病人呼气经呼出阀门 19、呼出流量传感器 14、石灰罐 8、由可调过压排气阀 18 排出。此时,可调过压排气阀 18 所指压力不起限压作用。

（6）自动呼吸。

按控制面板"呼吸模式"按钮,激活呼吸模式菜单,转动飞梭钮至屏幕出现"IP-PV",按压飞梭钮确认,机器即进入"IPPV"自动呼吸状态。此时可调过压排气阀 18 手柄扳到"自动/自主"铭牌朝上位置,不起限压作用。按控制面板"呼吸参数"按钮,设定呼吸参数,按控制面板"报警设定"按钮,设定报警上、下限,麻醉呼吸机即按照已设置的各项参数进行自动呼吸。吸气相时,麻醉呼吸机供气通过气路接口板 13 进入呼吸回路,经吸入阀门 22 供病人吸入。呼气相时,病人呼气经呼出阀门 19、呼出流量传感器 14、PEEP 阀 16、石灰罐 8 与新鲜麻醉气体混合后,再抽入麻醉呼吸机的气缸。重复上述吸入和呼出过程,完成自动呼吸。

（7）PEEP 阀 16 由先导电磁比例阀控制。吸气相时,电磁比例阀输出一个 $5.5\sim6kPa$ 的气压来关闭 PEEP 阀 16,因此,新鲜气体只能经由吸入阀门 22 供病人吸入。呼气相时,电磁比例阀输出一个 $0\sim2kPa$ 气压的 PEEP,使病人呼气经过 PEEP 阀 16 时,限压排气,而形成一个呼气末压力,呼气末压力值在显示屏上指示。

（8）将吸入流量传感器 4、呼出流量传感器 14 分别放入板式回路主板右、左下方的槽内,对准通道,分别旋紧吸入传感器压紧螺母 24、呼出传感器压紧螺母 17,将两个流量传感器插头按标记分别插入主机前面左下方的插座孔内,如图 3 - 16 所示。

（9）将氧浓度传感器 5 旋入螺口活瓣罩上,螺口活瓣罩装在吸入阀门 22 上,将氧浓度传感器插头按标记插入主机前面板左下方的插座孔内,如图 3 - 18 所示。

（10）储气囊 1 可直接套在储气囊转臂 2 接口上,储气囊转臂 2 可大范围的自由转动,以方便操作。

（11）吸入接口 25、呼出接口 20 可直接与麻醉呼吸回路管道连接。

（12）呼吸回路内部通道内的冷凝水能流入储水器中,当储水器中的水超过 1/2 储水罐体容量时,应及时拔下储水罐 3 将水倒掉后,再重新插上储水罐。

4）麻醉呼吸机部分

电动电控麻醉呼吸机(以下简称呼吸机),主要由滚膜气缸、传动装置、电机以及电路控制部分等部件组成,如图 3 - 19 所示。

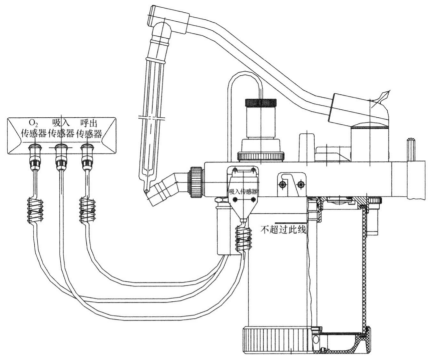

图 3-18 传感器安装

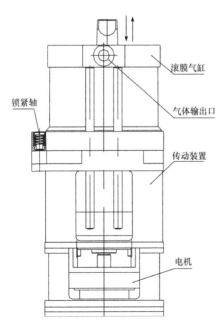

图 3-19 麻醉呼吸机传感器

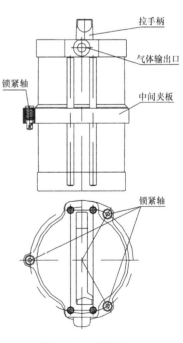

图 3-20 滚膜气缸

滚膜气缸如图 3-20 所示,滚膜与活塞、气缸体保持紧密接触,并在活塞和气缸体表面滚动,与活塞和气缸体没有机械摩擦,滚膜气缸具有顺应性小、气密性好、寿命长等优点。

滚膜气缸是呼吸机与病人呼气接触部件,每次使用后必须将气缸拆卸取出进行消毒。消毒后,将滚膜气缸(如图 3-20 所示)放入传动装置内(注意:滚膜气缸上端的气体输出口与接口板对准),再用呼吸机专用扳手将三个锁紧轴顺时针旋转锁紧。随后开启电源开关,呼吸机即按照设定的参数工作。

5）蒸发器

该机备有两个插入式蒸发器接头座,可放置两个装有不同麻醉药的蒸发器。受互锁滑杆的限制,只能转动其中一个蒸发器的转盘,另一个蒸发器的转盘被互锁滑杆插入其转盘孔中锁住。互锁滑杆向左滑动时,右边的蒸发器能开启,左边的被关闭,向右滑动时,左边的蒸发器开启,右边的被关闭。如图 3-21 所示。即一个蒸发器开启后,严格防止另一个蒸发器再被开启,以防止两种不同麻醉药相互混杂,发生意外危险!

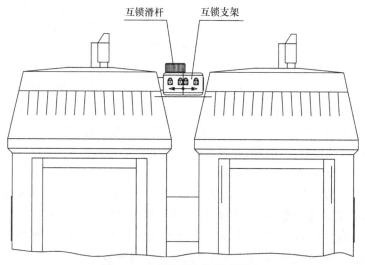

图 3-21　蒸发器安装示意图(I)

该机配用具有温度、流量、压力补偿装置,可用于环路系统外的持续流吸入麻醉补偿型蒸发器。它可以补偿由于麻醉药挥发引起的温度下降以及输入流量、压力变化而引起的浓度变化,因而输出浓度保持相对稳定。插入式蒸发器接头座能快速安装蒸发器,装拆方便,蒸发器插入后,将锁紧杆顺时针方向锁紧,气路即自动接通,如图 3-22 所示。

6）报警系统

MHJ-ID 多功能麻醉机具有如下报警内容:

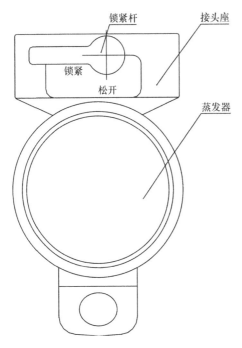

图 3 - 22　蒸发器安装示意图(Ⅱ)

（1）"氧气压力不足"报警。当氧气输入压力≤0.2MPa 时,麻醉机在报警提示指示区域显示"氧气压力不足"字符,同时发出断续蜂鸣报警。

（2）"气道压力过低"报警。呼吸机吸气相时,当气道压力低于报警设置下限值时,呼吸机在报警指示区域显示"气道压力过低"字符,同时发出断续蜂鸣报警。

（3）"气道压力过高"报警。呼吸机吸气相时,当气道压力高于报警设置上限值时,呼吸机在报警指示区域显示"气道压力过高"字符,同时发出断续蜂鸣报警。

（4）"分钟通气量过低"报警。当呼气回路检测到的分钟通气量低于报警设置下限值时,呼吸机将在报警指示区域显示"分钟通气量过低"字符,同时发出断续蜂鸣报警。

（5）"分钟通气量过高"报警。当呼气回路检测到的分钟通气量高于报警设置上限值时,呼吸机将在报警指示区域显示"分钟通气量过高"字符,同时发出断续蜂鸣报警。

（6）"窒息"报警。在 25～30s 内病人的吸气努力没有触发呼吸机进入吸气状态,呼吸机将发出"窒息"报警,呼吸机将在报警指示区域显示"窒息"字符,报警指示灯被点亮,同时发出断续蜂鸣报警。

（7）"氧浓度过低"报警。当氧浓度低于报警设置下限值时,呼吸机在报警指示区域显示"氧浓度过低"字符,同时发出断续蜂鸣报警。

（8）"氧浓度过高"报警。当氧浓度高于报警设置上限值时,呼吸机将在报警指示区域显示"氧浓度过高"字符,同时发出断续蜂鸣报警。

（9）"SpO_2 过低"报警。当 SpO_2 低于报警设置值时,呼吸机在报警指示区域显示"SpO_2 过低"字符,同时发出断续蜂鸣报警。

（10）"脉率过低"报警。当脉率低于报警设置下限值时,呼吸机在报警指示区域显示"脉率过低"字符,同时发出断续蜂鸣报警。

（11）"脉率过高"报警。当脉率高于报警设置上限值时,呼吸机将在报警指示区域显示"脉率过高"字符,同时发出断续蜂鸣报警。

（12）"收缩压过低"报警。当收缩压低于报警设置下限值时,呼吸机在报警指示区域显示"收缩压过低"字符。

（13）"收缩压过高"报警。当收缩压高于报警设置上限值时,呼吸机将在报警指示区域显示"收缩压过高"字符。

（14）"舒张压过低"报警。当舒张压低于报警设置下限值时,呼吸机在报警指示区域显示"舒张压过低"字符。

（15）"舒张压过高"报警。当舒张压高于报警设置上限值时,呼吸机将在报警指示区域显示"舒张压过高"字符。

（16）"体温过低"报警。当体温低于报警设置下限值时,呼吸机在报警指示区域显示"体温过低"字符,同时发出断续蜂鸣报警声音。

（17）"体温过高"报警。当体温高于报警设置上限值时,呼吸机将在报警指示区域显示"体温过高"字符,同时发出断续蜂鸣报警声音。

2. 常见故障与排除方法

常见故障与排除方法如表 3-3 所示。

表 3-3　MHJ-ID 多功能麻醉机常见故障与排除方法

现　象	原　因	排除方法
麻醉机与 O_2、N_2O、air 气源连接后,观察前面板上 O_2、N_2O、air 压力表示值为"0"	（1） O_2、N_2O、air 储气气瓶阀未开启 （2） O_2、N_2O、air 储气瓶内气体用完 （3）中心供气管道无气源输出	（1）开启 O_2、N_2O、air 储气瓶阀 （2）调换新的满瓶气瓶 （3）检查中心管道供气系统
麻醉机 O_2、N_2O、air 气源输气软管接头处漏气	密封橡胶圈脱落或老化损坏	更换新的橡胶圈
使用前的准备和检测:开启 O_2 流量至 0.15L/min 时气道压力表(或屏幕上 P_{max} 显示值),指示值<3kPa	（1）接插连接件接口处漏气 （2）蒸发器接头座上的 O 形封圈老化破损 （3）蒸发器没有放好或没有锁紧 （4）波纹管破裂	（1）接插件表面有异物或接插件螺纹没旋紧 （2）更换新的 O 形密封圈 （3）重新安装蒸发器,并锁紧锁紧杆手柄 （4）调换新的波纹管
使用前的准备和检测,按压 O_2 快速阀按钮,有气流输出,但储气囊不充盈,或吸入、呼出活瓣启闭不灵活,有卡滞现象	（1）储气囊破损 （2）吸入、呼出活瓣没有关闭,或破损	（1）调换新的储气囊 （2）旋下活瓣罩圈,取下活瓣罩、活瓣,拭清活瓣和阀座上的污垢后,重新装好,或者调换新的活瓣
麻醉呼吸机设定潮气量和实测显示的呼出潮气量偏差过大	（1）麻醉呼吸回路有泄漏 （2）麻醉呼吸机供气时,排气口有排气现象	检查麻醉呼吸回路

（1）使用的电源应为（220±22）V、50 Hz 交流电，电网电压不稳地区应串接交流稳压器，插座应良好。

（2）电源应连接在接地良好的电源插座上，在保护接地导体不良时，将麻醉机与电源插座连接，将会增加患者漏电流，使其超过限值。

（3）使用中应避免强功率的电子干扰源。在附近使用设备：如高频外科（透垫法）设备、除颤器或短波治疗设备等。

（4）该机内有精密电子设备，应注意防潮，不能让任何注射液体、溶液、水分进入机器内。

（5）整机应离开热源，如热水汀、红外线加热器等取暖器 1m 以上。

（6）当氧浓度传感器监测数据偏离，而重新定标失败。此时，应将氧浓度传感器取下，更换氧浓度传感器。在装上新的氧浓度传感器时，应进行重新定标后，方能使用。

（7）有时屏幕上显示的呼出潮气量值与设定的潮气量值有误差，这是由于不同病人肺部顺应性和气道阻力差异所致，应以屏幕左上角的呼出潮气量显示值为准。

（8）如在任何时候监护仪暂时丢失数据，就存在没做到有效监护的可能。在原监护仪功能恢复以前应密切观察患者或更换监护设备。

（9）如果在 60 s 内监护仪未能自动恢复操作，使用电源开关重新启动监护仪。一旦恢复监护，检查是否处于正常的监护状态以及报警功能是否完好。

（10）为避免爆炸危险，该机不得使用乙醚、环丙烷之类可燃性麻醉剂。该机符合 YY91109 标准的有关规定，是仅可采用非可燃性麻醉剂的麻醉机，因而不需要用抗静电呼吸管道和面罩。当使用高频电器手术设备时，抗静电或导电的呼吸管道的使用会引起燃烧，因此本机不建议使用。

（11）该机氧气气瓶、减压阀、压力表、气源输气管道和气源接头严禁接触油类，以免发生爆炸危险。

3.4　麻醉机的检测

麻醉机主要由气源输入部分、通气管道、共同气体出口、流量控制系统、流量计、压力调节器、蒸发器和蒸发腔等部分组成。

气源输入部分（gas input）：分别接收从压缩气瓶或中心供气输送的氧气源气体和其他医用气体的装置。

通气管道（machine gas piping）：从管道输入口的单向阀或压力调节器的输出口到流量控制系统的所有工作管道（包括接头）以及连接流量控制系统和连接蒸发器到共同气体出口管道，也包括与气动报警系统、流量计和气动输出口相连接的管道。

共同气体出口(common gas outlet):混合气体通过麻醉装置输送到呼吸系统的出气口。

流量控制系统(flow control system):连续控制特定气体流量的装置。

流量计(flowmeter):显示单位时间内通过的气体体积的装置。

压力调节器(pressure regulator):控制气体压力的装置,用于提供一个稳定的工作压力。

蒸发器(anaesthetic vaporizer):控制药液变为蒸发气体的装置。

1. 标准适用的范围

YY0320规定了麻醉机的术语、要求、试验方法、检验规则、标志、使用说明书及包装、运输、储存的要求。该标准适用于持续气流吸入式麻醉机,该麻醉机供医疗部门对患者进行吸入麻醉用。

2. 技术要求

1) 一般要求

麻醉机应尽可能轻便、易移动(固定式的除外)。麻醉机可触及的边和角都必须倒钝。麻醉机在正常使用时倾斜10°必须不失衡或应符合GB9706.1中24条的要求。麻醉机的悬挂物应符合GB9706.1中28条的要求。麻醉机上的控制开关、表具和表头或指示器的标记符号和分度必须简明,清晰可认。

2) 管道进口接头

麻醉机上的气体管道进口接头必须为同种气体专用,不能互换。如果装有气瓶的轭型阀接头,则必须配备单向阀。如果配有供应氧化亚氮和氧气以外的管道进口接头(真空出口接头),这些接头必须是规定气体专用。

3) 压力表

每一种气体的气瓶压力表满刻度值都必须至少比气瓶在温度为(20±3)℃时满负荷压力值大33%。中心供气管道供应的气体必须用压力表(或指示器)监测,这些压力表必须监测单向阀门上游的管道输送的气体压力,如使用压力表,则压力表必须能显示至少大于额定工作压力33%的压力值。压力表的最大误差不能超过满刻度的±4%。

如果麻醉机配备压力调节器(减压器),则符合下述要求:

不同的气体应配备不同的压力调节器。在氧气流量为2L/min时,在持续时间为10s,间歇为5s的10次快速供气后,使流量恢复到(2±1) L/min的时间必须不超过2s。单个压力调节器或一系列压力调节器中的首个都必须装有安全阀。安全阀要在压力不超过额定输送压力的2倍时排气。

4）通气管道

通气管道应能承受至少 2 倍于额定工作压力的压力而不破裂。通气管道的泄漏,除了从流量传感器或气体传感器中排出的空气或氧气外,管道进口接头至流量控制阀的通气管道,在额定工作压力下,其泄漏量应不超过 25mL/min。流量控制阀至共同气体出口处之间的通气管道,在 3kPa 压力下,其泄漏量应不超过 50mL/min。除了不可互换的通气管道接头之外,麻醉机的管道的每一个连接端,必须有标记,标有气体名称或化学符号或其他代号。

5）流量控制系统和流量计

每种向病人供气的气体必须配备流量计,每个流量计只能有一个流量控制阀。流量控制阀逆时针旋转为增加流量;顺时针旋转为减少流量。流量控制阀阀体或其附近必须清晰地标明其所控制的气体名称或符号。流量计必须在 20℃、一个大气压下标定。流量计应以"L/min"为单位,流量管上的刻度应是标准状态下的流量。流量管上应标明所用气体名称或符号。在麻醉机上使用的任何流量计精度是在 20℃、101.3kPa 的条件下,对于在满刻度的 10% 或 300mL/min(二者较大值)到满刻度之间的流量,必须在指示值的 ±10% 以内。如果流量计采用氧气、氧化亚氮比例控制装置,则氧气浓度应不低于 25%。

6）气体混合装置

如果一台麻醉机上装有一台气体混合器,则必须符合下列要求(空气、氧气混合器除外)。

(1) 输送的氧气浓度不能低于 25%。

(2) 在输送气体中设置的氧气浓度必须在气体混合装置上标明或显示。

(3) 在使用说明书上给出的流量及输入压力范围,输送氧气浓度精度应不超过指示值的 ±5%。

(4) 气体混合器所控制气体的名称、化学符号必须标在或显示在混合器上或靠近混合器开关的地方。

7）蒸发器

如果呼吸回路外蒸发器的输入、输出口使用锥形接头,则必须采用基本尺寸 23mm 的内外锥接头,锥度 1:40。输入口为外锥,输出口为内锥。蒸发器系统接头必须保证只有蒸发器能连接,以便使气体流向预定方向。流过蒸发器的气体方向必须用箭头表示。蒸发器必须容易观察腔内药液,或者配有液位指示器,且应标明最高、最低液位线或标记。逆时针旋转蒸发器的浓度调节旋钮必须是增加其输出浓度。在"关"的位置必须有"0"或"OFF"或"关"等字样或符号。

麻醉机应配有标定浓度的蒸发器,并应符合如下的要求:

(1) 标定浓度蒸发器必须具有调节浓度的开关,必须具有表示蒸发器标定范围的刻度,调节浓度的开关不可把浓度调节到所标定的浓度范围之外。

　　（2）逆时针转动蒸发器上的旋钮必须是增加蒸发气体浓度，对于"OFF"（"关"）或"0"位置，必须有制动器。

　　（3）如果麻醉机上装有两只或两只以上蒸发器，必须有防止气体从一个蒸发腔流经另一蒸发腔的装置，使不同的蒸发器相互隔离。

　　（4）蒸发器在"OFF"（"关"）或"0"的位置时，其输出浓度应不大于 0.1%。

　　（5）蒸发器的标定浓度误差应不大于 ±20%，或最大刻度的 ±5%（二者取大值）。

　　（6）蒸发器必须标有麻醉药的全称，如果使用颜色标记则必须符合表 3-4 的规定。

表 3-4　麻醉药的全称及颜色标记

麻醉药中文全称	氟烷	安氟醚	异氟醚	七氟醚
麻醉药英文全称	halothane	enflurane	isoflurance	sevoflurane
麻醉药颜色	红色	橘黄色	紫色	黄色

　　8）共同气体出口

　　如果共同气体出口为锥形接头，则必须依照 GB11245 规定有一个 22mm 外、15mm 内的锥形同轴接头，其支撑结构必须能同时承受作用在轴线上 3N·m 的弯曲力矩和 3N·m 的扭转力矩，而不发生永久变形或引起共同气体出口的移位。如果共同气体出口包括一个螺纹承重接头，其支撑结构必须能同时承受作用在轴线上 10N·m 的弯曲力矩和 24N·m 的扭转力矩，而不发生永久变形或引起共同气体出口的移位。

　　9）气体动力出口

　　如果安装气体动力出口，必须只能用于氧气或空气。气体动力出口接头必须是自动封闭接头。

　　10）快速供氧阀

　　麻醉机必须装有一个单一用途的快速供氧阀，用来快速输送未经计量的氧气到共同气体出口，其他任何气体不得配备快速阀。快速供氧阀的启动件在阀关闭时只能有一个"关"的位置。阀门必须设计得使机件或人员的偶然按捺造成的意外开启降低到最小程度。快速供氧阀应能简单迅速地打开，并能自行关闭。当氧气在额定工作压力下快速传送时，快速供氧阀以 35～75L/min 的持续流量把氧气从共同气体出口排至大气中。

　　从快速供氧阀输入到共同气体出口的氧气在途中不得经过任何蒸发器。当共同气体出口通大气时，在快速供氧阀开启工作时，蒸发器输出口压力不得增至快速阀在使用中正常工作压力 10kPa 以上。快速供氧阀开关必须清晰和永久地用下列方法之一标明：

(1)"快速供氧"。

(2)"O_2快速"。

(3)"O_2＋"。

11) 氧气供应故障

麻醉机必须装有一个音响报警器来监示氧气供应故障。声响报警必须至少持续 7s。报警声响应不低于 57dB(A 计权)。在供氧水平未恢复到报警前正常水平时,报警器不可关闭或重新调节。

如果报警器是气动的,使报警器工作所需的能量必须来源于气瓶或管道输入口与氧气流量计控制阀之间机器气体管道内的供氧压力。

如果装有视觉报警器,报警器必须是一个红色指示,并与听觉报警器共同报警。如果用红色指示,应使操作者看得清楚。当氧气供应恢复到额定工作压力时,报警器必须自动停止报警。

供氧不足的保护装置(氧化亚氮截断装置):麻醉机如果使用氧化亚氮气体,则必须装有氧化亚氮自动截断装置。该装置在氧气供应不足或供氧中断时起作用。截断装置应具有下列功能之一:

(1)除氧气外,截断所有输向共同气体出口的气体。

(2)除氧气和空气外,截断所有输向共同气体出口的气体。

(3)逐渐降低其他气体流量,同时保持预先输入的氧气流量或氧气的比例,直到氧气供应不足,此时其他气体供应必须截断。

(4)逐渐降低除空气外的其他气体流量,同时维持已输入的氧气的流量或比例,直到氧气供应不足,此时除空气外其他气体必须截断。

12) 呼吸循环回路

呼吸循环回路在 3kPa 压力下,其泄漏量应不大于 175mL/min。麻醉机的吸入阀和呼出阀(接呼吸管)接头的基本尺寸应为 22mm 的外锥接头,锥度 1∶40。

连接病人的三通接头,其病人端的基本尺寸为 22mm 外锥、15mm 内锥、锥度 1∶40 的同心接头。呼吸循环回路的呼气阻抗在 30L/min 的流量下,应不大于 0.6kPa。呼吸循环回路的吸气阻抗在 30L/min 的流量下,应不大于 0.6kPa。

13) 麻醉机外表面

应平整光滑、色泽均匀、花纹清晰一致,无明显露底、起层、剥落、开裂、划痕、擦伤和碰伤等影响美观的缺陷。

14) 麻醉机的使用说明书

应包括下列内容:

(1)麻醉机及组成部分,消毒与灭菌的推荐方法。

(2)检验安装在机器上的每一种气体供应系统和任何蒸发器的正常安装和连接方法。

（3）安装在机器上的减压阀（调压阀）的详细说明。

（4）流量低于满刻度的 10％或 300mL/min（二者取较大值）的精度详细说明。

（5）在规定管道输入口的任何气体动力出口的压力和流量特征和试验情况。

（6）氧气故障报警系统和有关的气体切断装置的详细说明。

（7）报警器功能的测试方法。

（8）如果麻醉机装有气体混合器，气体输入口之间的泄露，包括设计压力的压差、流向混合器的推荐流量范围以及输送气体的混合范围和装在气体混合输出端上的流量计精度。

（9）制造商推荐的使用周期（维修时间间隔）。

（10）如果必要，推荐用于本麻醉机上的呼吸机。

（11）如果麻醉机装有制造商提供的蒸发器或打算根据其说明书安装一个推荐的蒸发器，则需要有如下说明：

① 蒸发器性能详细说明，包括在环境湿度、环境压力、倾斜、输入流量至 15L/min或制造商设定的范围（二者取较大值）以及气体混合成分的变化对其产生的影响。

② 当麻醉机和蒸发器不相配时，它们的性能会降低的警告。

③ 如果蒸发器装有一个专用药液注入装置，需作使用介绍。

④ 检测蒸发器推荐的载气，气体流量及气体分析技术，如果麻醉机上建议使用某种呼吸机，当检测蒸发器时，呼吸机的设置条件。

⑤ 如果蒸发器不能在"OFF"（"关"）和"0"上第一刻度范围内校准，说明为什么蒸发器不能也不应使用这一范围。

⑥ 蒸发器中麻醉剂最低液位至最高液位的容量。

3. 检测方法

1）压力表精度检验

应按 GB1226 规定的示值基本误差检验，其结果应符合"压力表的最大误差不能超过满刻度±4％"的规定。

2）压力调节器流量变动检验

将压力调节器接上钢瓶。在流量计处串接一流量记录仪，开启流量计至 2 L/min，然后打开快速供氧阀，以持续时间 10s、间歇 5s 为一个试验周期，共试验 10 个周期。记录流量计数值的变化，其结果应符合"在氧气流量为 2 L/min 时，在持续时间为 10s，间歇为 5s 的 10 次快速供气后，使流量恢复到（2±1）L/min 的时间必须不超过 2s"的规定。

3）压力调节器安全阀检验

将压力调节器的低压输出口接上 0～1MPa 标准压力表，然后将压力调节器接上钢瓶,调高压力调节器的输出压力,直至安全阀排气,此时观察标准压力表读数,其结果应符合"单个压力调节器或一系列压力调节器中的首个都必须装有安全阀。安全阀要在压力不超过额定输送压力的两倍时排气"的规定。

4)通气管道的耐压试验

(1)将麻醉机上的各种气体流量计关闭:将气源接至麻醉机的管道进口接头。

(2)调节压力调节器的输出压力至额定工作压力的2倍,历时1min,管道应无破损[如管道内有不能受压的元件(如压力表等),可卸下]。

(3)换一组管道进口接头(如果有的话),重复上述试验,其结果应符合"通气管道应能承受至少2倍于额定工作压力的压力而不破裂"的规定。

5)通气管道泄漏试验

(1)管道进口接头至流量控制阀间的管道泄漏(若含有气体动力出口),则应包括:

① 将麻醉机上的气体流量计关闭,进气开关打开(如果有的话),麻醉机和流量计按图3-23连接。

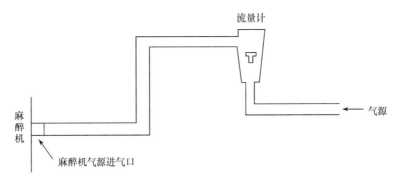

图3-23　管路进口接头至流量控制阀的管路泄漏测试示意图

② 在气源和麻醉机之间接上流量计。

③ 在气源压力调至正常工作压力,待压力平衡后,记录下流量计的读数,其读数应符合"除了从流量传感器或气体传感器中排出的空气或氧气外,管道进口接头至流量控制阀的通气管道,在额定工作压力下,其泄漏量应不超过25mL/min"的规定。

(2)流量计至共同气体出口间的管道泄漏。

① 将麻醉机上蒸发器打开,然后关闭气体流量,麻醉机按图3-24连接。

② 缓慢调节"流量调节阀",使标准压力表的压力维持在3kPa,此时流量计上的读数即泄漏量。

③ 分别将蒸发器关闭和卸下(如果可卸的话),重复上述试验,其结果均应符合"流量控制阀至共同气体出口处之间的通气管道,在3kPa压力下,其泄漏量应

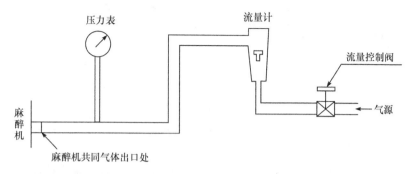

图 3 - 24　流量计至共同气体出口的管路泄漏测试示意图

不超过 50mL/min"的规定。

6）流量计精度检验

按 JJG257 中 25.3、26 规定的标准表法进行检验,流量计的示值误差计算公式为

$$E_r = \frac{q_{vs} - q_v}{q_{vs}} \times 100\% \tag{3.5}$$

式中,q_{vs}为标准流量计的刻度流量;q_v为流量计在刻度状态下的实际流量。

其检测结果应符合"在麻醉机上使用的任何流量计精度是在 20℃、101.3kPa 的条件下,对于在满刻度的 10% 或 300mL/min(二者较大值)到满刻度之间的流量,必须在指示值的±10% 以内"的规定。

7）比例控制装置检验

调节氧化亚氮流量分别至 1.5、3.0、6.0、9.0L/min,此时对应的氧气流量应分别不低于 0.5、1.0、2.0、3.0L/min。氧气浓度按如下公式计算：

$$氧气浓度 = \frac{q(O_2)}{q(O_2) + q(N_2O)} \times 100\% \tag{3.6}$$

式中,$q(O_2)$为氧气流量;$q(N_2O)$为氧化亚氮流量。

其结果应符合"如果流量计采用氧气、氧化亚氮比例控制装置,则氧气浓度应不低于 25%"的规定。

8）标定浓度蒸发器精度检验

（1）在 101.3kPa、(20±3)℃条件下进行检验。

（2）把蒸发器和蒸发剂置于测试室中不少于 3h[室温(20±3)℃]。蒸发器可装在麻醉机上测试,也可单独测试。

（3）将麻醉药注入蒸发器至最低刻度线,再多注 10mL,过 45min 后测试。

（4）气体分析仪应在麻醉机的共同气体出口或蒸发器出口测试或采样。

（5）测试时通过蒸发器的流量为(1±0.1)L/min,通气 1min,然后测定其浓度。

（6）测试刻度和步骤如表 3 - 5 所示。

表 3 - 5　用于测试蒸发器精度的刻度位置

测试步骤	刻度(%,V/V)	测试步骤	刻度(%,V/V)
1	关、零	5	2
2	零位以上的最小刻度	6	4
3	0.5		
4	1	最后	最大刻度

注:如果 0.5% 是最小刻度,步骤 2 可省略。

(7) 将通过蒸发器的流量调至(5±0.5)L/min,重复第(5)条测试过程。

上述(6)和(7)所测得的浓度误差均应符合"蒸发器在'OFF'('关')或'0'的位置时,其输出浓度应不大于 0.1%"和"蒸发器的标定浓度误差应不大于±20%,或最大刻度的±5%(二者取大值)"的规定。

9) 快速供氧检验

在共同气体出口处接一个 1~100 L/min 的流量计,开启快速供氧阀,然后观察流量计的示值,其结果应符合"当氧气在额定工作压力下快速传送时,快速供氧阀以 35~75L/min 的持续流量把氧气从共同气体出口排至大气中"的规定。

10) 供氧故障报警检测

将麻醉机接通气源,然后按使用说明书中规定的氧气供应不足报警压力,逐渐降低氧气的气源压力,直至报警装置报警,此时测得的供气压力即为报警压力。

11) 报警时间及声响检验

按上条测试条件,在机器出现供氧故障声响报警时,关闭输入气源在 3m 处用声级计(A 计权网络)分别检测其前、后、左、右的声级,同时用秒表计报警时间。其声级和报警时间均应符合"声响报警必须至少持续 7s,报警声响应不低于 57dB(A)"的规定。

12) 截断装置检验

将麻醉机接通气源,打开所有气体流量计,然后截断氧气源,观察气体流量计的气流变化,其结果应符合"供气不足的保护装置(氧化亚氮截断装置)"的规定。

13) 呼吸循环回路泄露检验

(1) 将储气囊取下,堵上气囊接口和三通接头的病人端。

(2) 调节转换阀,使呼吸回路处于全紧闭状态。

(3) 串联接上流量计和压力表,测试回路的新鲜气体入口处输入的气体流量,其结果应符合"呼吸循环回路在 3kPa 压力下,其泄漏量应不大于 175mL/min"的规定,如图 3 - 25 所示。

14) 呼气阻抗检验

(1) 呼吸回路处于全紧闭状态,储气囊接口通大气,新鲜气体入口堵上(如

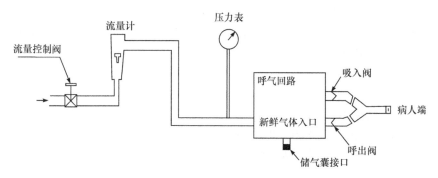

图 3 - 25　呼吸回路泄漏测试简图

图 3 - 26所示)。

（2）将钠石灰罐装上钠石灰。

（3）在病人端通入 30L/min 的气流,此时测定病人端的压力(即呼气阻抗)结果应不大于 0.6kPa。

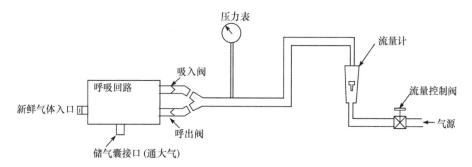

图 3 - 26　呼气阻抗检验简图

15）吸气阻抗检验

（1）呼吸循环回路处于全紧闭状态,储气囊取下,储气囊接口通入测试气体,新鲜气体入口堵上(如图 3 - 27 所示)。

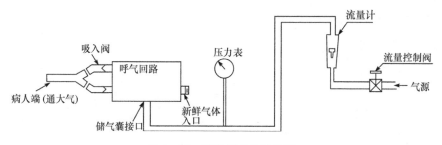

图 3 - 27　吸气阻抗检验简图

（2）将钠石灰罐装上钠石灰,病人端开启通大气。

（3）在储气囊接口通入 30L/min 的气流,此时储气囊接口处的压力(即吸入阻抗)应不大于 0.6kPa。

思 考 题

1. 简述麻醉机的基本原理。

2. 麻醉机的主要检测指标有哪些？如何检测？

3. 麻醉机蒸发器的基本结构是什么？

第四章　植入式心脏起搏器的基本原理及其检测技术

4.1　概　　述

心脏起搏器的作用是以一定强度的脉冲电流刺激心肌,使有起搏功能障碍或房室传导功能障碍的患者的心脏能恢复正常工作。目前,世界上有近千万的患者依靠心脏起搏器维持生命。植入式心脏起搏器在临床上的广泛应用,使过去经药物治疗无效的严重心律失常患者可以得到救治,从而大大降低了心血管疾病的死亡率,植入式心脏起搏器的发明和应用是近代生物医学工程对人类的一项重大贡献,图4-1所示是安装在人体内的植入式心脏起搏器。

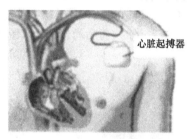

图4-1　心脏起搏器安装示意图

1932年,美国的胸外科医生 Hyman 发明了第一台由发条驱动的电脉冲发生器,借助两个导针穿刺心房可使停跳的心脏复跳,命名为人工心脏起搏器,开创了用人工心脏起搏器治疗心律失常的伟大时代。1952年,心脏起搏器真正应用于临床。美国医生 Zolle 用体外起搏器,经过胸腔刺激心脏进行人工起搏,抢救了两名濒临死亡的心脏传导阻滞病人,自此推动了起搏器在临床的应用和发展。瑞典的 Elmgrist 和美国的 Greatbatch 分别于1958年和1960年发明和临床应用了植入式心脏起搏器。从此,进入了植入式人工心脏起搏器的时代,并朝着寿命长、可靠性高、小型化和功能完善的智能化方向发展。

随着科学技术的发展,目前已出现了高性能的双心室/双心房同步三腔、四腔、并具有除颤功能的植入式心脏起搏器,其厚度仅有10mm,质量仅40g,寿命10年左右,并且具有体外程控调节和参数遥测功能。近年来,心脏起搏器向综合型发展,即不仅有起博功能,而且有除颤和抗心动过速功能,还具有智能程控与遥测功能。心脏起搏器的关键技术有:一是材料问题;二是电池寿命问题;三是采用大规模集成电路,其体积越做越小;四是控制技术的不断完善。

本章主要介绍植入式心脏起搏器的作用、分类、基本原理、检测标准、检测方法和检测仪器。

4.2　心脏起搏器的基本原理

　　人体各脏器的生理功能,必须靠心脏维持适当频率的节律舒缩,保证所需新鲜血液的供应才能完成。正常心脏收缩的频率为 $60\sim100$ 次/min,若是心率过低,排血量必将受到影响。安装植入式心脏起搏器后,可使过缓的心率提高到所需的频率,从而保证心脏正常的心排血量以供脏器的需要。

　　心律失常会减少心脏血液的输出,并可能导致神志恍惚、眩晕、昏迷甚至死亡。患有快慢综合征的病人,心率时快时慢,往往会给治疗带来很大的困难。如在心动过缓发作时,药品尚未用上,有时会突然变为心动过速,而在心动过速发作时,由于

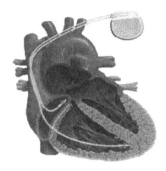

害怕出现心动过缓而不敢用药,但何时心率会慢下来又无法估计,这就造成在病人很痛苦的情况下,医生害怕出现用药矛盾而不敢大胆用药。对这类患者,若安装上适合生理需要频率的起搏器,当心率减慢至低于起搏器固有频率时,起搏器会发生作用,使心脏按照起搏频率进行跳动。假如再度发生心动过速,医生则可大胆应用抑制心率的药物,以缓解病人的症状。

图4-2　植入式心脏
起搏器

　　心脏起搏器既可以治疗严重心律失常、高度房室传导阻滞或窦房功能衰竭等疾病,也是抢救心肌梗塞、心肌病以及心脏直接手术后不可缺少的仪器。植入式心脏起搏器是一种有效的治疗手段,如图4-2所示。

1. 心脏起搏器的分类

　　心脏起搏器的目的是恢复适合病人生理需要的心律及心脏输出脉冲。由于心脏病患者的病情复杂多变,病人会有单一的或变化的心律失常,这就需要有各种不同的治疗方法。为了适应这种需求,已有多种多样的心脏起搏器问世,图4-3是早期的心脏起搏器图例。心脏起搏器有以下分类。

　　1) 按心脏起搏器放置的位置分类

　　起搏器置入人体皮下称体内起搏器,而放置于体外者称为体外起搏器。

　　(1) 体外心脏起搏器。

　　体积较大,但能随时更换电池及调整起搏频率,另外若出现快速心律失常,可进行超

图4-3　早期的心脏起搏器

速抑制,但携带不方便,再者导线入口处易感染,现多用于临时起搏。图4-4是 YKE 202A 型双功能临时体外脉冲发生器,其适用于预防、诊断、保护和急救性心脏起搏。在心脏起搏方面,可用于心室和心房临时起搏。在心脏起搏分析方面可用于检测分析心脏起搏系统的主要指标,如心脏起搏阈值、心脏 R/P 波幅度和心肌阻抗。两种功能转换简捷方便。

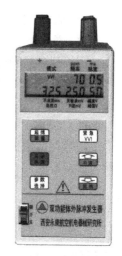

图4-4　YKE 202A 型双功能临时体外脉冲发生器

（2）植入式心脏起搏器。

亦称体内起搏器。植入体内的心脏起搏器体积小,携带方便、安全,用于永久性起搏,但在电池耗尽时需手术切开囊袋更换整个起搏器。

2）按起搏器的性能分类

（1）异步（固定频率）型。

发出的脉冲频率固定,一般为 70 次/min 左右,不受自主心率的影响。其缺点是一旦心脏自主心律超过起搏频率,便可发生心跳竞争现象,甚至因此导致严重心律失常而威胁病人的生命安全,因而现在基本被淘汰。

（2）同步（非竞争）型。

起搏器属双线系统,一组电极在心房,一组电极在心室,通过心房电极接受心房冲动,经过适当的延迟以后,激动脉冲发生器,再通过心室电极引起心室激动,使房室收缩能按正常程序进行,合乎生理要求,这是这类起搏器的独特优点,因它能增多回排心血量,增强心缩力量,提高每搏输出量。缺点是电路较复杂,耗电量大,电池使用寿命较短。

（3）可调式起搏器（体外遥控起搏器）。

它的频率可以通过编制一定程序的体外程控器进行调整,一般脉冲频率范围调在 50～180 次/min,可根据病人需要进行体外程控调整,也就是可用程控器将脉冲调整到病人最佳状态的心跳次数,这种起搏器一般为多功能,且能按生理需要进行多参数的调整,但造价较高。

（4）R 波抑制型起搏器（按需起搏器）。

平时以自己的固有频率发放脉冲,刺激心室收缩,一旦出现超过起搏器脉冲频率的心脏自身节律,起搏器将自动感知而将低于自身节律脉冲进行抑制而不发放冲动,此时表现出来的是自身节律。一旦自身节律低于起搏器的固有频率,即心室电极感知不到自身节律所产生的 R 波,起搏器将等待预定的一段时间（即逸搏间期）后,立即又按照固有的起搏频率发放脉冲而进入工作状态。该型起搏器为目前最常用的一种。

3）按起搏电极分类

（1）单极型。

阴极从起搏导管或导线经静脉或开胸送至右心室或右心房；阳极（开关电极）置于腹部皮下（当起搏器为体外携带式时）或置于胸部（当应用埋藏式起搏器时其外壳即是阳极）。如图 4-5 所示。

（2）双极型。

起搏器的阴极与阳极均与心脏直接接触（固定在心肌上，或阴极与心内膜接触而阳极在心腔内），如图 4-6 所示。

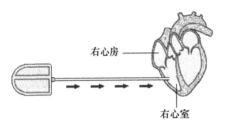　　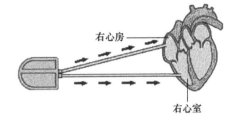

图 4-5　单腔起搏器安装示意图　　　　　图 4-6　双腔起搏器安装示意图

4）按输出方式分类

模拟起搏器：模拟起搏器采用模拟信号技术，其储存和分析数据的能力有限，而且还不能完全模拟正常人的心脏跳动。

数字起搏器：采用了全数字化信号分析技术，大大增加了对患者自身心电信号的存储量，是传统起搏器存储量的 10 倍。数字心脏起搏器外表是一只扁扁的蜗牛壳形状，手感很光滑，质量很轻，比现在的一角硬币大不了多少。如图 4-7 所示。

图 4-7　分币与数字式起搏器

2. 心脏起搏器基本原理

心脏起搏器基本上都是由脉冲信号发生器、感知放大器、刺激电极和电源等几部分组成。

1）固定型心脏起搏器

固定型心脏起搏器方框图如 4-8 所示,电路为由集成电路和分立元件组成的固定型起搏器电路。

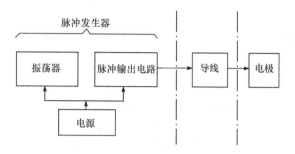

图 4-8　固定型心脏起搏器方框原理图

如图 4-9 所示,电路采用的是 CMOS 集成电路,与非门 F_1、F_2 和 F_3 组成具有 RC 电路的环形多谐振荡器,产生矩形脉冲。振荡周期与 R_1、C_1 有关,调节 R_2 的数值可满足起搏频率的要求。

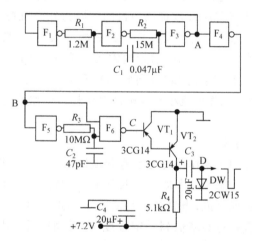

图 4-9　固定型心脏起搏器电路图

（1）单稳态电路:采用由与非门 F_5、F_6 等组成积分型的单稳态电路,触发信号与非门 F_1 和 F_4 反相供给。该电路是决定脉冲的宽度,脉冲宽度取决于 R_3 和 C_2,所以通过改变电阻 R_3 的大小来达到脉冲宽度的要求。

（2）输出电路:输出电路是由 VT_1、VT_2 组成复合管射极输出电路,将单稳态电路的输出进行电流放大,降低电阻。然后经过 C_3 隔直、稳压管 DW 限幅,输出一定幅度的负脉冲。

2）R 波抑制型心脏起搏器

R 波抑制型心脏起搏器主要由感知放大器、按需功能控制器、脉冲发生器三大部分组成，如图 4-10 所示。

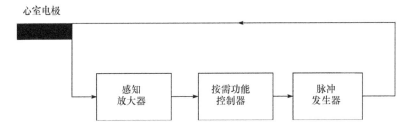

图 4-10　R 波抑制型心脏起搏器方框图

（1）感知放大器。

感知放大器的作用主要是有选择地放大来自于心脏的 R 波，以推动下一级按需功能控制器的工作，并限制 T 波和其他干扰波的放大，其目的是用来辨认心脏自身的搏动。由心脏经起搏导管传送到起搏器输入端的 R 波信号一般只有 2～3 mV，必须进行放大才能实现 R 波抑制的目的。因为在心脏搏动时产生的 P 波、R 波、T 波中，R 波是标志心室的搏动。R 波具有幅度大、斜率高的特点。感知放大器对 R 波进行选择性的放大，以便清楚地辨认心脏自身的搏动。感知放大器必须要能对正的或负的波形都能感知（双向感知），且放大倍数为 800～1000，频宽为10～50Hz（3dB 带宽），工作电流小于 3mA（微功耗），电路稳定、可靠，并具有良好的抗干扰能力。

（2）按需功能控制器。

按需功能控制器的主要作用是为起搏器提供稳定的反拗期，同时还可以克服"竞争心律"的危险。当感知放大器感知 R 波后，控制器在反拗期内抑制脉冲发生器发出刺激脉冲。也就是说，当患者自身心脏工作正常时，起搏器被自身 R 波抑制，不发脉冲；当患者自身心率低到一定程度，即反拗期后不出现自身 R 波时，起搏器工作并向心室发出预定频率的起搏脉冲，使心室起搏。由此可见，起搏器是"按需"工作的。

（3）脉冲发生器。

脉冲发生器产生合乎心脏生理要求的矩形电脉冲，完全是在按需控制电路控制作用下工作的。故要求脉冲发生器的电路起振快，工作稳定，可靠性高，频率在30～120 次/min、脉冲宽度在 1.1～1.5ms 的范围内可以调节，幅度也要能调节。

3）全自动型内藏式起搏器

（1）全自动型内藏式起搏器基本原理。

图 4-11 所示是国内研制的全自动型内藏式心脏起搏器，分为两大部分，图中

虚线以上画出了体外编程器原理方框图,虚线以下表示了内藏式起搏器的电路结构。置入体内的电子仪器以大约 1s 为间隔,发出一列宽度为 2ms 左右、幅度在 1～7V 范围内可调的脉冲电压,以刺激心脏随之跳动。体内部分单极型电极使用铂铱合金制造的多孔内膜电极被缝在心肌上,这样人体组织可以长入电极的孔隙内,有效地防止了因为电极脱落而造成的起搏失效,也增加了起搏器的平均寿命。该电极有两个作用:一是从起搏器引出起搏脉冲,二是接收心脏窦房结发出的心电信号,以便起搏器提取 R 波。

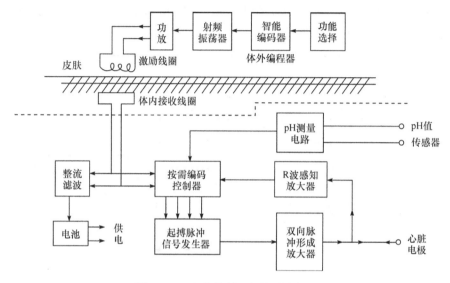

图 4-11　程序控制型起搏器方框图

从图中可以看出,电路中采用了 R 波感知放大器,对电极获得的人体心电信号提取 R 波,并使起搏脉冲输出时间避开 T 波易颤期,防止与心脏正常节律发生竞争。当人体心跳正常时,起搏器并无起搏脉冲输出。只有心律低于一个可预置常数 K 次/min 时,起搏器才按照 K 值同步输出起搏脉冲。它也属于 R 波抑制型的心脏起搏器。置入体内的起搏器带有一个无线电接收器。使用集成线圈作为接收天线,接收体外编程器的天线线圈发出的无线电磁信号,经信号译码后控制起搏器输出脉冲的频率和幅度,具有体外可编程功能。

体外电磁编程器的工作程式切换步骤是:关闭起搏脉冲发生器——编程工作方式——对体内电池充电工作方式——启动起搏脉冲发生器开始工作——结束。这种体外编程器可以用编码控制体内起搏器中的门电路,切换电路中的不同电阻,实现电参数的转变。

起搏器使用可充电的镍镉电池,要求电池不漏液、不产生气泡,电池寿命设计为 20 年。电池平均耗电 22μA。起搏器具有体外无线充电功能,当体外编程器工作于充电方式时,皮肤下表面的集成线圈可以接收体外送入的电磁能量,经过整流滤波电路后为电池充电。大约每隔 60d 充一次电,每次充电4h。起搏器带有一个pH 值测量传感器,使起搏器可以按照当前血液 pH 自动改变起搏脉冲的频率。例如,当病人运动时,起搏脉冲频率自动升高,以加大血搏输出量,满足病人运动之所需。

　　(2) 起搏脉冲发生器电路分析。

　　起搏脉冲信号发生器是程序控制型起搏器的核心,虽然它在专用集成电路中只占很小部分电路,但其作用十分关键。图 4 - 12 所示是起搏脉冲发生器的单元电路图,以下分析它的工作原理。

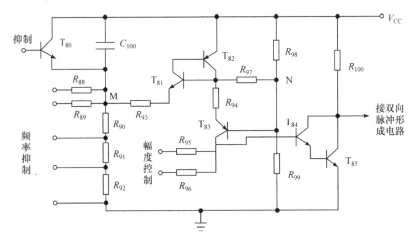

图 4 - 12　起搏脉冲发生器电路图

　　电路中,三极管 T_{81} 和 T_{82} 组成正反馈互补开关电路,控制振荡电容 C_{100} 的充放电过程。电阻 $R_{88} \sim R_{92}$ 构成 C_{100} 的充电回路。由于图中的 N 点电位 V_N 基本不变,而 M 点电位 V_M 却随 C_{100} 的充电从 V_{CC} 之值逐渐下降。一旦满足 $V_N - V_M = 0.5V$ 时,互补开关立即导通短路,迫使 C_{100} 迅速放电和 V_M 迅速上升。由于短路放电时间太短,开关 T_{81} 和 T_{82} 只有大约 2ms 的饱和期间,然后均转入截止状态,使 T_{83} 获得了一个很窄的正脉冲,该脉冲频率为 1Hz 左右可调,占空比约为 500。后续复合管 T_{84} 和 T_{85} 把此脉冲隔离后送到双向脉冲形成电路,最终得到起搏脉冲。

　　该电路有以下特点:

　　① 振荡电路中的五个三极管 $T_{81} \sim T_{85}$ 总是同时导通或者同时截止。截止时间很长,导通时间很短,2ms 导通期间工作电流仅 3μA,可知该振荡电路耗电极微。

　　② 对数字电路编程可以切换 C_{100} 的充电回路的电阻 $R_{88} \sim R_{92}$,从而改变了振荡信号的占空比和频率。同样道理,切换 R_{95} 和 R_{96} 可以程控改变振荡信号的输出幅度。从接收线圈上得到的脉冲串,经解调、译码和存储后控制各电阻的切换。

③ 在按需抑制起搏脉冲输出时,或者在使用体外编程器时,必须停止信号发生器工作。作为开关使用的三极管 T_{80} 饱和时,可以短路振荡电容 C_{100},使振荡器停振,不再发出起搏脉冲。

④ 振荡器输出管 T_{85} 输出的信号为负脉冲,其后所接的双向脉冲形成电路,可以把单向脉冲变成双向脉冲,再施加到心脏上,以防止单向脉冲所引起的体液极化现象。

3. 电源和电极

心脏起搏器使用的电源和电极是人工心脏起搏系统中的一个重要组成部分,它们的安全性和可靠性更显得十分重要。

1)心脏起搏器的电源

对于植入式起搏器来说,电源的寿命就是起搏器的寿命,如果电源寿命长的话,那么更换起搏器的次数就会减少,对于临床来说意义重大。下面介绍几种主要电源:

(1)锌汞电池。

以锌作为负极,氧化汞作为正极,电解质为氢氧化钾。该电池的优点是内阻低,放电性能平坦。缺点是漏碱,自放电、使用寿命短。

(2)锂碘电池。

锂碘系统在一种非水电解质中(如含有游离离子:高氯酸锂的焦化丙烯)工作,在某些情况下,电池的阴极为金属锂,阳极为碘。其特点是:因属于固体介质,故没有泄露、胀气等缺点,电池也不会损坏,并且自放电很低,所以该电池的使用寿命比较长。

(3)核素电池。

该电池目前来说是所有能源中使用寿命最长的一种,但是价格比较昂贵,并且放射线需要严格防护,体积和重量均大。

(4)生物燃料电池(生物能源)。

利用人体血液中的氧和葡萄糖通过催化剂使后者氧化,然后将氧化反应过程中产生的化学能转换为电能。该方法的缺点是获得的电压比较低,性能不够稳定,所以还不能广泛的在临床上使用。

2)电极

人工心脏起搏器的基本方法通常是将一根单极电极通过静脉放置到心内膜中,所以导线和电极是起搏系统中的无源部分,将起搏器发放的起搏脉冲传到心脏,同时又将心脏的 R 波和 P 波电信号送给起搏器的感知放大器。然而,电极的形状、材料、面积都会影响到起搏阈值。以下介绍几种电极类型:

(1)依照其安置及用途的不同分类。

① 心内膜电极:这种电极做成心导管形式,经体表周围静脉置入心腔内膜与心内膜接触而刺激心肌,因此这种电极也称为导管电极。而且安置的时候仅需要切开导管周围静脉,不用开胸,手术的损伤比较小,临床较为常用。

② 心外膜电极:这种电极安置的时候需要开胸,接触心外膜而起搏。其缺点是与心外膜之间极易长出纤维组织,在短时间内能够导致起搏阈值增高,所以现在不常用。

③ 心肌电极:安置时候也需要开胸,该电极是刺入心壁心肌,这样可以减少起搏阈值增高的并发症,但是由于手术的创伤比较大,所以临床上很少用于年轻患者。

(2)按心内膜使用的电极分类。

① 单极心内膜电极:使用的时候只有一个电极接触心脏。单极起搏系统中的脉冲发生器的机壳称为无关电极。因为单极电极与心脏起搏器输出起搏脉冲要形成一个回路,所以脉冲发生器机壳是起搏回路中的一环。

② 双极心内膜电极:带有两个电极,该电极是不包括脉冲发生器的机壳,它是依靠两个电极导线的小窗口实现起搏和感知功能。阴极与心内膜接触,而阳极在心脏内。

(3)电极的形状:有勾头、盘状、环状、螺旋状、伞状等不同类型。如图 4-13 所示。

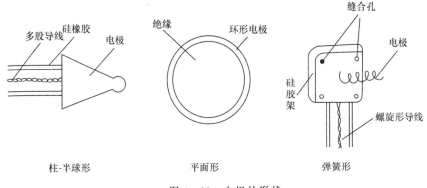

图 4-13　电极的形状

4.3　植入式心脏起搏器的检测

植入式心脏起搏器是属于Ⅲ类 CF 型的有源医疗器械,因其要植入人体,故安全性评价尤为重要,必须进行安全和性能方面的检测。植入式心脏起搏器检测项目和检测方法是根据 GB16174.1 植入式心脏起搏器标准实施。心脏起搏器电极检测项目和检测方法是根据 Y/T 0492 植入式心脏起搏器电极导管标准实施。

1. 心脏起搏基本定义（供世界范围共同使用）

1）间空期

脉冲发生器丧失一次感知功能的期间。

2）具有心室感知的房-室顺序（抑制模式）（DVI）

在此模式中，心房感知功能丧失或不存在，若在逸搏间期结束前没有心室搏动被感知，脉冲发生器则以基本频率提供心房起搏。若在规定的房-室间期没有心室搏动被感知，则在房-室间期结束时提供一个心室脉冲。若在任何时间有一次心室搏动被感知，则开始一个新的室-房间期。

3）心室同步的房-室顺序（触发模式）（DVT）

在此模式中，心房感知功能丧失或不存在，若在逸搏间期结束前没有心室搏动被感知，脉冲发生器则以基本频率提供心房起搏。若在规定的房-室间期没有心室搏动被感知，则在房-室间期结束时提供一个心室脉冲。若在任何时间有一次心室搏动被感知，则立即提供一个心室脉冲并开始一个新的室-房间期。

4）心室抑制模式（VVI）

在此模式中，心房功能丧失或不存在。若心室的感知功能感知到某一搏动间期短于逸搏间期，那么脉冲发生器就抑制心室起搏。若在逸搏间期没有心室搏动被感知，脉冲发生器则以基本频率提供心室起搏。

5）心房同步模式（VAT）

在此模式中，心室感知及心房起搏功能丧失或不存在。当一次心房搏动被感知时，设定的房-室间期就开始，并在该间期结束时提供一个心室脉冲，除非最大跟踪频率已被超过。若在逸搏间期没有心房搏动被感知，脉冲发生器则以基本频率提供心室起搏。

6）心房同步的心室抑制模式（VDD）

在此模式中，心房和心室都具有感知功能，但心房起博功能丧失或不存在。当心房搏动被感知时，设定的房-室间期就开始。若在房-室间期内没有心室搏动被感知，则在此间期结束时提供一个心室脉冲，除非最大跟踪频率已被超过。若在逸搏间期既没有心房搏动也没有心室搏动被感知，脉冲发生器则以基本频率提供心室起搏。若在任何时间有心室搏动被感知，则开始一个新的室-房间期。

7）心室触发模式（VVT）

在此模式中，心房功能丧失或不存在。若在逸搏间期有心室搏动被感知，则随即与心室搏动同步提供一个心室脉冲。若在逸搏间期没有心室搏动被感知，则以基本频率提供心室起搏。

2. 植入式心脏起搏器基本定义

下列定义仅适用于 GB16174.1 植入式心脏起搏器。

（1）适配器。

用在互不兼容的脉冲发生器与电极导管之间的专门连接器。

（2）基本脉冲间期。

不因感知到的心电或其他电作用而改变的脉冲间期。

（3）基本频率。

脉冲发生器的心房及心室脉冲频率，它不因感知到的心电或其他电作用而改变。

（4）电极。

用以与人体组织形成一个接口的导电组件（通常为电极导管的终端）。

（5）逸搏间期。

一次被感知的心搏或一个脉冲与随后脉冲发生器的非触发脉冲之间的时间。

（6）滞后。

脉冲发生器的特性数据，为一个感知到的心搏后逸搏间期与基本脉冲间期之间的差值。

注：逸搏间期一般长于基本脉冲间期，这被称为"正"滞后。

（7）脉冲发生器标称使用寿命。

对某一给定类型的脉冲发生器预期植入寿命的估计值；在作出这一估计时考虑了能使脉冲发生器性能特性在规定的条件下保持在限定范围内的电池有效容量，但未考虑除电池耗尽外的其他任何故障的可能性。

（8）脉冲。

脉冲发生器用于刺激心肌的单相电输出。

（9）经静脉。

描述经由静脉通向心脏的术语。

（10）脉幅。

脉冲的幅度，用伏特或毫安表示。

（11）脉宽。

标准中规定的各参考点之间测得的脉冲宽度。

（12）脉冲发生器。

起搏器中产生周期性电脉冲的那一部分，它包括电源和电子电路。

（13）脉冲间期。

两个连续脉冲的等同点之间的时间间隔，表示单位为 ms。

（14）脉冲频率。

每分钟的脉冲个数，用 ppm 表示。

（15）干扰脉冲频率。

脉冲发生器在感知到不是来自心肌的、并被认为是干扰的电活动时作出响应的脉冲频率。

注：干扰脉冲频率是预设的。

（16）试验脉冲频率。

脉冲发生器在直接受到试验装置影响时的脉冲频率。

（17）不应期。

脉冲发生器对除规定类型的输入信号外的信号不灵敏的时期。

（18）灵敏度。

持续控制脉冲发生器功能所需要的最小信号，单位为 mV。

（19）输入阻抗。

就脉冲发生器而言，出现在其端子上的对于试验信号的电阻抗，该阻抗被认为与感知心搏时出现的阻抗是相等的。

3. 心脏起搏器的包装、标志和随机文件通用要求

在使用植入式心脏起搏器的时候，医生需要大量的信息，以便对起搏器作正确识别、植入并对随后的性能进行检查。正确理解标准中"包装、标志和随机文件"的要求，是每个检测人员必须熟悉和掌握的。

1）包装

包装可分为运输包装（选择性的）、储存包装和灭菌包装。

2）包装标志一般要求

每个包装必须具有清晰的、且不会对包装物品产生不利影响的标志，标志材料应能在包装的正常搬运中保持标志清晰。

注：可以在标志中和随机文件中使用脉冲发生器的模式及附录 A 中定义的代码来取代文字以表明脉冲发生器的模式。

所有日期都必须按 GB2808 的规定，依年–月–日的顺序，用数字表示。

3）运输包装

（1）运输包装内容物。

运输包装必须包含储存包装。

（2）运输包装标志必须包含下列内容。

① 厂商名称、邮政地址，以及代理商或销售商的名称和邮政地址（如果同厂商名称及地址不一样的话）。

② 关于运输过程中搬运和储存的主要警告事项。

（3）储存包装。

储存包装标志，任何警告事项必须明显地标明。储存标志必须包含下列内容：

① 厂商名称或注册商标，以及厂商的邮政地址。

② 若适用，留出供填写代理商名称、邮政地址及电话号码用的空白位置。

③ 灭菌包装内容物，即脉冲发生器（出厂时的模式、型号、序号）和/或电极管（模式、型号、序号）和（或）适配器。

④ 最主要的起搏模式及出厂时的起搏模式。

⑤ 在（37±2）℃、负载为 500Ω（±5％）条件下，脉冲发生器的如下非编程参数（出厂时的标称参数）：基本脉冲频率以 ppm 计，脉幅以 V 或 mA 计，脉宽以 ms 计，灵敏度以 mV 计。包装内容物已经过认可的灭菌方法处理的大意说明、有效期、有关储存及使用操作的建议、连接器的构造（单极或双极或多极）。

（4）储存包装的内容物。

储存包装必须含灭菌包装。

注：随机文件可放在各储存包装之内一起提供，亦可随起搏器、电极导管或脉冲发生器分别提供。

4. 随机文件

随附于起搏器（即脉冲发生器、电极导管或适配器）的文件必须包括：临床医师手册、登记表、病人识别卡、取出记录表、专用技术信息卡。以下对专用技术信息卡等的内容作一介绍：

1）专用技术信息卡

制造商必须随每个脉冲发生器提供专用技术信息卡，卡上至少必须包括的内容：制造商名称或商标以及邮政地址、具备的起搏模式、类型或型号、序号、有效期（按 GB2808 规定的方法写）、灭菌方法、灭菌日期（按 GB2808 规定的方法写）。

在 37℃±2℃、500Ω（±5％）负载时测得的脉冲发生器功能（按工厂设定）必须包括：基本脉冲频率（以 ppm 计）、基本脉冲间期（以 ms 计）、试验脉冲频率（以 ppm 计）、试验脉冲间期（以 ms 计）、脉幅（以 V 或 mA 计）、脉宽（以 ms 计）、灵敏度（以 mV 计）、出厂时的起搏模式、是否为可编程、起搏脉冲后的不应期（以 ms 计）、工厂设定的频率限制（以 ppm 计）、连接器构造、电池耗尽指针、可编程性的识别。

2）灭菌包装

（1）灭菌包装的内容物。

脉冲发生器、电极导管及必备的附件/适配器（不论是单独或组合）必须置于灭菌包装内供应，该灭菌包装应能在运输或正常储存及使用操作时保持产品无菌，从而使所提供的对象在无菌状态下使用。

灭菌包装应设计成一旦被开启，即能明显显示已开启过。即使包装已被重新密封，也能看得出以前已被开启过。

（2）灭菌包装标志。

灭菌包装标志必须包括的信息：制造商名称或注册商标，以及工厂地点；灭菌包装的内容物，即脉冲发生器（型号、序号）和/或电极导管（类型、型号、序号）和/或适配器（型号）。在（37±2）℃、500Ω（±5%）负载时测得的脉冲发生器的非可编程性能资料（出厂时的标称值）：基本脉冲频率（以 ppm 计）、试验脉冲频率（以 ppm 计）、脉幅（以 V 或 mA 计）、灵敏度（以 mV 计）、脉宽（以 ms 计），具备的最主要的起搏模式及出厂时的起搏模式，包装及其内容物已经过认可的灭菌法处理的说明；有效期（按 GB2808 规定的方法写）；警告事项必须清晰写明，开启须知，以避免物理损伤并保持无菌，连接器构造（单极、双极或多极）。

3）脉冲发生器、电极导管和适配器

（1）脉冲发生器的标志。

脉冲发生器上的标志必须是永久性和清晰易读，并必须包括的内容：制造商的名称和地点、具备的最主要的起搏模式、型号、序号、冠有"SERIAL NUMBER"或"SN"字样。

（2）脉冲发生器的无损伤识别。

脉冲发生器的无损伤识别须借助于不透射线字母、数字和/或符号，组成某一脉冲发生器特有的代码。识别标记须置于脉冲发生器之内，以使临床医师可借助适用的代码信息，以无损伤方式进行识别。

识别标志至少必须指明制造商及脉冲发生器的特有型号。

（3）电极导管和适配器上的标志。

每个电极导管及每个适配器（若可能的话）必须有永久性的、清晰可见的制造商识别标志和序号标志。

5. 对环境应力的防护

对环境应力的防护主要是为了使各国的试验统一起来。一些试验并不根据实际出现的环境条件来评价起搏器，而是从环境试验标准中引用来的：这些标准归结为一点，即"总是要求有一定程度的工程技术评价"。

1）振动试验

（1）要求。

在进行试验后，脉冲发生器的性能必须在（37±2）℃、500Ω（±5%）负载时测得的结果符合"专用技术信息卡"上的脉冲发生器的性能要求规定。

（2）试验方法。

按 GB2423.10 的规定对脉冲发生器进行正弦振动试验。下述试验条件必须得到满足：

① 频率范围：5～500Hz。

② 振动位移/加速度（峰值）：5～20Hz，位移 3.5mm；20～500Hz，加速度 25m/s²。

③ 扫描：5Hz/500Hz/5Hz，1 倍频程/min。

④ 扫频次数：三个相互垂直的轴向各三次。

⑤ 持续时间：每个方向各 30min。

试验结束后，检查脉冲发生器是否符合"专用技术信息卡"规定的要求。

2）冲击试验

（1）要求。

在进行试验是，(37±2)℃、500Ω(±5%)负载时测得的脉冲发生器功能必须与"专用技术信息卡"要求相符合。

（2）试验方法。

按 GB2423.5 的规定对脉冲发生器按以下条件进行冲击试验：

① 脉冲波形：半正弦波。

② 强度：峰值加速度为 5000m/s²；脉冲持续时间为 1ms。

③ 冲击的方向和次数：三个相互垂直的轴线的两个方向各一次（即总共六次）；轴线要选择得最有可能使故障暴露出来。

试验结束后，检查脉冲发生器的功能必须满足"专用技术信息卡"要求。

3）温度循环

（1）要求。

在进行试验时，检查脉冲发生器是否符合在(37±2)℃、500Ω(±5%)负载时测得的脉冲发生器"专用技术信息卡"功能规定的要求。

（2）试验方法。

① 将脉冲发生器的温度降至制造商规定的最低值或 0℃（取较高值），保持该温度 24h±15min。

② 以(0.5±0.1)℃/min 的频率将温度升至(50±0.5)℃，保持该温度 6h±15min。

③ 以(0.5±0.1)℃/min 的频率将温度降至(37±0.5)℃，保持该温度 24h±15min。

试验结束后，检查脉冲发生器是否符合在(37±2)℃、500Ω(±5%)负载时测得的脉冲发生器"专用技术信息卡"功能规定的要求。

6．对电气危险的防护

1）除颤

（1）要求。

心脏起搏器的每个输出和输入都须有相当程度的防护，以使在一次除颤脉冲衰减后和一个两倍于逸搏间期的时间延迟后，无论同步性能还是刺激性能都不会受影响。

在进行试验时，测得的值必须符合在（37±2）℃、500Ω（±5％）负载时测得的脉冲发生器"专用技术信息卡"功能规定的要求。

（2）试验方法。

① 通过一个300Ω（±2％）的电阻，将脉冲发生器与一个由R-C-L（电阻-电容-电感）串联回路（如图4-14所示）构成的除颤试验电路相连，R、C、L 的参数如下：$C=330\mu F(\pm5\%)$；$L=13.3mH(\pm1\%)$；$R_L+R_G=10\Omega(\pm2\%)$；其中，R_L 为电感电阻；R_G 为除颤脉冲发生器的输出电阻。

② 输出峰值为140V（±5％）。

③ 用连续的三个正向脉冲（＋140V），间隔为 20s，对脉冲发生器进行试验；停隔 60s，再用连续的三个负向脉冲（－140V），间隔为20s重复试验。检查脉冲发生器的性能，它们不能受到影响。

（3）单极脉冲发生器。

通过一个 300Ω（±2％）的电阻，将脉冲发生器与除颤脉冲发生器相连（如图4-14所示）。按除颤的"试验方法"所述的脉冲序列对脉冲发生器进行试验。

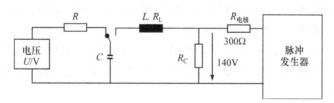

图4-14　试验冲击电压电阻的除颤脉冲发生器试验电路

（4）双极脉冲发生器。

① 依次将脉冲发生器的每个电极导管端子及金属外壳经一个300Ω 电阻与除颤脉冲发生器相连进行试验。如外壳上覆盖有绝缘材料，则将脉冲发生器浸入一个充满生理盐水的金属容器，使外壳与容器相连。

② 按除颤的"试验方法"所述的脉冲序列对脉冲发生器进行试验。

（5）其他脉冲发生器。

对具有一个以上输入或输出的脉冲发生器，按除颤的"试验方法"所述的对每个电极导管端子进行试验。

2）植入式起搏器的电中性（无漏电流）

（1）要求。

在试验时，在任何电流通道上不得测到大于 0.1μA 的漏电流。

（2）试验方法。

① 将每个脉冲发生器的输入和输出端子通过 100 kΩ 的输入电阻与一直流示波器相连至少 5min，恰好在一个脉冲之前测量示波器上显示的电压值，不得超过 10mV。

② 在每对端子以及每个端子与金属外壳间进行试验，施加的电压不高于 0.5V 时，外壳电阻不小于 5MΩ。

③ 依次：

a. 通过一直流电阻计连接每一对脉冲发生器的端子。

b. 将脉冲发生器的每个输入或输出端子通过一直流电阻计与金属外壳相连。

c. 在每对端子以及每个端子与金属外壳间进行试验，施加的电压不高于 0.5V 时，其电阻不小于 5MΩ。

此外，电磁兼容（EMC）、高频手术试验和生物兼容性等测试项目虽然在该标准中没有明确规定，但要引起足够的重视。

特别是电磁兼容，应按 YY0505—2005，IEC60601—1—2：2001《医用电气设备第 1—2 部分：安全通用要求-并列标准：电磁兼容要求和试验》标准执行。

7. 心脏起搏器脉冲发生器的检测

起搏器的基本试验方法，可用以试验起搏器基本的心房和心室功能。对于更为复杂的模式则还不能作正确评定，因为缺少能基本模拟各种心内电活动的设备，尤其在定时方面。此外，心脏和起搏器间更为复杂的相互作用，要求进行试验的人员精通心脏电生理的应用，只要有了必备的知识和试验设备，确定试验电路便是迎刃而解的事了。

1）脉冲发生器模式代码

标准规定的三字母代码用以指示脉冲发生器的主要用途。该三字母代码也适用于多程序起搏器和多模式起搏器。表 4－1 概略地表述了三字母代码的基本概念。

表 4－1　基本代码表

第一字母	第二字母	第三字母
起搏腔室	感知腔室	响应方式

在代码中使用下列缩略语：V＝心室、A＝心房、S＝单腔、D＝双腔（心室与心

房)或双式(抑制与触发)、I＝抑制式、T＝触发式、O＝无功能。

代码字母位置的含义解释如下：

(1) 第一字母：表示起搏腔室，可用下列字母表示：

V 代表心室；A 代表心房；D 代表双腔(即心室与心房)；S 代表单腔(心室或心房)。

(2) 第二字母：表示感知腔式，可用下列字母表示：

V 代表心室；A 代表心房；O 表示脉冲发生器无感知功能；D 代表双腔(即心室与心房)；S 代表单腔(心室或心房)。

(3) 第三字母：表示响应方式，可用下列字母表示：

I 代表抑制式(即输出受感知信号抑制的脉冲发生器)；T 代表触发式(即输出受感知信号触发的脉冲发生器)；O 表示脉冲发生器无感知功能；D 表示具有抑制和触发两种模式。

2) 试验条件

脉冲发生器的试验在(37 ± 2)℃下进行。对于具有双腔功能的起搏器，心房和心室的性能都要试验。

3) 测量准确度

所有的测量准确度都必须在下列限定范围之内：

测量项目	精度
脉幅	$\pm5\%$
脉宽	$\pm5\%$
脉冲间期/试验脉冲间期	$\pm0.2\%$
脉冲频率/试验脉冲频率	$\pm0.5\%$
灵敏度	$\pm10\%$
输入阻抗	$\pm20\%$
逸搏间期	$\pm10\%$
不应期	$\pm10\%$
房室间期	$\pm5\%$

4) 试验设备

(1) 试验负载阻抗：$500\Omega(\pm5\%)$。

(2) 双踪示波器需具备以下特性：灵敏度：$<1V/division$(标称值)；最大上升时间：$10\mu s$；最小输入阻抗：$1M\Omega$；最大输入电容：$50pF$；达到全幅脉冲读数的时间：$10\mu s$。

(3) 间期(周期)计数器：最小输入阻抗为 $1M\Omega$。

(4) 试验信号发生器：用于灵敏度测量，最大输出阻抗为 $1k\Omega$，并能产生适合于心房感知和心室感知评估的信号。需有正、负两种极性的试验信号，信号波形为三角波。试验信号的前沿为 2ms，后沿为 13ms。

(5) 可触发双脉冲发生器,用于感知和起搏不应期的测量。

信号波形由起搏器制造商规定,但脉冲延迟应当在 0～2s(最小)间独立可调,循环周期至少有 4s 可调。

注:在循环周期内,发生器不可能被再次触发。

5) 测试项目

(1) 脉幅、脉宽和脉冲间期(脉冲频率)的测量。

① 试验电路:选用适合于测量的脉冲发生器输出端子,按图 4 - 15 连接试验设备。

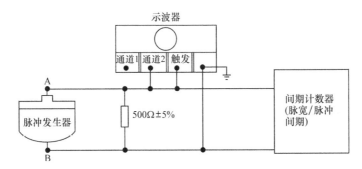

图 4 - 15　测量脉幅、脉宽与脉冲间期(脉冲频率)的电路

② 试验方法:

a. 调节示波器,使之显示由脉冲发生器产生的一个从前沿到后沿的完整的脉冲波形。在脉冲波形上,幅值等于脉幅峰值 1/3 处的各点之间测量脉宽。根据具体情况,将电流或电压对时间的积分除以脉宽,计算出脉幅。

b. 测量脉冲间期时,将间期计数器调节到由脉冲发生器的脉冲前沿触发的状态,读取周期计数器上显示的脉冲间期。

c. 负载变化的影响。

在 250Ω 和 750Ω 的负载下测量脉冲特性,以确定在电阻作用下的变化情况。检查测得的数据,应符合专用技术信息卡上制造商的声称值。

(2) 灵敏度(感知阈值)的测量。

① 试验电路。

选用适合于测量的脉冲发生器感知端子,按图 4 - 16 连接试验设备。

② 试验方法:

a. 采用正脉冲的方法。

用灵敏度试验信号发生器按用于灵敏度测量的方法对 A 点施加一正信号,调节信号的脉冲间期使之比脉冲发生器的基本间期至少小 50ms。将试验信号幅度调至零,调节示波器使其能显示几个脉冲发生器的脉冲。

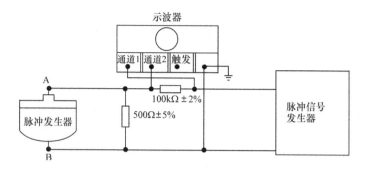

图 4 - 16 测量灵敏度的电路

缓慢增加试验信号的幅值,直至:

(a) 脉冲发生器停止发生输出脉冲(对抑制模式);

(b) 或者脉冲发生器的脉冲持续地与试验信号同时发生(对触发模式)。

将试验信号发生器的电压值除以 200,以计算正灵敏度幅值。

注:在本标准中,获得的正向灵敏度幅值记为 e_{pos}。

b. 采用负脉冲的方法。

按采用正脉冲所述的方式对 A 点施加一负向试验信号,按顺序重复试验。将试验信号发生器的电压值除以 200,以计算负向灵敏度幅度。

注:获得的负向灵敏度幅值记为 e_{neg}。

(3) 输入阻抗的测量。

① 试验电路:选用适合于测量的脉冲发生器的感知端子,按图 4 - 17 连接试验设备。

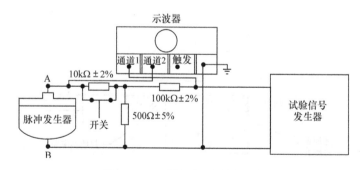

图 4 - 17 测量输入阻抗的电路

② 试验方法:

a. 调节试验信号幅度(正和负)从零至脉冲发生器刚好持续抑制或触发(根据具体情况)时的值 E_1。

b. 断开开关,使试验信号发生器的输出上升到 a 条给定的条件得到恢复时的

值 E_2。

　c. 按下列公式计算脉冲发生器的输入阻抗 z_{in}，单位为 kΩ。

$$z_{in} = \frac{10E_1}{E_2 - E_1} - 0.5 \tag{4.1}$$

（4）逸搏间期、不应期和房-室间期的检测。

① 试验电路：将试验设备与脉冲发生器按图 4-18 连接。

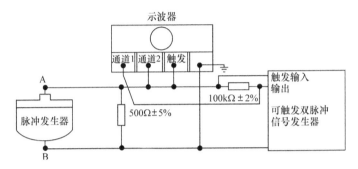

图 4-18　测量逸搏间期和不应期的电路

② 测量逸搏间期的试验方法：

　a. 调节信号发生器直至试验信号的幅值约为按灵敏度（感知阈值）的检测测得的 e_{pos} 或 e_{neg} 的 2 倍。将信号发生器调节到在其触发和产生试验信号的期间只提供延迟 t 的单脉冲，而且让 t 稍大于受试脉冲发生器的间期 t_p。

　b. 调节示波器和信号发生器，以获得图 4-19 所示的图形（试验脉冲和脉冲发生器的脉冲都呈直线形）。

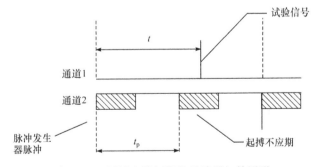

图 4-19　测量逸搏间期的示波器初始图形

　c. 减少试验信号延迟 t，直至试验脉冲不在不应期内，若试验的是抑制式脉冲发生器，则可获得图 4-20 所示的图形。若试验的是触发式脉冲发生器，则可获得图 4-21 所示的图形。

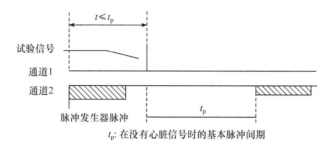

t_p：在没有心脏信号时的基本脉冲间期

图 4-20　抑制式逸搏间期的测量

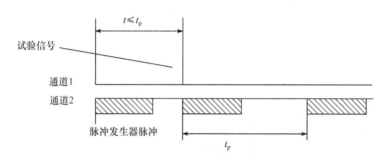

t_p：在没有心脏信号时的基本脉冲间期

图 4-21　触发式逸搏间期的测量

d. 测量在脉冲发生器被抑制（或被触发）点与下一个输出脉冲之间的逸搏间期 t_e。

③ 测量感知不应期的试验方法：

a. 调节信号发生器使可触发双脉冲信号发生器产生成对的脉冲。两脉冲应尽可能接近，而且它们的延迟（t_1 和 t_2）应稍大于受试的输出端子的脉冲间期 t_p，其幅值应近似于制造商给定的 $2e_{pos}$ 或 $2e_{neg}$。

b. 调节示波器和信号发生器，以获得图 4-22 所示的图形。

c. 减少两个试验信号的延迟时间 t_1 和 t_2（同时保持试验信号尽可能地接近），直至第一个试验信号被脉冲发生器感知。若是抑制模式，则会导致如图 4-23 所示的脉冲发生器的一个脉冲抑制，或如图 4-24 所示的输出被试验信号触发。

d. 增加试验信号 2 的延迟时间 t_2。若是抑制模式，增加至脉冲发生器的第二个脉冲（如图 4-22 所示）延迟出现（即向右移）；若是触发模式，增加至第三个脉冲（如图 4-22 所示）提前出现（即与试验信号 2 同时出现），如图 4-24 所示。

e. 测量两个试验信号对应点之间的时间，即为感知不应期 t_{sr}。

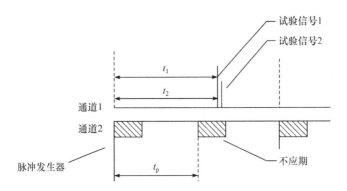

图 4 - 22　测量感知和起搏不应期的示波器初始图形

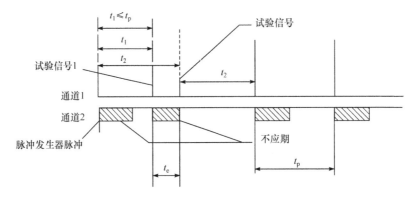

图 4 - 23　抑制式感知不应期 t_e 的测量

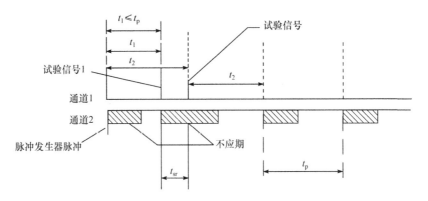

图 4 - 24　触发式感知不应期 t_{sr} 的测量

④ 测量起搏不应期的试验方法(仅用于抑制式):

a. 按测量逸搏间期的试验方法所述调节信号发生器。

b. 测量感知不应期的试验方法所述调节示波器和信号发生器(如图 4-19 所示)。

c. 缓慢增加试验信号的延迟时间 t,直至图 4-21 所示的第三个脉冲突然右移,如图 4-25 所示。

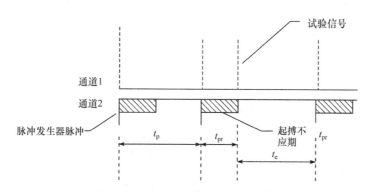

图 4-25 抑制式起搏不应期 t_{pr} 的测量

测量脉冲发生器第二个脉冲与试验脉冲之间的时间,即为起搏不应期 t_{pr}。

⑤ 测量房-室间期的试验方法:

调节示波器,以显示图 4-26 所示的图形(起搏脉冲呈直线形)。测量第一个心房脉冲和随后的心室脉冲之间的时间,即为房-室间期 t_p。

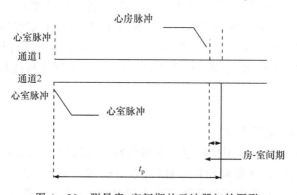

图 4-26 测量房-室间期的示波器初始图形

8. 符号代替文字的使用

根据标准规定,下述符号供代替书写文字使用,如表 4-2 所示。

表4-2　可选用的符号

符号	文字说明	符号	文字说明
	禁止标志； 心脏起搏器 除颤式		连接器单腔 双极
	植入式脉冲发生器 非可程控		连接器双腔 单极
	植入式脉冲发生器 可程控		连接器双腔 双极(同轴连接器)
	植入式脉冲发生器(带 无线电通信)		连接器双腔 双极
	连接器单腔 单极		内有文件
	连接器单腔 双极(同轴连接器)		

4.4　心脏起搏器电极导管的检测

植入式心脏起搏器电极导管是植入式心脏起搏器的主要组成部分,其检测标准是 YY/T 0492 植入式心脏起搏器电极导管、YY/T 0491 心脏起搏器第三部分:植入式心脏起搏器用的小截面连接器、GB/T 16175 医用有机硅材料生物学评价试验方法和 GB/T 16886 医疗器械生物学评价第 1 部分:评价与试验。

1. 检测项目

1) 物理尺寸(包括公差)

电极导管的物理尺寸至少应包括下列内容:长度(以 cm 表示);电极头表面积(以 mm^2 表示);经静脉穿刺导管的直径(以 mm 表示,1mm 为 3Fr);电极间的距离(以 mm 表示,对双极电极导管而言);连接器尺寸(以 mm 表示)。

2) 电极导管连接器

电极导管连接器的设计要求应符合 YY/T 0491—2004 中 4.2.1 的要求。

3) 外观

外观表面应光洁,压制合缝处应无溢料。

4）整体性能要求

（1）连接要求：植入电极导管在植入体内后应该能承受张力，导体、接头不会发生断裂，绝缘层不会产生破坏。

（2）直流电阻：每条电极导管的直流电阻值都应在该电极导管标称电阻值的±15％范围内。

（3）绝缘性能要求：电极间电气绝缘的交流阻抗应不小于 50kΩ。

（4）指引钢丝的插拔性能要求：指引钢丝插入和拔出电极导管时，所需力不能超过 2N。

（5）顺应性要求：电极导管应可以耐受植入体内后机体可能产生的扭曲力，导线的任何位点不应出现任何裂痕。

（6）热冲击试验要求：电极导管应具有承受五次温度循环，电极导管应无目视缺陷，直流电阻值不能超过标称值的±15％，且满足电极间电气绝缘的交流阻抗应不小于 50kΩ 的要求。

（7）寿命模拟试验。

电极导管经过六个月的寿命模拟试验以后，应符合每条电极导管的直流电阻值都应在该电极导管标称电阻值的±15％范围内和电极间电气绝缘的交流阻抗应不小于 50kΩ 的要求。

（8）化学要求。

① 环氧乙烷残留量：电极导管的环氧乙烷残留量应不大于 $10\mu g/g$。

② 化学性能：电极导管溶出物的化学性能应符合 YY0031—1990 中 4.6 的规定。

（9）生物性能。

① 无菌：单包装内的电极导管应经过已确认过的灭菌过程使产品无菌。

注：中华人民共和国药典 2000 版规定了无菌试验方法，但该方法不宜用于出厂检验。

② 生物学评价：

电极导管应不释放出任何对患者产生副作用的物质。应用适宜的试验或评价来证明电极导管材料的毒性，试验或评价试验结果应表明无毒性。GB/T 16886.1—2001 给出了医疗器械生物学评价的基本原则。

电极导管应无热原、无细胞毒性、无刺激、无致敏、无急性全身毒性、无遗传毒性、无溶血、无植入反应、无致癌性。

2. 试验方法

1）尺寸

使用直尺、游标卡尺或千分尺对电极导管各部分的尺寸进行长度或径向测量。

测量时,电极导管应平放在清洁、光滑的平面上,不能拉紧或伸长。

2) 电极导管连接器

电极导管连接器的设计要求按照 YY/T 0491—2004 中 4.2.1 的试验方法进行。

3) 外观

用目测检查。

4) 整体性能

(1) 连接要求。

① 预先准备温度为(37±5)℃浓度大约为 9g/L 的氯化钠溶液,拉力载荷试验机、电阻仪表、插有参考电极板(惰性金属表面积≥500mm²)的生理盐水[温度为(37±5)℃]、直流耐压试验仪(能施加 100V 电压并产生至少 2mA 的电流)。

② 电极导管应浸泡在预先准备的溶液中至少 10d,进行试验之前,把电极导管放在蒸馏水或去离子水中清洗,然后擦干电极导管表面的水。

注意:电极导管在从体内取出后的 30min 内要重新放入生理盐水中,在继续进行试验之前应浸泡至少 1h。

③ 把电极导管放入拉力试验机中,试验机的一端夹住电极导管连接器管脚的金属表面,另一端夹住电极导管远端上的一个合适点,准确测量两个固定端之间的距离。

④ 在电极导管两端施加拉力载荷,使电极导管能在原来的长度上伸长 20%,如果达不到要求,应把拉力增加到 5N,拉力应至少持续 1min,然后释放。

通过试验直流电阻来确认各个导电通路的连续性。

⑤ 电极导管的外表面应浸入试验液中,其离参考电极板之间的距离如下:不小于 50mm,但不超过 200mm。

注意:在试验中,一定要确保外露的导电表面与生理盐水之间是绝缘的。

⑥ 把绝缘体置于(100±5)V 直流试验电压下,该试验电压是指导体与参考电极之间以及两个导体(预定让它们的一个导电外露表面与组织接触)之间的电压。试验电压在 0.1~5s 的时间内能达到最大值,在把它降到 0V 之前,应使其最大值电压保持 15s。

⑦ 如果电极导管满足以下条件:永久拉伸不会超过 5%(除非制造商规定电极导管能承受更大的永久变形),也不会产生永久性功能损坏;连续性测量符合制造商的规定;当施加电压时,导体与参考电极之间以及两个导体(预定让它们的一个外露导电表面与组织接触)之间测量到的漏失电流小于 2mA,符合要求。

⑧ 如果是在端头远端和电极导管连接器管脚之间进行测量,则重复以上所施加的拉力。

注:采用多路电极导管也能像试验样品那样完成以上试验。

（2）直流电阻试验。

① 将电极导管平直放在干燥、光滑平面上，不能拉长。

② 在试验温度（23±5）℃及其相应的环境湿度下测量，试验电流为 10mA，所有测量数据的最小精度为±2％，其测量结果应符合直流电流的要求。

（3）绝缘性能试验。

① 试验前，将电极导管在（37±2）℃生理盐水中浸泡 10d。

② 试验前将电极导管从生理盐水中取出并擦干，测量电极间的交流阻抗应符合不小于 50kΩ 的要求。

③ 试验应在电极导管从生理盐水中取出并擦干后的 15min 内完成。

（4）指引钢丝的插拔试验。

① 将电极导管平直放在光滑、干燥的平面上，不能拉伸并固定连接插头端。

② 把指引钢丝完全插入电极导管内并拔出，但不能使电极导管伸长，插入和拔出的力应满足整机性能的要求。

③ 力的试验，可根据具体情况而定，试验在温度（23±5）℃及其相应的环境湿度下进行。

5）顺应性试验

（1）需要进行两个试验：试验一用于试验所有相同的电极导管片段；试验二用于试验所有相同的结点（如电极导管与连接器的连接处等）。

（2）试验应在室温、干燥的条件下进行。

（3）试验一。

采用特殊的固定器，固定器的内径大小应不超过受试电极导管直径的 110％。固定器的下端内表面应制作成喇叭口形圆角，这样当受试电极导管沿着固定器轮廓插入时，电极导管的中心线将形成一个半径为（6±0.1）mm 的中心线弯曲。此装置能安装在一台机器上，如图 4-27 所示，可以在垂直方向装以 90°振动固定器，从而迫使试验电极导管片段在固定器的喇叭形口中弯曲。在这一装置中，试验电极导管片段安装到固定器上后应在重力的作用下垂直悬挂，以代表最坏条件试验情况。并应在试验电极导管片段下端系一条柔韧的细绳（软线），细绳的另一端挂一足量的重物，以保证试验电极导管片段的中心线能够与弯曲半径一致，或对于管腔不易装卸的电极导管可直接用作试验片段，沿圆角弯曲。

以上装置应按 θ 为 90°±2°的角度以垂直方向为轴心摆动，振动频率为（2±0.5）Hz，至少应震动 47000 个周期。注意应调整好试验装置和试验电极导管片段的旋转中心，以减少试验中的抖动现象。应对电极导管的每一段独立、均一且柔性的部分重复此试验。

试验后每一电极导管的直流电阻都应符合整机性能的要求。

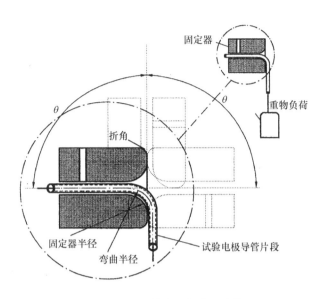

图 4 - 27 电极导管片段弯曲试验装置

（4）试验二。

采用一个特殊的固定器，如图 4 - 28 所示，其外观与准备使用的起搏器连接头相似。固定器应采用刚性材料制造，可能与电极导管连接器接触的转角为最大半径是 0.5mm 的圆角。固定器的内腔深度应设定为允许采用标准的最小值，如果使用其他连接器系统，则应根据制造商的连接器规格标准设置。除固定器的内腔

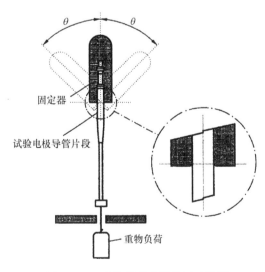

图 4 - 28 连接器弯曲性能试验装置

深度和管端的圆边,试验内腔尺寸均应按照 YY/T 0491—2004 设置,如果使用其他连接器系统,则应根据制造商的连接器规格标准设置。

固定器应能安装在一台仪器上,可以在垂直方向上以 45°旋转固定器。固定器的旋转中心应在固定器圆角开始处的平面上。固定器应可以使电极导管连接器及其连接的电极导管片段在重力作用下垂直悬挂。电极导管连接器应能与固定器吻合,定位于最差试验条件,由调节螺钉装置固定。在距离固定器的旋转中心 (10 ± 0.5)cm 的电极导管片段上,应连接一个适当的负荷,负荷的连接装置应可以确保在电极导管导线和连接点之间不会产生相对运动。负荷(包括连接装置在内)的质量应为 (100 ± 5)g。固定器随后应以 $45°\pm2°$ 的角度,以垂直方向为轴心摆动,振动频率为 (2 ± 0.5)Hz,至少应振动 82 000 个周期。应对电极导管的每一个节点重复此试验。

如果每一条传导路径测得的电阻都在制造商说明书所列标准范围内,而且每一条传导路径的功能都完整无缺,符合制造商所提供的相应性能规格标准。

6) 热冲击性能检测

将电极导管放置于高低温箱内,其放置位置不能影响通风,所用高低温箱应能满足 -55_{-5}^{0}℃和 75_{0}^{+5}℃两极限温度要求,并确保产品放入后在 2min 内达到极限温度。

按下列温度循环五次:

-55_{-5}^{0}℃:0.5h; 25_{-5}^{+10}℃室温下恢复 0.5h; 75_{0}^{+5}℃:0.5h; 25_{-5}^{+10}℃室温下恢复 0.5h。产品在第一次温度循环之前和第五次温度循环后,在室温下恢复热平衡 4h 后进行目视和检测,其检测结果应符合热冲击试验要求的要求。

7) 寿命模拟试验

将电极导管接到脉冲发生器或类似脉冲发生器的仪器上,且应有输出(电压、电流、脉宽),工作情况同起搏器标准系统一样。该系统浸入生理盐水中,应确保水温在 (37 ± 2)℃,并每月更换生理盐水一次,6 个月后对电极导管进行检测,其试验结果应符合寿命模拟试验的要求。

8) 化学要求

(1) 环氧乙烷残留量检测按 GB/T 14233.1—1998 中规定的方法进行。

(2) 电极导管溶出物的制备方法:将电极导管放入玻璃容器中,按电极导管的外总表面积 (cm^2) 与水 (mL) 的比为 2:1 的比例加水,加盖后置于压力蒸汽灭菌器中,在 (12 ± 1)℃加热 30min,加热结束后将样品与液体分离,冷却至室温作为检验液。取同体积水置于玻璃容器中,同法制备空白对照液。化学性能的检测按 YY0031—1990 中附录 B 规定的方法进行。

9) 生物要求

(1) 无菌。

试验方法按中华人民共和国药典 2000 版中的无菌检查法进行。

(2) 生物学评价。

电极导管所用的材料均应按 GB/T 16886.1—2001 进行生物学评价;在有关材料的生物相容性信息提供不全的情况下,可根据 GB/T 16175—1996 中的试验方法进行试验,证明材料没有毒性。

4.5　心脏起搏器的检测仪器

心脏起搏器的检测仪器有多种,以下介绍 EXPMT 2000 型外部起搏器分析仪。

图 4 - 29　EXPMT 2000 型
外部起搏器分析仪

1. 外部起搏器分析仪

EXPMT 2000 型外部起搏器分析仪是 EXPMT 100 型起搏器分析仪的改进型,它可以测试和检验任何外部起搏器,包括经静脉、经胸廓,以及 A-V 时序型起搏器的所有功能。仪器通过 8 个触感键及 1 个大的四线 LCD 显示屏进行菜单驱动操作。测试和测量可以同时出现在显示屏上。仪器拥有 5 个 ECG 接头以及一个 RS232 串口,可以在打印机上打印标题和测试测量结果。外部测试负载拥有 12 个用户可选负载,范围为 100～1000Ω,用于经皮氧起搏器,外型如图 4 - 29 所示。EXPMT 2000 以其新颖的外观、齐全的功能、崭新的控制和显示,使其成为操作简单和功能强大的起搏器分析仪。

2. EXPMT 2000 型外部起搏器分析仪特点

该机采用最新的微处理技术,使用方便、快速、准确、可靠。具有 4 线液晶显示、12 种可选测试负载、5 个 ECG 测试导联、RS232 接口和打印机输出,并能精确地进行测试起搏器的需求灵敏度测试、感应的及步调的不应期、60／50Hz 抗干扰测试、脉冲能量测试、A-V 间隔测试。

3. 测试项目

该机能测试起搏器的电流、心率、脉冲宽度、感知不应期、调制不应期、脉冲能量和 A-V 间隔。

4. 性能指标

1）经胸廓起搏器

（1）测试负载：500hm 固定，100～1000Ω12 种可选步长，带有 EXPMT 负载选择器。

（2）电流：0.1～25mA，精度：±10％，1～10mA；±5％，10～200mA。

（3）脉率：30～800ppm，精度：±1％ 或 2ppm。

（4）脉冲宽度：0.5～80ms，精度：±10％，0.5～5ms；±5％，5～25ms；±1％，25～80ms。

（5）感知及调制不应期：25～500ms，精度：±10ms。

（6）50/60 Hz 抗扰性测试：0～10.6mV，按 0.7mV 步长。

2）经静脉起搏器

（1）测试负载：500hm(±1％)。

（2）电流：0.1～25mA，精度：±10％，0.1～10mA，±5％，1～25mA。

（3）脉率：30～800ppm，精度：±1％或 2ppm。

（4）脉冲宽度：0.5～80ms，精度：±10％，0.5～5ms，±5％，5～25ms，±1％，25～80ms。

（5）感知及调制不应期：25～500ms，精度：±10ms。

（6）50/60 Hz 抗扰性测试：0～102mV，按 6.8mV 步长。

（7）波形：SQR、TRI 及 SSQ。

3）显示

4 线 LCD 显示。

4）电源要求

9V 电池或交流操作。

5）环境操作温度

15～35℃。

思 考 题

1. 心脏起搏器的主要组成部分、类型和使用电池的特点是什么？

2. 心脏起搏器主要检测哪些指标？为什么要检测"除颤"指标？

3. 简述心脏起搏器中的脉冲发生器的含义、随机文件包括的内容及主要的名词术语解释。

4. 简述心脏起搏器电极导管的绝缘性能试验要求和方法。

第五章　心脏除颤器的基本原理及其检测技术

5.1　概　　述

心脏除颤器又名电复律机,是应用电击来抢救和治疗心律严重失常的一种医用电子治疗仪器,图 5－1 所示是集除颤、起搏、监护等多功能为一体的美国 ZOLL M 系列 Mseries 多功能除颤、起搏、监护仪。

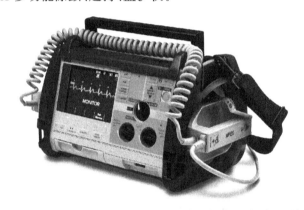

图 5－1　美国 ZOLL M 系列 Mseries 多功能除颤、起搏、监护仪

当患者发生严重心律失常时,如心房扑动、心房纤颤、室上性或室性心动过速等,常常会造成不同程度的血液动力障碍。纤维性颤动是指心脏产生不正常的多处兴奋而使得各自的传播相互干扰,不能形成同步收缩,某些心肌细胞群由于相位杂乱会呈现重复性收缩状态。通常发生心房肌肉纤维性颤动时,心室仍然能够正常起作用。当患者出现心室颤动时,由于心室无整体收缩能力,心脏射血和血液循环中止,若不及时进行抢救,就会造成患者因脑部缺氧时间过长而死亡。心室纤维则是非常危险的,可导致人体在几分钟内死亡。

消除颤动简称为除颤。用较强的脉冲电流通过心脏来消除心律失常、使之恢复窦性心律的方法,称为电击除颤或电复律术。用于心脏电击除颤的设备称为除颤器,它能完成电击复律,即除颤。采用除颤器,控制一定能量的电流通过心脏,能消除某些心律紊乱,可使心律恢复正常,因而广泛应用于心脏病患者的抢救和治疗工作中。临床应用的除颤方法有四种:交流除颤、电容放电除颤、方波除颤和延迟电容放电除颤。交流除颤由于交流电的刺激对心脏有害,临床已逐渐不用,而遭到淘汰。

　　起搏和除颤都是利用外源性的电流来治疗心律失常的,二者都是近代用于治疗心律失常的方法。心脏起搏与心脏除颤复律的区别是:后者电击复律时作用于心脏的是一次瞬时高能脉冲,一般持续时间是 4～10ms,电能在 40～400J 内。

　　通常,临床上用药物和电击除颤两种方法来治疗心律失常。药物是一种比较简便,且为患者能接受的治疗方法。但是,药物转复存在中毒剂量和有效剂量较难掌握的缺点。如果疗程长,服药期间又需密切观察,则须随时预防药物的副作用。有时药物过量引起的心律失常,其严重程度比原有的心律失常更加严重,如抑制窦房结的正常功能,致使窦性心律失常。相反,电击复律的时间短暂,安全性高,疗效良好,随时都可采用,因此成为一种有效的转复心律方法。尤其是在某些紧急情况下(如心室颤动),能起到应急抢救的作用。

　　本章主要介绍心脏除颤器的原理、分类、检测标准、检测方法和检测仪器。

5.2　心脏除颤器的基本原理

　　现代除颤器应用了计算机技术,由中央处理器统一协调,控制各部件的工作,提高了整机智能化程度,结构紧凑、合理,操作简单方便,性能更加稳定可靠。

1. 心脏除颤器的基本原理

　　原始的除颤器是利用工业交流电直接进行除颤的,这种方法常会因触电而引起伤亡。因此,目前除心脏手术过程中还有用交流电进行体内除颤(室颤)外,一般都用直流电除颤。大多数心脏除颤器采用 RLC 阻尼放电的方式,其充放电基本原理如图 5-2 所示。

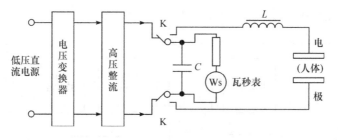

图 5-2　心脏除颤器基本原理图

　　电压变换器的作用是把直流低压变换成脉冲高压,经高压整流后向储能电容 C 充电,使电容 C 获得一定的能量。当除颤治疗时,控制高压继电器 K 的动作,切断充电电路,将储能电容 C、电感 L 及人体(负荷)串联接通,构成 RLC(R 为人体电阻、导线本身电阻、人体与电极的接触电阻三者之和)串联谐振衰减振荡电路,即为阻尼振荡放电电路。

实验和临床都证明 RLC 放电的双向尖峰电流除颤效果较好,而且对人体组织损伤小。RLC 放电时间一般为 4～10ms ,可以适当选取 L、C 的数值实现。电感 L 应采用开路铁心线圈,以防止放电时因大电流引起铁心饱和造成电感值的下降,致使输出波形改变。此外,除颤时有高电压,对操作者和病人存在意外电击的危险,因此,除颤器必须设置各种防护电路以防止误操作。

心脏除颤器除了应有充电电路和放电电路外,还应有监视装置,以便及时检查除颤的过程和除颤效果。监视装置有两种:一种是心电示波器,用于示波器荧光屏上观察除颤器的输出波形,进行监视;另一种是自动记录仪,把除颤器的输出波形以及心电图自动描记在记录纸上,达到监视的目的。当然,有的心脏除颤器同时具有上述两种装置,既可以在荧光屏上观察波形,又可以把波形自动描记下来。有的心脏急救装置由心脏起搏器、心脏除颤器以及监视仪、自动记录仪一起组合而成,是心脏急救的良好仪器。

心脏复律器是一种特殊除颤器,它含有同步电路,保证电容器放电是在 R 波出现之后立即进行,即在 T 波出现之前输出高能脉冲,心脏复律器的方框图如图 5 - 3 所示。它基本上是心脏监护仪和除颤器的结合,其中,心电图电极放在能获得最大 R 波并且能反映 T 波的体表部位,心电信号通过一个模拟开关电路接到 ECG 放大器上,正常情况下模拟开关电路始终处于接通状态,在心电示波器上显示出被放大后的心电信号。操作人员可通过心电示波器观察患者的心电波形,以判断心脏复律是否成功或变得更坏(即产生严重的心律紊乱)。心电信号放大后,一路送入滤波器,经阈值检测器检出 R 波,送给一个延迟电路,将信号延迟 30ms,

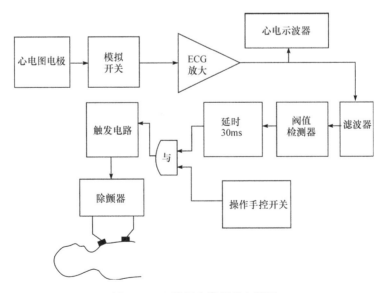

图 5 - 3　心脏复律器原理方框图

然后经与门电路驱动触发电路,触发电路输出一个触发信号,将模拟开关电路断开,以保护 ECG 放大器不受即将到来的除颤脉冲的影响。同时,触发电路还输出一个触发信号使除颤器立即通过电极对患者放电,进行除颤。以上过程是在操作手控开关按动一次之后进行的,在除颤脉冲放电完毕之后,心电图电极与 ECG 放大器之间的模拟开关立即接通,此时,操作者可通过心电示波器观察判断心脏复律的效果。如果还需要进行除颤,可将操作者手柄开关再按动一次,于是又重复上述过程。同时,还需要在心电示波器上进行观察心律,以确保患者的治疗效果。

2. 典型仪器的基本结构

以下将 HP43130A 除颤器为例说明除颤器的结构组成及各部分功能作用。HP43130A 除颤器主要由控制、高压充电和(或)放电、电源、电池充电、键盘、显示等部分组成,如图 5-4 所示。

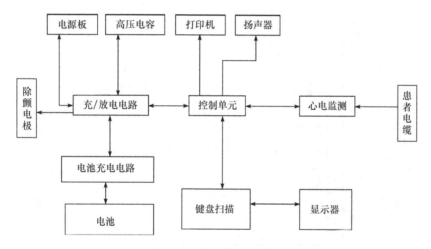

图 5-4　除颤器结构框图

HP43130A 除颤器工作原理:由各个控制开关、导联电极接收的信号输送到控制电路,产生控制高压充电和(或)放电电路对高压电容的充电和(或)放电信号。同时,为同步功能提供心电信号的分析和处理。显示模块 LED 提供显示驱动。高压充电板生成用于高压电容器充电的高压、提供高压电容器的电压和安全放电的通路。高压电路可以在除颤器电极板之间产生特定波形的电流,为控制板提供放电电流,并为高压电容器提供负载测试。

1）控制电路

控制电路由控制处理器、门阵列、扬声器、前面板开关逻辑、处理器复位电路、标记脉冲电路和前面板显示控制电路组成。单片 8051(U61) 是整个控制电路的核心,用直接 I/O 端口寻址或控制门阵列 I/O 端口寻址方式来实现对系统的控制。

软件周期为 4.167ms,由处理器内部时钟产生,用于 A/D 转换、ECG 同步信号的滤波、高压电容的充、放电控制及系统诊断等。

　　系统时钟信号由控制门阵列(U62)产生,为处理器提供扩展 I/O。它主要由时钟振荡器、寄存器控制逻辑、开关控制逻辑、扬声器、充电率控制等数字电路组成。

　　晶体振荡器产生的 12MHz 脉冲信号,用于驱动处理器和门阵列。如图 5-5 所示,振荡器的外部电路由 R_{48}、R_{49}、C_{34}、C_{35} 和 Y1 组成,输入信号由控制门阵列 U62 的 6 脚 XTALIN 组成,输出信号为 7 脚 XTALOUT,信号 OSCOUT 为振荡器的缓冲输出(U61-18)。

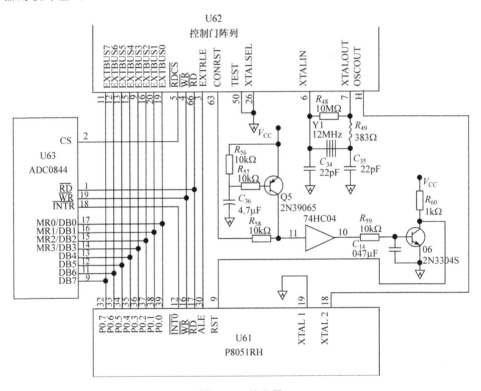

图 5-5　处理器

　　外部地址/数据总线是 U61(32-39)脚。控制门阵列有 3 个内部寄存器完成对外部存储器的寻址、门阵列的内部控制及对系统其他元件的输出。每一寄存器以 4.167ms 的软件周期进行刷新。

　　2) 放电电流峰流检测电路

　　在放电测试过程中,通过测试负载可测量放电电流峰流,以计算输出能量。放电电流通过一个 1:2 500 的变压器 T_1,将电流转换为比例电流,次级电流通过

R_{23}转换为电压信号,电压信号通过比较器 U1B、运算放大器 U2B、电阻 R_{24} 和电容 C_8 组成的峰流保持电路进行保持,保持电路的输出信号即为 IPEAK,然后经过电位器 R_{80} 和电阻 R_{26}(用于校准),输出至 U64 的 X1。主处理器经一个门阵列控制寄存器、R_{25}、U62-54 脚对峰流保持电路复位。R_{22} 和 C_7 执行低通滤波的功能滤除噪声,如图 5-6 所示。

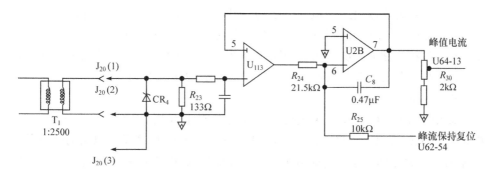

图 5-6　放电电流峰流检测器

3) 高压充电控制

每一个 4.167ms 软件周期,处理器读取能量选择开关状态,在高压电容充电前 50ms,保持能量选择开关值。按下充电按键,充电开始,U61 开始适时显示高压电容器充电能量。处理器通过对一门阵列控制寄存器写操作,输出安全继电器开信号,50ms 后,打开安全继电器。处理器选择脉冲宽度(或充电率),通过控制寄存器打开充电率控制信号 CHGFREQ(U62-20 脚)。同时,充电信号 CHGENBL(U6 1～6 脚)为低电平,高压充电电路开始工作。

当高压电容器的能量达到选择的能量设定值后,完成充电。CHGFREQ 信号关闭,充电信号 CHGENBL 变为高电平,高压充电电路停止工作。充电完成 CHG-TONE(U62—23)被打开,处理器相应管脚变为高电平,三极管 Q3、Q4 打开除颤电极的"充电完成"发光二极管及前面板的"充电完成"发光二极管。当改变除颤能量,CHGFREQ 和 CHGENBL 重新被打开,以尽可能近的能量选择设定充电。在充电完成后,高压电容器会保持能量 60s。经过 60s,处理器关闭安全继电器,通过内部安全电阻进行放电,在最后 10s,充电完成警示音以间歇方式提示内部放电完成。

4) 高压放电控制

充电完成后,处理器等待 125ms 后检查是否有"放电要求"信号(U61-3 脚),即低电平有效。当两个除颤平板电极的放电键同时被按下后,U61-3 脚变为低电平。检测到该信号后,处理器即打开患者继电器控制信号,并闭合患者继电器,等待复位电路的复位信号,复位电路保持处理器复位 45ms,这时能量通过患者放电。如果是放电测试,复位过程中,处理器对放电峰流进行采样计算输出能量。处理器关闭患者继电器控制信号和安全继电器控制信号,打开患者继电器,关闭安全继电器。处理器再次等待45ms的复位,此时关闭安全继电器。在第二次复位后,处理器继续正常工作。在放电或内部放电后,处理器会适时显示高压电容器能量10s或直至能量小于1J。

5)同步转复

对于同步转复,充电和放电过程与上述相同。不同的是,只有检测到R波后,患者继电器才被打开。同步检测是依靠软件完成的。同步方式下,处理器过滤ECG/SYNC输入信号寻找R波或同步脉冲的上升沿以同步放电。在检测到R波或同步脉冲后,前面板同步指示发光二极管持续闪烁180ms,同时,扬声器电路发出"叮叮"音。

6)充、放电电路

以变频DC-DC高压开关电源方式工作。充电开始,控制板发送SAF RLY DRIVE、CHG ENEL、CHG RATE CNTL信号。其中,脉宽调制电路的输出脉宽由充电率斜波达到充电率的阈值决定。在此期间,高电流开关管(功率MOSFET)导通。在变压器初级线圈电流逐渐下降,在输出脉冲时长的末期,功率MOSFET截止,变压器和(或)整流的次级线圈为控制单元主存储电容充电。然后,电容器电流检测电路开始检测电流,脉宽调制电路无输出。当电容器电流为0,高压充电板重新开始上述过程。同时,电容电压检测电路测量电容器电压,并将测量结果输出至控制板。

当充电停止电路(charge disable circuit)接收到SAF RLY DRIVE信号后,即停止充电。充电率斜波电路产生电压斜波,当电池电压降低时,斜波斜率也相应降低。因此,充电时间会相应延长,不同的能量设定其充电率也不同,如果电池电压低于10V,电池检测电路就停止进行充电。

7)充电停止电路

R_2、CR2和CR3组成充电停止电路。充电器的工作条件:开始充电输入信号为低电平,安全继电器工作。二极管CR3为充电停止提供"或"的功能(如图5-7所示)。

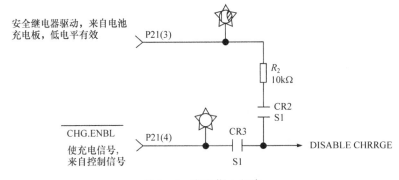

图5-7 充电停止电路

8）斜波产生器

斜波产生器电路由 R_3 和 C_3 组成，如图 5 - 8 所示。当它到达 A/D 转换器的 9 脚的电压或脉宽调制器的条件被满足、电压有偏移时，电压指数上升波形终止，在此过程中，其波形接近线形。

9）充电率阈值产生电路

C_4、CR4、R_4、R_5、C_5、U2C、R_6 和 CR5 构成充电率阈值产生器电路。来自控制板的充电率控制信号为 15.6Hz、占/空比可调的方波。高充电率需要有高占/空比产生高充电率阈值。C_4、CR4 为充电率控制信号

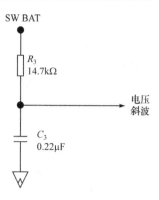

图 5 - 8　斜波产生器

交流耦合、整流元件，如果信号出现始终为高电平的错误，充电率阈值变为低电平。R_4、R_5 和 C_5 为滤波电路 U2C 为隔离放大器。如图 5 - 9 所示。

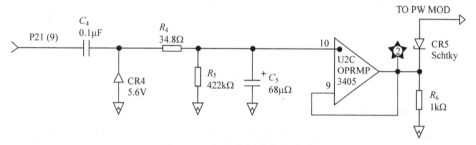

图 5 - 9　充电率阈值产生电路

10）低电池检测电路

R_7 和 R_8 对电池电压平均分压，C_6 是滤波电容。如果分压后的电压值降至 5V 或电池电压降至 10V 以下，U2B 即终止 U_1 的输出，如图 5 - 10 所示。

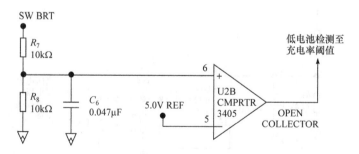

图 5 - 10　低电池检测电路

11）电容电流检测电路

当整流器正偏期间，高压电容器电流到二极管 CR10，脉宽调制器 U_1 的 11、14 脚为低电平，R_{13} 将 R_{14} 和 R_{15} 产生的电压拉低，CR10 电压（U2A-2 脚）高于 U2A-3

脚电压,打开 U2A,R_{16} 和 Q2 驱动 U1-3 脚为高电平,以抑制脉宽调制器的输出。

当电容器电流停止,CR10 电压低于 U2A-3 脚,U1-3 脚为低电平。同时,脉宽调制器 U_1 的 11、14 脚为高电平,使 U2A-3 脚电压抬高,U2A 输出会随 3 脚电压的变化而发生改变,如图 5-11 所示。

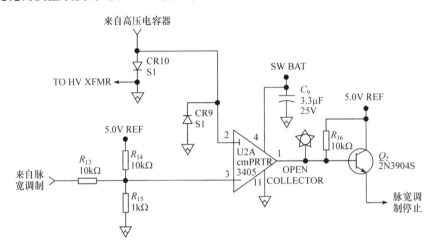

图 5-11　电容器电压检测

12) 电容器电压测量电路

变压器 T_1 有 24.9MΩ 的电阻与 R_{17} 对高压电容器电压进行分压,使其降至 5V 以下。C_{10} 为滤波电容,CR11 为放大器 U2D 的保护,R_{18} 维持低输出阻抗。该电路的输出送入控制板,决定充电状态和 U1-1 脚在电容器电压输出超出 5V 时停止充电,如图 5-12 所示。

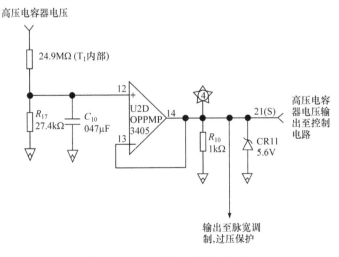

图 5-12　电容器电压测量电路

13）高压电容器充电电路

高压充电板 A5、高压电容器 A1C1、患者继电器 K1、内部放电负载电阻组成高压电容器充电电路。

14）高压电容器放电电路

高压电容器 A1C1、患者继电器 K_1、高压（感应）电感 A1L1、变压器 A1T1 和测试负载电阻 A1R1 组成高压电容器放电电路。当来自电池充电电路的电流流经 12Ω 继电器线圈，继电器触点 A1K1a 和 A1K1b 从正常关闭状态切换至正常开启状态。A1L1 对放电电流进行平滑处理以满足特定能量的需要。此外，当外部放电阻抗较低时，11Ω 的线圈电阻提供额外电阻补偿。电流变压器 A1T1 以 1∶2 500 的比例将高电流转换为低电流，输出至电流峰流检测电路。位于两个外部除颤电极槽之间的是测试负载，用于模拟 50Ω 患者接触电阻的放电，如图 5-13 所示。

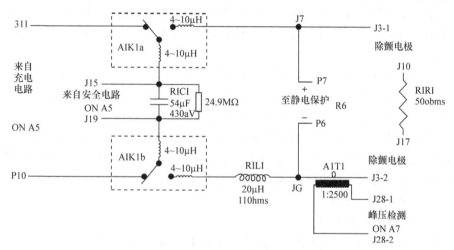

图 5-13　高压电容器放电电路

3. 心脏除颤器的分类

心脏除颤器可按功能、操作模式和电极板的安放模式进行分类：

1）按功能分类

（1）心脏除颤器。

除颤电极将选定的除颤能量作用于心脏进行除颤。心脏除颤器设有不同的能量挡，当患者出现心室颤动时，操作者根据病人的具体情况选取适当的能量值；然后操作充电钮，高压充电电容进行充电，能量充满后有声音提示能立即实施除颤。这种除颤只能是非同步除颤。

（2）心脏除颤监护仪。

心脏除颤器与心电监护仪的组合装置。心脏除颤监护仪通常作为心电监护仪使用,通过除颤电极或独立的心电监护电极获取心电信号,在示波器荧光屏上进行显示。当患者出现心室颤动时发出报警,操作者可利用除颤器进行除颤,并通过监视器观察除颤波形及除颤后的心电恢复波形。此外,有些除颤监护仪除了有示波器显示功能外,还有记录仪,当心律出现异常或心脏除颤之后能自动记录,将除颤输出波形和异常心电图自动描记在记录纸上。

（3）自动体外除颤器。

自动体外除颤器与以上两种不同之处是具有心律分析功能,操作者在发出电击之前不必分析心律,故对操作者的救援水平要求不高,通常是心脏病人的突发病情,在到达医院前对其进行抢救中使用。自动体外除颤器分为全自动与半自动两类:

全自动型体外除颤器只需操作者把除颤电极置于病人身上,启动仪器即可使用。基本原理是通过除颤电极得到对心律的分析,根据仪器内设置的参数值(通常由医生预先设置好)来决定是否需实行除颤,启动仪器后,仪器就会自动充电与放电。

半自动型体外除颤器也是依靠除颤电极获取心电信号并自动分析心律,在必要除颤时会提示操作者,然后由操作者实施除颤的放电。仪器能应用视觉信号、音调和语言综合指令提示操作者实施适当的步骤。

自动体外除颤器所使用的除颤电极与普通的除颤器或除颤监护仪所使用的电极不同,它是两个一次性有吸力的电极,直接粘附在病人的胸部,不必像普通除颤电极那样放电时用手持电极板,避免操作者在实施电击时与病人直接接触。

2）按操作模式分类

（1）非同步型除颤器。

非同步型除颤器在除颤时与患者自身的 R 波不同步,可用于心室颤动和扑动,因为这时患者的 R 波没有足够的振幅和斜率,由操作者自己决定放电脉冲的时间。

（2）同步型除颤器。

同步型除颤器在除颤时与患者自身的 R 波同步。基本原理是利用控制电路,用 R 波控制电流脉冲的输出,使电击脉冲刚好落在 R 波的下降沿,而不会落在易激期,故能避免心室纤颤。经常用于除心室颤动和扑动以外的所有快速性心律失常,如室上性及室性心动过速、心房颤动和扑动等。进行同步除颤时,心电监护仪上每检测到一个 R 波,屏幕上就会出现同步标志,充电完成后实施放电时,只有出现 R 波才会有放电脉冲。

3）按电极板放置的位置分类

（1）体外除颤。

体外除颤器是将电极放在胸部或胸背部,间接接触除颤。目前,临床使用的除颤器大部分属于这一类型。体外除颤电极放置位置如图 5 - 14 所示。负极（STERNUM）通常放于右锁骨下、胸骨右缘外；正极（A-PEX）置于左乳头下方。体外除颤，临床通常采用 200J、300J、360J 递增的次序进行；若连续除颤 2～3 次，仍不成功，应及时采取心肺复苏等其他措施。体外除颤过程中，操作者身体不能直接接触病人和病床，压下放电钮之后，病人会全身抽动。如果没有放置心电检测电极时，电极板不要离开病人皮肤，可通过除颤电极板来代替心电检测导联线，从显示屏上观察病人的心电情况，以判断除颤效果。

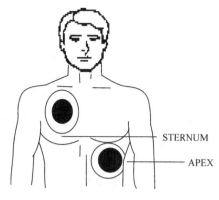

图 5 - 14 除颤电极位置图

（2）体内除颤。

体内除颤器是将电极放置在胸内，直接接触心脏进行除颤。早期除颤用于开胸心脏手术时直接心肌电击，这种体内除颤器结构简单。胸内除颤电极用无菌生理盐水纱布包扎，分别置于心脏的前后（左、右心室壁）。除颤能量选择：成人最大不超过 50J，儿童不超过 20J。现代的体内除颤器是埋藏式的，不同于早期体内除颤器，它除了能够自动除颤外，还能自动进行监护、判断心律失常、选择疗法进行治疗。

4. 除颤器使用时的注意事项

1）电极

电极的大小能决定除颤成功率的高低。大的电极，可降低电流的阻力，使更多的电流到达心脏。电极增大，成功的机会就会增加，心肌损害的可能性就会减少；然而在实际使用中，电极过大就会使两个电极相碰，并且也不能恰当地贴合胸壁，一般成人电极的直径 8～13cm，婴儿电极直径 4.5cm。

电极位置：两个电极的安置应使心脏（尤其是心室）位于电流的通路中，电极板位置不能过近，更不能形成短路，否则电流不能流过心脏，除颤难以成功。

电极的安放有两种位置，即前-侧位和前-后位。当病人仰卧位时，电极选用前-侧位，"STERNUM"电极放于右锁骨下、胸骨右缘外，"APEX"电极置于左乳头下，两个电极板相距 10cm 以上。当病人侧卧位时，电极选用前-后位，"STERNUM"电极置于左肩胛下区，"APEX"电极置于心前区。

2）能量

目前，常用的除颤电能为成人首次 200J，若首次未成功，第二次除颤可用 200～300J，第三次和以后的除颤，则宜用 360J。建议除颤次数不宜过多，3 次未成功,应尽快改用其他心肺复苏技术。儿童除颤时所需电能较成人要低,如为室颤,建议初次除颤能量用 2J/kg,如不成功,能量倍增。

3) 皮肤和电极间的接触

皮肤为电流的不良导体,因此在皮肤和电极之间必须加导电物质以减小阻抗,否则高阻抗将减少到达心脏的电流,而且在除颤时皮肤可被灼伤。皮肤潮湿、电极下气泡均可增加阻抗,并引起不均匀的电流释放。在安放电极前,宜用干布迅速擦干皮肤或电极,涂上专用除颤和心电图导电胶,将可减少阻抗,增加到达心脏的电流。

应用手持除颤电极时,在两个电极板上分别施加 10～15kg 的压力使电极板紧贴皮肤,不留空隙。用力将电极压迫胸壁,可改善电极和皮肤间的接触,并减少肺内空气。若使用一次性除颤电极,则不需要加用压力。

4) 两次电击之间的间隔

两次电击之间时间越短,经胸阻抗越小。除颤器能承受的充放电周期为 3 次/min。

5.3　心脏除颤器的检测

心脏除颤器的检测标准等同采用国际标准 IEC601—2—4《医用电气设备第二部分:心脏除颤器和心脏除颤器监护仪的专用安全要求》,必须与 GB9706.1《医用电气设备第一部分:通用安全要求》一起实施。

1. 心脏除颤器的主要技术指标

(1) 最大储能值。

高压充电电容的最大充电能量即最大储能值是衡量除颤器性能的一项主要指标,它取决于电容本身的电容值及整个充放电回路的耐压,单位用 J 表示。运算公式为

$$W = CU^2/2 \tag{5.1}$$

式中,W 为电容储能值,C 为电容容量,U 为电容两端的充电电压。由公式可知,电容 C 确定后,W 就由 U 确定。

除颤器的最大储能值一般为 250～360J。通过大量动物试验和临床实践证明,电击的安全剂量在 300J 左右。

(2) 释放电能量。

除颤器实际向病人释放电能的大小即释放电能量。这个性能指标也很重要,它直接关系到除颤的实际剂量。因为除颤器在释放电能时,电容器的电阻、电极、皮肤接触电阻、电极接插件的接触电阻等,都要消耗一定的电能,所以对不同的患者(相当于不同的释放负荷),同样的除颤器储存电能就有可能释放出不同的电能

量。通常以负荷 50Ω 作为等效患者的电阻值。

（3）最大充电时间。

对于一个完全放电的电容充电到最大储能值时所需要的时间即最大充电时间。充电时间越少,就能缩短抢救和治疗的准备时间。由于受除颤器电源内阻的限制,不可能无限度地缩短充电时间。目前,国际上要求最大充电时间不大于 15s。

（4）最大释放电压。

除颤器以最大储能值向一定负荷释放能量时在负荷上的最高电压值即最大释放电压。这也是一个安全性能指标,以防止患者在电击时承受过高的电压。国际电工委员会规定:除颤器以最大储能值向 100Ω 电阻负荷释放时,在负荷上的最高电压值不应超过 5000V。

（5）能量损失率。

除颤器高压充电电容充电到预选能量值之后,在没有立即放电的情况下,随着时间的推移,会有一部分电流泄漏掉,造成能量的损失,这就是能量损失率。要求除颤器充电完成 30s 内,能量的损失不大于 15％。

2. 检测条件

（1）环境温度在 0～40℃。

（2）相对湿度在 30％～95％,无凝结。

3. 通用要求

1）型式试验和例行试验

2）环境温度、湿度、大气压力,应在环境温度为(0±2)℃时进行

3）外部标记

（1）输入功率。

电网供电的设备,其额定输入功率应为任何 2s 周期内最大输入功率的平均值。由电网供电设备的输入功率,任何 2s 内的平均值应不超过 750W。

输出能量选择器调节到最大值,在能量储存装置充电时进行测量,以验证是否符合要求。

（2）分类。

和独立的心电图机连接的除颤器监护仪,监护电极也应有防颤标记,如图 5－15所示。

（3）补充(简明的操作说明)。

在设备的显著位置应有除颤的简短说明标记,在有关的位置处应有监护患者的简短说明标记,标记应能长久地保持。标记所用的语言种类应考虑到设备打算被使用的所在地区,并应保证正常视力的人在至少 1m 远处能易于清楚分辨。

图 5-15　BF 型和 CF 型有除颤保护设备的标记符号

（4）电池供电的设备。

设备带有原电池或可充电的电池及任何独立的充电器时，应标记相应的电池再充电用的或电池更换时用的主要说明。

在设备能接至电网或接至独立的电池充电器使用的情况下，则设备和充电器都应标记有当设备接至电网或接至充电器工作时的所有限制性的说明，这些说明应包括电池已放完电和未装电池的情况。

（5）控制器件的标记。

选择输出能量的控制器件或相应的指示装置，应按照对 50Ω 电阻负载释放的能量来进行校正。

4）随机文件

（1）使用说明书。

① 带有电池的设备，使用说明书还应包括：对任何可充电电池的充电程序的详细说明；对原电池或可充电电池的更换周期的建议和更换程序的详细说明；在环境温度为 20℃时，从充足电的新电池能得到的最大能量放电的次数；对于既能接至电网也能接至单独的电池充电器的设备，当接成某种电源连接时，所有使用上的限制性要求也应给出。

这些内容应包括电池已放完电或未装电池的情况。

② 使用说明书还应包括以下内容：

a. 警告在除颤时不要触及患者。

b. 除了有关除颤器电极应与其他电极或与患者接触的金属物保持足够距离的明显警告外，还应说明在使用时持握除颤器电极的方法。此外，要告知使用者当其他医用电气设备如血流计，它可能无除颤保护，在除颤时则应使这些设备与患者断开。

c. 告知使用者避免接触患者身体，例如头部或手臂裸露的皮肤部分或床架或担架上可能造成不必要的除颤电流通路的金属部分。

d. 使用之前的有关设备存放的所有环境的限制性要求（如在恶劣气候条件下的运输车辆或救护车中）。

e. 在写通过独立的监护电极进行监护的方法的说明处，写出这些电极的布置安排说明内容。

f. 建议使用者注意，不管设备使用与否，必须进行周期性的维护保养，特别对以下几方面：

——使除颤器电极和手柄的绝缘部分保持清洁；

——使所有重复使用的监护电极保持清洁；

——检验电缆和电极手柄可能出现的缺陷；

——功能性的校核；

——如果是一种需要周期性充电的（如电解电容器的）能量储存装置，则对它进行充电。

g. 对完全放电的储能电容器，当除颤器被调到最大能量位置时的充电时间的说明。

（a）当电源电压在额定值的情况下，以及一个有内部电源的除颤器当其电池已充足时的情况下；

（b）如上所述，但电源电压为额定值的 90% 的情况下，以及有内部电源的除颤器但已经过 15 次最大能量值的放电之后的情况下。

（2）技术说明书（补充）。

技术说明书还应提供：

① 当除颤器调到它的最大输出并轮流与 25Ω、50Ω 和 100Ω 的电阻负载连接时所释放脉冲波形的详细说明。

② 所有同步装置的主要性能数据。

4. 对电击危险的防护

1）没有独立的监护电极和体内除颤电极装置的设备

应为 BF 或 CF 型。

2）带有独立监护电极或带有体内除颤电极装置或二者都有的设备

该设备和所有提到的应用部分应为 CF 型设备。体外除颤器电极的应用部分可以是 BF 型。

3）绝缘和保护阻抗

（1）要求。

① 当放电回路的开关装置接通时，体外除颤器电极对连在一起的下述各部分的电容值应不超过 2nF：

a. 可触及的导体部分，包括所有已接至设备的独立的监护电极；

b. 与设备非导体外壳紧密接触的金属箔；

c. 与除颤器电极手柄紧密接触的金属箔；

d. 所有信号输入部分或信号输出部分。

② 测试方法。

a. 将不小于设备正常使用时放置位置底面积尺寸并与设备非导体外壳紧密

接触的金属箔或是将设备的导体外壳接至：

（a）所有独立的监护电极；

（b）一个裹绕在除颤器电极手柄上的金属箔；

（c）所有信号输入或信号输出部分。

b. 用不超过10kHz的测量频率在这些项目和连接在一起的体外电极之间测量电容值，并在开关装置接通及能量储存装置未充电的情况下进行。

c. 不可能延长开关装置的带电接通时间。在这种情况下，在此试验中开关的通断程序可用模拟的办法。

（2）要求。

① 将除颤器电极与其他部分隔离的装置，应设计成当能量储存装置放电时，危险的电能不会在以下各部分出现：

a. 设备的机身；

b. 所有独立的监护电极；

c. 所有信号输入部分和/或所有信号输出部分；

d. 设备放在其上且至少等于设备底面积的金属箔（Ⅱ类设备或带内部电源的设备时）。

② 测试方法。

a. 除颤器按图5-16连接，在放电之后 Y_1 和 Y_2 两点间的峰值电压不超过1V则符合上述要求，此电压相当于从受试部分流出 $100\mu C$ 的电荷。

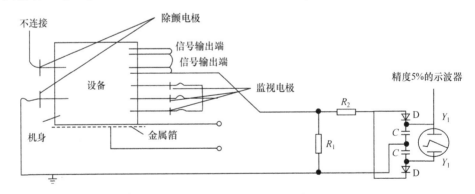

图 5-16   从设备不同部分来的能量极限的动态测试（Ⅰ）

R_1 为 1kΩ(±2%)； ⎫
                        ⎬ ≥2kV；C 为 1μF(±5%)；D 为小信号硅二极管
R_2 为 100kΩ(±2%)； ⎭

b. Ⅰ类设备受试时应接保护接地。

c. 可以不用电网电源的Ⅰ类设备，例如有内装电池时，还应在无保护接地的情况下受试。所有接至功能接地的连接应拆断。应将接地线换接至另一个除颤器电极上，重复这一试验。

（3）要求。

① 将所有独立的监护电极与设备的其他部分隔离的装置，应设计成当另一个除颤器对接有此监护电极的患者放电时，危险的电能不会在此设备以下各部分出现：

a. 设备的机身；

b. 所有信号输入部分和/或所有信号输出部分；

c. 面积至少等于设备底面积且设备放在其上的金属箔（Ⅱ类设备或带内部电源的设备时）；

d. 除颤器电极。

② 测试方法。

a. 把图 5-17 中的 S_1 开关拨至右侧，Y_1 和 Y_2 两点间的峰值电压不超过1V，则符合上述要求，此电压相当于从受试部分流出 $100\mu C$ 的电荷。

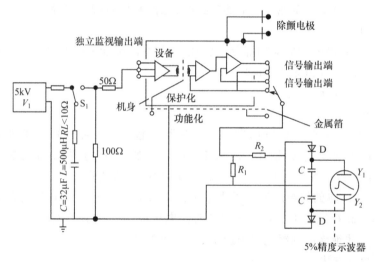

图 5-17　从设备不同部分来的能量极限的动态测试（Ⅱ）

R_1 为 $1k\Omega(\pm2\%)$；R_2 为 $100k\Omega(\pm2\%)$；C 为 $1\mu F(\pm5\%)$；D 为小信号硅二极管

b. Ⅰ类设备受试时应接保护接地。

c. 可以不用电网电源的Ⅰ类设备，例如有内装电池时，还应在无保护接地的情况下试验。

d. 所有接至功能接地的连接应拆除。将 V_1 的极性反过来重复试验。

4）接地和电位均衡

按 GB9706.1 的该章内容。

5）连续漏电流和患者辅助电流

设备通电，处于待机状态和安全工作状态，在测量患者漏电流或患者辅助电流

时,设备应依次运行于下述状态:

(1) 待机状态。

(2) 当储能装置被充到最大能量时。

(3) 充电完成后 1min 内。

(4) 对 50Ω 负载输出脉冲开始后 1s 算起的 1min 内(不包括放电时间)。应从每一个除颤器电极至地测量患者漏电流,而下述各部分连在一起并接地。

① 可触及的导体部件;

② 面积至少等于设备底面积且设备放在其上的金属箔,

③ 正常使用时可以接地的所有信号输入部分和信号输出部分。

(5) BF 型和 CF 型设备的除颤电极。

用额定电源电压的 110% 的电压,轮流加在地与连接在一起的体外除颤器电极之间和加在地与连在一起的体内除颤器电极之间,而裹在电极手柄上并与手柄紧密接触的金属箔接至地并与上述"连续漏电流和患者辅助电流"中的(1)、(2)和(3)部分连接。

(6) 对 CF 型除颤器应用部分,电源电压加在除颤器电极上时的单一故障状态的患者漏电流允许值为 0.1mA。

6) 电介质强度

(1) 要求。

① 对于除颤器的高压回路(如除颤器电极、充电回路和开关装置)应对 GB9706.1 中的绝缘类别 B—a 和 B—f 再增加以下的要求和测试,以代替 GB9706.1 中的绝缘类别 B—b、B—c、B—d 和 B—e 的试验。

② 上述回路的绝缘应能承受当除颤器电极开路情况下放电时在有关部分之间出现的最高峰值电压 U 的 1.5 倍的直流电压或 4kV 的直流电压,选二者中的较高值。上述绝缘的绝缘电阻值应不低于 500MΩ。

(2) 测试方法。

外部直流测试电压加在:

① 使放电回路中的开关装置受到激励,对连在一起的每对除颤器电极和连在一起的所有下述各部分之间加试验电压:

a. 可触及的导体部分。

b. Ⅰ类设备的保护接地端子,或者放置在Ⅱ类设备或内部电源设备下面的金属箔。

c. 在正常使用时与可能被握住的非导体部分相紧密接触的金属箔。

d. 所有隔离的放电控制回路和所有隔离的信号输入或信号输出部分。

如果充电回路是浮动的并在放电时是与除颤器电极隔离时,在试验时应把它们连接在一起。

特别要注意的是：在试验时，除颤器和心脏监护仪之间的所有作隔离用的电阻器都应被拆断；各个独立的监护电极及其联结的导线都应与设备断开。

用来隔离除颤器高压回路和心脏监护仪的所有开关装置，除了那些正常使用时因与各个独立的监护电极的连接而受激励者外，都应置于开路位置。

所有跨接在被试绝缘的电阻器（如测量回路的元件），如果在测试的配置中，它们的有效值不小于 5MΩ 时，在试验时可将电阻器断开。

"对"在这里指正常使用时任何两个一同使用的除颤器电极。在某些情况下，不可能使放电回路的开关装置延长接通时间或使隔离用开关装置延长开路的时间。在这类情况下，这一测试的这些试验程序可用模拟的方法。

② 对于有独立的监护电极接口的除颤器监护仪来说，按上述试验方法①来测试，但要用制造厂规定的连接线将监护电极接至设备。所有在正常使用时因独立监护电极的连接而带电的开关装置也必须检测。

监护电极另外还应与上述试验①的 a～d 中的部分连接。

③ 在每一对除颤器电极之间——体外电极和体内电极依次进行。

a. 能量储存装置被断开。

b. 放电回路开关装置受激励。

c. 所有用来隔离除颤器高压回路与心脏监护仪的开关装置放在断开位置。

d. 能在除颤器电极之间提供导电回路的所有元器件，在此试验时都应断开。

④ 在放电回路和充电回路的每一个开关装置的两端。

⑤ 当放电回路的开关装置受激励时，在网电源部分和连在一起的除颤器电极之间。

如网电源部分和应用部分之间已有一保护接地的屏蔽或一保护接地的中间回路有效地隔离时，则试验可以不进行。当隔离的有效性有疑问时（如保护屏蔽不完善），应断开屏蔽并进行电介质强度试验。

开始时，试验电压置于 U 值并测量电流值，然后在不小于 10s 的时间里将电压升至 1.5U 或 4kV（二者取较大值），然后保持此电压 1min，试验过程中应无击穿或闪烁现象发生。

电流值应正比所加的试验电压值，偏差在 ±20% 之内。

由于测试电压非线性增加而引起的任何电流的瞬时增长可不考虑。绝缘电阻值应从最大电压和稳态电流值计算得到。

在除颤器带有一输出脉冲变压器的情况时，应作如下试验：

将一个电容量为除颤器能量储存装置的电容量的电容器充电至正常使用时加在能量储存装置上的最高电压的 1.5 倍，然后把它接至输出脉冲变压器的原绕组，而其输出绕组开路。此试验要进行 10 次。

在 GB9706.1 对绝缘类别 B—a 和 B—f 的规定测试中，在充电回路或放电回路中的所有开关装置两端出现的那部分试验电压值应限制在不超过一峰值,此峰值等于上述规定的直流测试电压值。

(3) 绝缘应在下列情况下试验。

① 当设备的温度达到待机状态工作的稳定温度时立即进行;

② 在设备断开电源进行潮湿预处理之后,立即进行;

③ 在设备断开电源进行任何规定的消毒过程之后立即进行。

试验开始时加上不超过规定值一半的电压,然后在不少于 10s 的时间里升至规定值,并维持此电压 1min。

5. 对机械危险和辐射的防护

对机械危险的防护、对不需要的或过量的辐射危险的防护和对医用房间内爆炸危险的防护检测,应按 GB9706.1 的有关规定进行。

6. 对超温、失火及其他危险(如人为差错)的防护

1) 超温

负载持续率:设备在待机状态运行直到热平衡状态,然后将除颤器按制造厂规定的充、放电率度并按它的最大能量交替地充电和对 50Ω 电阻负载放电 15 次,但充放电频率至少每分钟不少于 3 次。

2) 防火

按 GB9706.1 的该章执行。

3) 溢流、液体倒翻、泄漏、受潮、进液、清洗、灭菌和消毒

(1) GB9706.1 的该章适用。

(2) 液体倒翻。

① 设备的结构应保证在液体倒翻时(意外地弄潮),不会危及安全。

② 应以下列的测试来校核它是否符合要求:

a. 除颤器电极处于储存的位置,而设备处于正常使用时的最不利的位置。然后,设备承受从其顶部上面 0.5m 高处垂直降下的 3mm/min 降雨量的人造雨共 30s。

b. 可用阻断装置来决定试验的持续时间。在 30s 人工雨淋之后,立即除去设备机身上可见的水分,在上述试验之后,应立即检验那些进入设备的所有水分,不会对设备的安全造成不利的影响。特别是设备应能经受电介质强度试验,并且设备应运行正常。

(3) 清洗、灭菌和消毒。

体内除颤器电极包括手柄、任何装上的控制或指示器件以及连带的电缆都应是可灭菌的。

4）人为差错

按 GB9706.1 的规定执行。此外,还应经过下列检测以确定是否符合要求。

（1）在能量储存装置通过内部放电回路正在放电时,应不可能激发除颤器电极。

（2）在能量储存装置正在充电时,应不可能激发除颤器电极,除非设备有释放能量的连续指示装置。

（3）设备应设计成能防止体外除颤器电极和体内除颤电极同时被激发。

（4）除颤器放电回路的触发装置,应设计得使无意的误操作的可能性减至最少。

容许的布置方式有:

① 对于前-前除颤器电极,一个单一的瞬时开关置于一个除颤器电极手柄上,或两个瞬时开关在各个除颤器电极手柄上各置一个;

② 对于前-后除颤器电极,一个单一的瞬时开关置于前电极手柄上;

③ 对于体内除颤器电极,一个单一的瞬时开关置于电极手柄中的一个手柄上,或仅置于面板上,不得用脚踏开关来触发除颤脉冲。

应通过检验及功能试验来校核是否符合要求。

（5）除颤器应设计成当能量储存装置意外地对开路或短路的电极放电后,必须符合医用电气安全要求。

在标准规定的持久性试验之后,再进行是否符合于本要求的试验。

（6）能量储存装置只应在有适当标记的控制装置经手动启动之后进行充电,自动地再充电是不允许的。

（7）心脏监护仪应不可能同时显示从任何独立的心电图监护电极及从除颤器电极来的信号。是否符合要求,应经功能试验进行校核。

7. 工作数据的精确性和对不正确输出的防止

1）符合 GB9706.1 的要求

2）工作数据的精确性（补充）

（1）除颤器应有连续的或有级的释放能量的选择装置,应配有释放能量的焦耳数的指示装置。该装置应能清楚指示所选择的能量值已经达到（如用测量仪表或"充电准备"指示器）。

（2）可见性的指示应允许正常视力的人在环境照度为 100lx 的条件下,处在相当于完全伸展的电极电缆长度的距离外清晰识别。（1）和（2）是否符合要求,应通过检验来校核。

（3）特殊用途的除颤器可以有限制能量选择的功能。它们旨在限制地使用,因此应有相应的标记,例如,只为成人危急除颤而专门设计的除颤器应标以"仅用于成人除颤"的标记。

① 对 50Ω 电阻负载所释放的能量与指示的能量值之间的偏差,在任何能量值时应不超过 ±4J 或 ±15%,取二者中的较大值。

应在最大和最小能量选择值及两个中间能量值的情况下测量对 50Ω 电阻负载释放的能量,以检验是否符合要求。测量设备误差应不大于 ±5%。

② 对 25~100Ω 的任何电阻值负载的释放能量与指示的能量值之间的偏差,在任何能量值时都应不大于 ±8J 或 ±30%,取二者中的较大值。

应对 25Ω 和 100Ω 的电阻负载在上述的能量值情况下测量对它们的释放能量来校核是否符合要求,或用测量除颤器输出回路的内电阻值来算出释放能量。

③ 能量损失率:应在最大能量时进行检测,在充电完成后的 30s 内的任何时间,或直到任何自动的内部放电回路工作之前的时间里,除颤器应能释放一个不小于其初始能释放的能量的 85% 的脉冲,这两种时间取较短者。

3) 对不正确输出的防止(补充)

(1) 输出控制范围。

① 体外除颤器电极:如有可能选择超过 360J 的释放能量时,应提供一装置以保证当选择能量大于 360J 的每一次充电之前有一个附加的准备动作。

② 体内除颤器电极:在体内除颤器电极的情况下,释放能量以 100J 为限值。

通过检验和功能测试以校核①和②是否符合输出控制范围的要求。

(2) 当用 100Ω 的负载时,除颤器的输出电压应不超过 5kV。应通过测量来校核其是否符合。

(3) 设备应设计成当供电电源中断时或设备被切断电源时,不管放电控制装置处于什么状态,在除颤器电极上都应无能量输出。此外,已储存的能量应在不大于 10s 时间常数内耗散于设备内部。

有关网电源中断的要求内容,不适用于能自动换接至内部电源工作的设备。

(4) 除颤器监护仪应另外提供一内部放电回路,在不激励除颤器电极和不切断心脏监护仪电源的情况下,使储存的能量通过它按时间常数不大于 10s 的条件有意地耗散掉。

通过功能试验和通过测量或计算时间常数以校核(3)和(4)是否符合要求。

8. 结构要求

1) 必须符合 GB9706.1 的要求

2) 接线端子和连接器(补充项)

要求:除颤器电极用的任何连接器,应能承受至少为 10N 的拔力而不会被拔出。

测试方法:按预定的情况插入连接器,例如,若有锁定的设计则锁住,然后加

10N 的力沿插脚的方向加至电缆,连接器应不会被拔开。

（1）除颤器电极及其电缆。

① 体外除颤器电极的手柄应设计成在正常使用时使用者与电极接触的可能性最小,应考虑到使用电极导电胶的情况,触发控制装置的构成和位置,应保证使用安全。

② 除颤器电极手柄应没有可触及的导体部件。这一要求不适用于小金属件,例如,穿过绝缘材料的和在绝缘材料里的螺钉,而这些小螺钉在单一故障状态时不会变成带电状态。

是否符合要求,应通过检验和电介质强度试验。

③ 除颤器电极电缆和电缆的固定装置应能顺利地通过下述的试验;

通过检验和下述的测试以校核是否符合要求:

a. 测试 1:把导线放进除颤器电极的接线端子,把端子的螺钉拧紧足以防止导线轻易移动,然后按正常方法紧固导线的固定装置,为测量长度方向的位移,在电缆上离电线固定装置 2cm 处做上记号。然后立即使电缆承受 30N 的拉力,保持 1min,最后电缆沿其长度方向的位移应不大于 2mm,而接线端子里导线的位移应不大于 1mm,当仍然施加拉力时,导线也不应有明显的变形。

b. 测试 2:将一只除颤器电极被固定在一个如图 5-18 所示的装置上固定时,应使该装置的摆动臂在其行程当中时,电极手柄处引出电缆的轴线应垂直并且通过摆动轴线,按下述方法对电缆施加张力:

（a）对可延性的电缆,施加一等于使电缆伸展至其自然（未伸展的状态）长度 3 倍的张力,或相当于一个除颤器电极重量的张力,取较大的值,在离摆动轴 300mm 处将电缆固定。

（b）对非可延性电缆将电缆穿过一离摆动轴 300mm 的小孔,在小孔下面的电缆上施加一个为除颤器电极重量或为 5N 的张力,取较大的值。

摆动臂摆动的角度为:

——180°（垂线的每一边为 90°）,用于体内电极;

——90°（垂线的每一边为 45°）,用于体外电极。

摆动的总次数应是 10000 次,以 30 次/min 的速度进行,在进行了 5000 次之后,将除

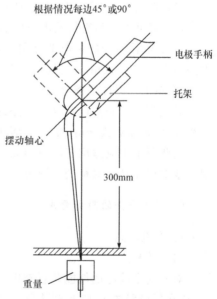

图 5-18　软电线及其固定装置的测试装置

颤器电极绕电缆进线处中心线转动 90°,余下的 5000 次将在这一平面上完成。

在此试验之后,除了有不超过导线总股数 10% 的线股允许断裂外,电缆不应松动,同时电缆的固定装置或电缆本身都不应出现任何损坏。

如果一只除颤器电极带有两根或更多根单独的电缆时,则应对每根电缆都轮流进行试验。

除非另外的一只除颤器电极的结构与前面被试的那一只相同,否则也应对它重复进行这一试验。

如果电极和电缆是从设备上可拆卸的,除了两个或更多个连接器有相同的结构时,则仅仅测试这些当中的一个,如结构不相同,则每一根电缆至设备连接器应轮流进行和除颤器电极相同的试验,当一个连接器可接两根或更多根电缆时,则这些电缆应一起进行试验,对连接器总的张力应是相应于每根单独电缆的张力的总和。

c. 除颤器电极最小面积要求。

除颤器每一只电极的最小面积应为:

(a) 成人体外用的为 50cm²;

(b) 成人体内用的为 32cm²;

(c) 儿童体外用的为 15cm²;

(d) 儿童体内用的为 9cm²。

3) 网电源部分、元器件和布线

(1) 必须符合 GB9706.1 的要求。

(2) 爬电距离和空气间隙(补充)。

① 除颤器电极的带电部分和正常使用时容易触及的电极手柄部分之间的爬电距离至少应有 50mm,空气间隙至少应有 25mm。

② 除了元器件定额值的裕量能证实外(如从元器件制造厂的定额值),高压回路和其他部分之间的以及高压回路的各部分之间的绝缘的爬电距离和空气间隙应至少为 3mm/kV 或 8mm/kV,二者中取较大值。

这些要求也应适用于除颤器高压回路和监护仪之间的隔离措施,在高压回路对地或对机壳是不对称的情况下也应满足。

9. 有关安全的附加要求

1) 充电时间

(1) 要求。

对一完全放电的储能装置充电至最大能量的时间,在 90% 额定电源电压条件下,或在用已释放过 15 次最大能量放电的已消耗过能量的电池的条件下,都不应超过 15s。

（2）测试方法。

应通过测量来校核是否符合要求。对内部电源的设备，应用一个完全充满电的电池来开始试验。

2）内部电源

（1）一个新的并充满电的电池的容量，应使设备在 0℃时至少能提供 20 次的除颤器放电，每次放电应达到设备的最大释放能量或不少于 300J，二者取其最小值。按每分钟放电三次然后停歇 1min 的循环来进行。

是否符合要求，应在（0±2）℃的情况下用功能测试进行校核。

（2）任何可再充电的新电池，应能使设备通过下述的测试：

在电池充满之后，将设备断电并储存在温度为（20±2）℃和湿度为 65%±5%的环境里 168h(7d)。然后按设备最大释放能量或不少于 300J 的能量（二者中取较小值）进行充电和放电至 50Ω 负载 14 次，按每分钟充电、放电一次的频率进行，在第 15 次充电时的充电时间应不超过 15s。

（3）应提供能清楚指示的装置。

① 当不可再充电的电池需要更换时或可充电的电池需要再充电时，该指示装置不应使设备出现无法使用的情况。

② 任何可再充电的电池正在充电时。

3）持久性

（1）一个除颤器应能对 50Ω 负载按最大能量充电和放电 2500 次。在此试验时，允许对设备和负载进行强制性的冷却。采用加速的测试程序时，不允许出现超温的现象。内部电源的设备在此试验时，可以使用外部电源。

（2）按最大能量值使除颤器充电和将除颤器电极短路起来放电 10 次。相继的放电间隔时间应不超过 3min。

（3）然后按最大能量值使除颤器充电和将除颤器电极开路但使某一电极与导体外壳连接并接地放电 5 次。然后换另一电极与外壳连接并接地重复此试验。在外壳为非导体的情况时，每一只电极依次接至设备正常使用时放置于其上的那块接地金属板上，此接地的金属板应至少有等于设备底面积的尺寸。

相继的放电间隔时间应不超过 3min。

（4）每一个内部放电回路按最大储存能量试验 500 次。在此试验时，允许进行强制性冷却。

在这些试验完成后，设备应符合本标准中所有其他要求。如果发生失效情况，可换第二个样品试，而此样品应通过所有的试验且无失效情况出现。

4）同步装置

有同步装置的设备，应满足下列要求：

（1）当除颤器置于同步方式时，指示灯或音响信号应有一清楚的指示。

（2）当操作放电控制装置时，只有在出现同步脉冲时才应有除颤脉冲出现。

5）除颤后心脏监护仪的恢复

（1）从除颤器电极得到监护信号时。

① 要求：当除颤器监护仪按下述情况测试时，在除颤脉冲之后最长 10s 的时间以后，在心脏监护仪显示屏上应见到测试信号，而测试信号的峰—谷幅值偏离其原有幅值不得超过 50％。

应用图 5-19 所示的装置进行测试，以校核是否符合要求。

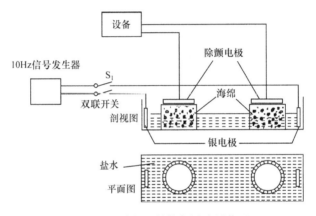

图 5-19　除颤后的恢复测试用装置

——直径比除颤器直径约大 15mm，厚约 40mm 的两只多孔的人造海绵单元；

——用来引入试验信号的两只银电极；

——S_1 开关，双极，容量适当；

——10Hz 正弦波信号发生器；

——尺寸不小于 250mm×150mm×60mm 的非导体的容器；

——"标准"盐溶液（9g/L 的氯化钠）能把容器充满到 30mm 液深。

② 测试方法：

a. 海绵浸饱盐水，除颤器电极置于海绵上。

b. 断开 S_1 开关，在最大能量放电时测除颤器输出电流和电压，例如用独立的示波器进行。海绵的位置和/或容器内盐溶液的深度可调，以使装置对除颤脉冲呈现一个（50±5）Ω 的负载。

c. 所有输入选择装置被置于使心脏监护仪的输入是来自于除颤器电极。心脏监护仪灵敏度调到 10mm/mV（±20％），所有影响心脏监护仪频率响应的控制装置调到最大的时间常数处,将 S_1 开关合上,信号发生器输出调到使显示的信号达 10mm 的峰-谷值。

d. 打开 S_1 开关,让一最大能量脉冲释放至该
装置。

e. 立即关合 S_1 开关并见到心脏监护仪的显示。
以上规定的 10s 时间是从 S_1 开关关合时开始测
量的。

（2）从所有独立的监护电极得到监护信号时。

① 要求:当除颤器——监护仪按下述情况测试
时,在除颤脉冲之后的最长 10s 时间后,在心脏监护
仪显示屏上应见到测试信号,显示信号的峰-谷幅值
偏离其原有幅值不得超过 50%。

② 测试方法:

a. 对按制造厂规定的监护电极通过按制造厂规
定的电缆接至除颤器监护仪,监护电极位于浸饱了标

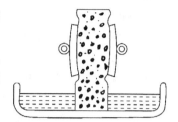

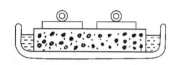

图 5-20　海绵上监护
电极的布置

准盐溶液的海绵的相对两侧或位于海绵的同一侧,如图 5-20 所示。盐水充满了
海绵的孔使它保持浸饱状态。可用绝缘夹子把电极置于所放的位置。必须注意避
免电极间直接接触。

b. 将除颤器监护仪接至图 5-21 的试验电路,所有输入选择器调到使监护信
号是来自独立的监护电极。

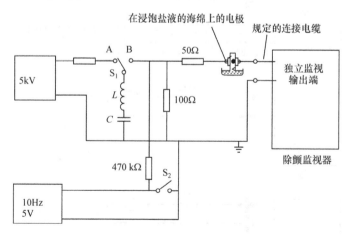

图 5-21　除颤器的恢复的测试布置
$L=500\mu H;R_1<10\Omega;C=32\mu F$

c. 心脏监护仪灵敏度调至 10mm/mV(±20%),任何影响频响的控制装置调至最大的时间常数处,将 S_2 开关断开,信号发生器输出调到给出的显示信号为 10mm 峰-谷。

d. 将 S_2 开关闭合,S_1 接至位置 B 上的时间为 200ms(±50%),当 S_1 恢复到位置 A 后立即断开 S_2 即可见到监护显示。以上规定的 10s 时间的测量是从操作开关 S_1 至位置 A 时算起。

e. 将测试电压的极性反过来,重复进行此项测试。

6) 充电或内部放电时对心脏监护仪的干扰

在能量储存装置的充电或内部放电时,将心脏监护仪显示的灵敏度调到 10mm/mV(±20%)。

(1) 在心脏监护仪上显示的任何可见干扰的峰-谷都不应超过 2mm。

(2) 1mV 的峰-谷值的 10Hz 正弦波输入的显示幅度的变化,不应大于 20%。总时间小于 1s 的任何干扰应不考虑。如果整个信号在显示中可见到,则基线的偏移可不考虑。当心脏监护仪的输入按图 5-22 所示的情况导入时,则上述要求应满足:

① 当从所有独立的监护电极导入时;

② 从除颤器电极导入而所有独立的监护电极被断开时;

③ 从除颤器电极导入而监护电极如合适可接至设备时,应通过测量以校核是否符合要求。

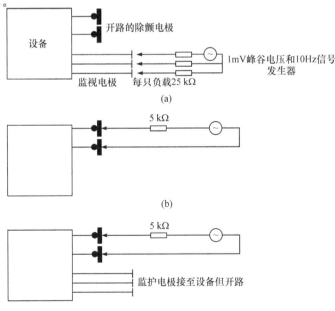

图 5-22　测量充电和内部放电时干扰的布置

5.4　心脏除颤器的检测仪器

QA-45 除颤器/经皮起搏器分析仪是用于测试除颤器和体外(经皮)起搏器的精密仪器。内建的测试程序和范围很广的用于起搏器测试的测试负载,使 QA-45 成为一台多用途的测试仪器,如图 5-23 所示。

图 5-23　QA-45 除颤器测试仪

1. 主要测试项目

(1) 能量及心电复律测量;

(2) 峰值电压及电流读数;

(3) ECG、性能波及心律失常模拟;

(4) 请求灵敏度测试:振幅、心率、脉冲宽度、方波、三角波、半正弦波;

(5) 50/60Hz 抗扰性测试;

(6) 脉冲能量。

2. 主要技术参数

1) 能量输出测量

(1) 高量程:电压:<5000V;最大电流:120A;最大能量:1000J;精度:>100J 为读数的 ±2%;<100J 为读数 ±2J;触发电平:100V;波形回放振幅:1mV/1000V,Ⅰ导联;测试脉冲:125J(±20%)。

(2) 低量程:电压:<1000V;最大电流:24A;最大能量:50J;精度:>20J 为读数的 ±2%;<20J 为读数 ±2J;触发电平:20V;波形回放振幅:1mV/200V,Ⅰ导联;测试脉冲:5J(±20%)负载阻抗:50Ω(±1%),无感(<1μH);显示分辨率:0.1J 测量时间窗口:100ms;绝对最大峰值电压:6000V;脉冲宽度:100ms 心电复律:测量时间延时 ±2ms。

2) 示波器输出

高量程:1000:1,振幅衰减;低量程:200:1,振幅衰减。

3) 波形存储及回放

放电波形可通过极板和 ECG 输出端子查看;输出:200:1,时间基线延展。

4) 同步时间测量

计时窗口:启动每个 R 波峰后 40ms;测试波形:所有的模拟波形均允许;延迟时间精度:±1ms。

5）充电时间测量

从 0.1～99.9s。

6）ECG 概述

导联配置：12 导联模拟：RA、RL、LA、LL、V_1～V_6；输出阻抗：肢导 1000Ω 相对于 RL；胸导 1000Ω 相对于 RL；高电平输出：1.0V/mV，Ⅱ 导联。

7）正常窦性心律

30、60、80、120、180、240、300 BPM；精度：选择数的±1%；振幅：0.5、1.0、1.5、2.0mV（Ⅱ导联）；精度：±5%（Ⅱ导联 1.0mV）。

8）自动 ECG 心率测试

心率失常选择：vfib-室颤 ；afib-房颤；bk Ⅱ-二度房-室阻滞；RBBB-右束支传导阻滞；PAC-房性早搏 ；PVC _ E-提前室性早搏；PVC _ STD-室性早搏；PVCRonT-RonT-室性早搏；mfPVC-多源性室性早搏；bigemiuy-二联律；run-SPVC-连续 5 个室早；vtach-室性心动过速。

测试的结果可以通过打印机直接输出，或是传送到 PRO-Soft QA-40/45 自动测试软件。通过 PRO-Soft，用户可以编制自己的测试方案，并将方案和测试结果储存到磁盘，以及将测试数据传送到用户的设备管理数据库中。

3. QA-45 除颤分析仪使用说明

1）前面板图（如图 5 - 24 所示）

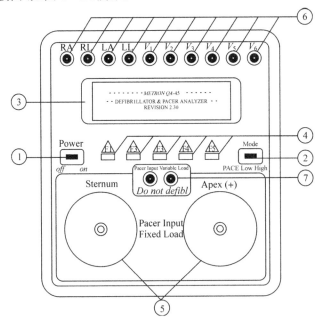

图 5－24　QA-45 除颤分析仪前面板图

（1）电源开关：on、off。

（2）模式（Mode）选择开关，有三种方式：起搏、除颤高能量量程、除颤低能量量程。

（3）显示窗：显示信息、测试结果、功能菜单。

（4）功能键：F1～F5 五个功能键，用于选择与显示屏底部显示条相对应的功能，即要选择的功能直接对应于键的正上方。

（5）接触电极表面：将除颤器的电极直接放置在此处，通过仪器内设置的 50Ω 的负载阻抗放电。

（6）模拟 ECG 信号输出接口：与除颤监护仪心电监护导联线相接。

（7）起搏器输入连接器：将起搏器连接电缆接入此处，对起搏信号进行测量，仪器内置可变负载，调节范围为 50～2300Ω。

2）操作说明

QA-45 利用显示和可多级选择的功能键以保证灵活和完善的操作。显示的上半部分为信息、状态和结果，菜单条显示在下半部分，功能键编号为 F1～F5。通过按下菜单条下方对应的功能键选择相应功能，功能菜单以大写字母显示。菜单共有三页：按下"more2"或"more1"滚动选择下一页的菜单。下面详细介绍除颤分析仪的使用方法。

（1）接通电源，开机之后 2s 显示，如图 5-25 所示。

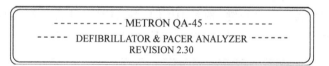

图 5-25　屏幕显示 1

（2）将 Mode 开关置 low 或 high 位置，显示主菜单如图 5-26 所示。

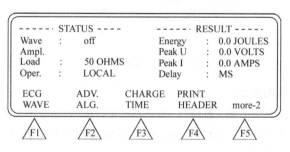

图 5-26　屏幕显示 2

（3）按功能键 F5，进入二级菜单，如图 5-27 所示。

（4）输出模拟 ECG 波形，在主菜单按 F1 功能键，选择"ECG WAVE"显示，如

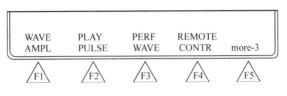

图 5 - 27　屏幕显示 3

图 5 - 28 所示。

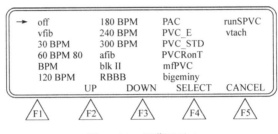

图 5 - 28　屏幕显示 4

按下"UP"(F2)或"DOWN"(F3)移动光标选择波形幅度。按下"SELET"(F4)后,所选定的波形幅度即显示在"STATUS"菜单中,按下"CANCEL",取消选择。

(5) 参考波形的选择。

在主菜单中按 F2 功能键,选择"PERF WAVE",进入二级菜单,再按"UP"(F2)或"DOWN"(F3)选择不同的测试波形,如图 5 - 29 所示。

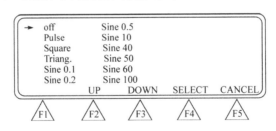

图 5 - 29　屏幕显示 5

(6) 充电时间的测试。

主菜单中按 F3 功能键,选择"CHARGE TIME",此时并未进入二级菜单,而是在主菜单的"RESULT"显示区"DELAY"一项改为"Chrg T:××.×S"。

(7) 选择波形幅度。

主菜单中按下 F1 功能键,选择 ECG 输出,在二级菜单中利用"UP"、"DOWN"选择所需要的 ECG 心率或各异常波类型,按下"SELECT"转回到主菜单,选定的 ECG 参数显示在"STATUS"状态栏下,要改变波幅,按下主菜单中的

"More2"进入下一页菜单压下功能键 F1,选择"WAVE AMPL",进入菜单中选择波幅,如图 5 - 30 所示。

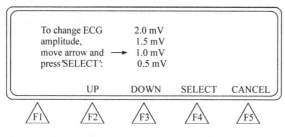

图 5 - 30　屏幕显示 6

按下"UP"(F2)或"DOWN"(F3)移动光标选择波形幅度。压下"SELECT"'后,所选定的波形幅度即显示在"STATUS"菜单中,按下"CANCEl"取消选择。

思 考 题

1. 简述除颤器的作用和基本原理。

2. 除颤器的分类原则是什么?

3. 除颤器"释放能量"的含义是什么? 操作时应注意哪些安全问题?

4. 除颤器主要检测哪些安全指标? 并简述除颤器的"连续漏电流和患者辅助漏电流"的检测方法。

第六章 心电图机的基本原理及其检测技术

6.1 概　　述

心电图机是从人体体表获取心肌激动电信号波形的诊断仪器,它是一种生物电位的放大器,其基本作用是把微弱的心电信号进行电压放大和功率放大,并进行处理、记录和显示。由于心电图机具有诊断技术成熟、可靠、操作简便、价格适中、对病人无损伤等优点,已成为各级医院中最普及的医用电子诊断仪器之一。

心脏是人体血液循环的动力装置。正是由于心脏自动不断地进行有节奏的收缩和舒张活动,才能使血液在封闭的循环系统中不停地流动,以维持生命。心脏在搏动前后,心肌发生激动。在激动过程中,会产生微弱的生物电流。这样,心脏的每一个心动周期均伴随着生物电变化,这种生物电的变化可以传到身体表面的各个部位。由于身体各部分组织不同,距心脏的距离也不同,心电信号在身体不同的部位所表现出的电位也不同。对正常心脏来说,这种生物电变化的方向、频率、强度是有规律的。若通过电极将体表不同部位的电信号检测出来,再用放大器加以放大,并用记录器描记下来,就可得到心电图波形。医生根据所记录的心电图波形的形态、波幅大小以及各波形之间的相对应时间关系,再与正常心电图相比较,就能诊断出心脏疾病,诸如心电节律不齐、心肌梗塞、期前收缩、高血压、心脏异位搏动等。

早在 19 世纪,人们就发现了肌肉收缩会产生生物电的现象,当时由于受技术水平的限制,无法定量地将其记录下来。1903 年,威廉·爱因霍文应用弦线电流计,第一次将体表心电记录在感光片上,1906 年,首次在临床上用于抢救心脏病人,成为世界上第一个从病人身上记录下来的信号,轰动了当时的医学界,从此人们将这台重约 300kg、需要五个人远距离共同操作的仪器称为心电图机。1924年,威廉·爱因霍文被授予力学及医学诺贝尔奖。

经过多年的发展,心电图机已经从手工操作的单道心电图机发展到现在的多道自动心电图机。由于心电图已应用于各个层次的医疗机构的临床和科研中,特别广泛用于临床中的各个疾病的诊断。心电图机的非创伤性和多功能化的特点,使心电不仅仅局限于心脏疾患的范围,而且可用于临床电解质监测和非心脏疾病的鉴别诊断等。随着人们生活节奏的加快和生活方式的改变,心血管疾病的发病率不断上升,心电图机也在今后相当长的时间内更显重要。

心电图机的记录方式由先进的高分辨率热点阵式输出系统代替了传统的热笔

式。热点阵记录头是利用先进的元件技术,在陶瓷基体上高密度集成了大量发热元件及控制电路所制成的一种高科技部件。由于心电图机频率响应的提高,记录的心电波形不再失真,解决了心电信号放大失真和描记受诸多外界因素影响等问题,从而提高了诊断准确率。

由于心电图机采用数字技术及通信接口,运用先进的高精度数字信号处理技术,心电图机可以作为一种信息系统的终端,进行原始心电信号的采集与处理,并与中心处理系统联网通信,使心电信号处理的速度及能力明显提高,同时可以充分利用所采集到的信息进行集中处理和管理,提高了工作效率。

本章主要介绍心电图机的分类、基本原理、检测标准、检测方法和检测仪器。

6.2 心电图机的基本原理

随着科学技术的不断发展,心电图机的功能不断增加,正朝着多通道、数字智能型和网络共享型方向发展。

1. 心电图机的分类

心电图机的种类很多,分类方式也各有不同,根据使用者的需求,可以从功能上进行分类:

(1) 单道手动心电图机:心电信号放大通道只有一路,各导联的心电波形要逐个描记,一次输出一个导联心电输出波形,手选任意导联输出心电波形,如日本光电 6511 型、中国上海 XDH-3B 型、日本福田 FX-101 型等。

(2) 单道自动心电图机(手动、自动均可):只要选择自动方式,机器就会按顺序依次输出 12 导联心电波形,但它不能反映同一时刻各导心电的变化,如日本光电 6151 型、北京福田 FX-2111 型、日本福田 FX-102 型、中国广东 ECG-11A 型等,如图 6-1 所示。

(3) 多道全自动心电图机:多导心电图机的放大通道有多路,同时可输出多个导联的心电波形,可反映某一时刻多个导联的心电信号同时变化的情况记录。如日本光电 ECG-6453 型。

(4) 具有自动分析诊断功能的智能型心电图机:如日本 ECG-8110K、日本福田 FCP-2201A/G/U,都具有单道、双道、三道三种记录方式;手动、自动均可操作;可储存和分析 10s 内心电信号。

(5) 具有自动分析诊断功能的智能型多功能心电图机:如国产 BK-400 型、BK-500 型心电多功能综合分析仪。这类仪器是将人体的心电、向量等电位信号通过电极输入给特制的采集卡式电路板,采集卡式电路板可直接插在微型计算机扩展槽中,形成综合数据采集分析系统。可作出心电图、向量图等,系统自动分析采集数据,并由打印机输出诊断结果。

图 6-1　图形描记心电图机

2. 心电图的典型波形

心电图是记录体表的心脏电位随时间而变化的曲线,它可以反映出心脏兴奋的产生、传导和恢复过程中的生物电位变化。在心电图记录纸上,横轴代表时间。当标准走纸速度为 25mm/s 时,每 1mm 代表 0.04s;纵轴代表波形幅度,当标准灵敏度为 10mm/mV 时,每 1mm 代表 0.1mV。

1) 心电图典型波形

如图 6-2 所示的心电图各波形的参数值,是在心电图机处于标准记录条件下,即走纸速度为 25mm/s、灵敏度为 10mm/mV 时记录所得出的值。

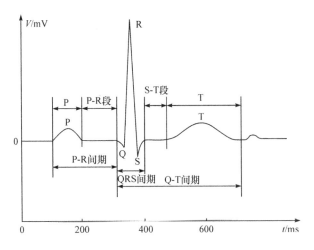

图 6-2　心电图典型波形

P 波:从心房的激动产生。右心房产生前一半波形,左心房产生后一半波形。正常 P 波的宽度不超过 0.11s,最高幅度不超过 2.5mm。

QRS 波群:显示左、右心室的电激动过程,称 QRS 波群的宽度为 QRS 时限,代表全部心室肌激动过程所需要的时间。正常人最高不超过0.10s。

T波:代表心室激动后复原时所产生的电位。在R波为主的心电图上,T波不应低于R波1/10。

U波:位于T波之后,可能是反映心肌激动后电位与时间的变化。人们对它的认识仍在探讨之中。

2) 正常人的心电图典型值

P波:0.2mV;Q波:0.1mV;R波:0.5～1.5mV;S波:0.2mV;T波:0.1～0.5mV;P-R间期:0.12～0.2s;QRS间期:0.06～0.1s;S-T段:0.12～0.16s;P-R段:0.04～0.8s。

3. 心电图导联

为了统一和便于比较所获得的心电图波形,临床上对描记的心电图的电极位置、引线和放大器的连接方式有严格的规定,这种电极组和连接到放大器的方式称为心电图导联或导联。

目前,临床上使用的是标准十二导联,分别是I、II、III、aVR、aVL、aVF、V_1～V_6。其中,I、II、III导联为双极导联,aVR、aVL、aVF为单极肢体加压导联,V_1～V_6为单极胸导联。双极导联是获取两个测试点的电位差时使用;单极导联是获取某一点相对于参考点的电位时使用。

1) 标准导联

I、II、III导联称为标准肢体导联,简称标准导联。

标准导联以两肢体间的电位差为所获取的体表心电信号。导联组合方式如图6-3所示。电极安放位置以及与放大器的连接为:

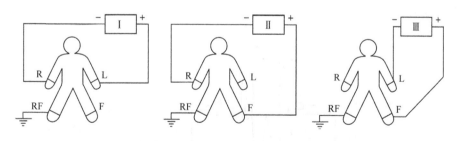

图6-3　标准导联I、II、III

I导联:左上肢(L)接放大器正输入端,右上肢(R)接放大器负输入端;

II导联:左下肢(F)接放大器正输入端,右上肢(R)接放大器负输入端;

III导联:左下肢(F)接放大器正输入端,左上肢(L)接放大器负输入端。

用标准导联时,右下肢(RF)始终接A_{cM}输出端,间接接地,其特点是能较真实地反映出心脏的大概情况,如后壁心肌梗塞、心律失常等症状。在II导联或III导联中,可记录到清晰的波形变化。但是,标准导联只能说明两肢体间的电位差,而不能记录到单个电极处的电位变化。

若以 VL、VR、VF、分别表示左上肢、右上肢、左下肢的电位值,则

$$V_{\mathrm{I}} = VL - VR$$
$$V_{\mathrm{II}} = VF - VR$$
$$V_{\mathrm{III}} = VF - VL$$

由此,每一瞬间都有

$$V_{\mathrm{II}} = V_{\mathrm{I}} + V_{\mathrm{III}}$$

当输入到放大器正输入端的电位比输入到负输入端的电位高时,得到的波形向上;反之,波形向下。

2) 单极导联

使参考电极在测量中始终保持为零电位,称为单极肢体导联,简称单极导联。

若要探测心脏某一局部区域电位变化,可将一个电极安放在靠近心脏的胸壁上(称为探查电极),另一个电极安放在远离心脏的肢体上(称为参考电极)。探查电极所在部位的变化即为心脏局部电位的变化。

威尔逊最早将单极性导联的方法引入到了心电检测技术。在实验中发现,当人的皮肤涂上导电膏后,右上肢、左上肢和左下肢之间的平均电阻分别为 1.5kΩ、2kΩ、2.5kΩ。如果将这三个肢体连成一点作为参考电极点,在心脏电活动过程中,这一点的电位并不正好为零。单极性导联法就是设置一个星形电阻网络,即在三个肢体电极(左手、右手、左脚)上各接入一个等值电阻(称为平衡电阻),使三个肢端与心脏间的电阻数值互相接近,三个电阻的另一端接在一起,获得一个接近零值的电极电位端,即为威尔逊中心点,如图 6-4 所示,威尔逊网络电路原理图如图 6-5 所示。

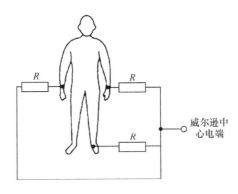

图 6-4　威尔逊中心点的电极连接图

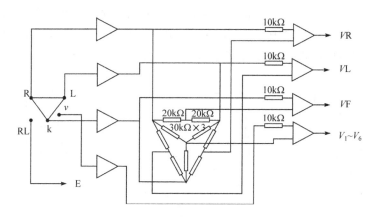

图 6-5　威尔逊网络电路原理图

这样,在每一个心动周期的每一瞬间,中心点的电位都为零。将放大器的负输入端接到中心点,正输入端分别接到胸部某些特定位置,这样获得的心电图就叫做单极胸导联心电图,如图 6-6 所示。单极性胸导联一般有 6 个,分别叫做 $V_1 \sim V_6$。如果放大器的负输入端接中心点,正输入端分别接左上肢 L(1)、右上肢 R(1)、左下肢 LL(或记为 F),便构成单极性肢体导联的三种方式,记为 VR、VL、VF。将放大器的负输入端接到中心电端,正输入端分别接到左上肢、右上肢、左下肢,便构成单极肢体导联的三种方式。这种导联获得的电位由于电阻的存在而减弱了,所以这种导联并不实用,必须加以改进。

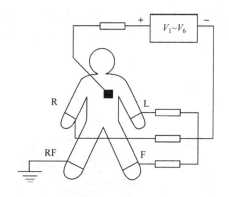

图 6-6　单极胸导联

3）加压导联

用上述方法获取的单极性胸导联心电信号是真实的,但所获取的单极性肢体导联的心电信号由于电阻 R 的存在而被减弱了。为了便于检测,对威尔逊电阻网络进行了改进,当记录某一肢体的单极导联心电波形时,将该肢体与中心点之间所接的平衡电阻断开,改进成增加电压幅度的导联形式,称为单极肢体加压导联,简称加压导联,分别记作 aVR、aVL、aVF。连接方式如图 6-7 所示。单极肢体加压导联记录出来的心电图波幅比单极肢体导联增大 50%,并不影响波形。

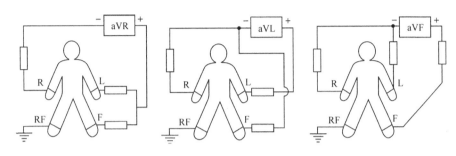

图 6-7　加压导联

4）胸导联

胸导联分单级胸导联和双级胸导联,除了标准十二导联之外,还有一种双极胸导联。双极胸导联心电图是测定人体胸部特定部位与三个肢体之间的心电电位差,即探查电极放置于胸部的六个特定点,参考电极分别接到三个肢体上,以 CR、CL、CF 表示。CR 为胸部与右手之间的心电电位差,CL 为胸部与左手之间的心电电位差,CF 为胸部与左脚之间的心电电位差,其组合原理由下式来表达:

$$CR = U_{cn} - UR;\qquad CL = U_{cn} - UL;\qquad CF = U_{cn} - UF$$

式中,U_{cn} 为胸部电极 $V_1 \sim V_6$ 的心电电位。

双极胸导联在临床诊断上应用较少,这种导联法的临床意义还有待于医务工作者探索和研究。临床上常用的是单极胸导联。胸部电极安放位置如图 6-8 所示。

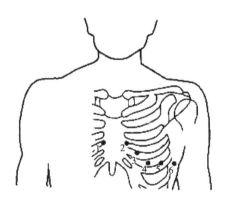

图 6-8　单级胸导联 $V_1 \sim V_6$ 电极位置

4. 心电图机基本原理

现代心电图机至少应包括以下八个部分:信号电极部分、隔离和保护电路、导联选择部分、定标电压部分、前置放大部分、功率放大部分、记录器部分和电源部分。心电图机的基本结构框图如图 6-9 所示。

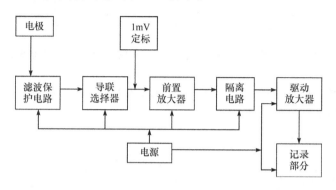

图 6-9 心电图机的基本结构框图

1) 电极部分

电极是用来摄取人体内各种生物电现象的金属导体,也称作导引电极。它的阻抗、极化特性、稳定性等对测量的精确度影响很大,作心电图时选用的电极一般用表皮电极。表皮电极的种类很多,有金属平板电极、吸附电极、圆盘电极、悬浮电极、软电极和干电极。按其材料又分为铜合金镀银电极、镍银合金电极、锌银铜合金电极、不锈钢电极和银-氯化银电极等。

(1) 金属平板电极。

金属平板电极是测量心电图时常用的一种肢体电极,它是一块镍银合金或铜质镀银制成的凹形金属板,这种电极虽然比较简单,但其抗腐蚀性能、抗干扰和抗噪声能力较差,在微电流通过时容易产生极化,而且存在电位不稳定、漂移严重和信号失真等缺点,现在已较少使用。用于四肢的肢电极形状呈长方形,长度 ab 为 4cm、宽度 cd 为 3cm,它的一边有管形插口,用来插入导联线插头,如图 6-10 所示。常用的肢体平板电极的形状如图 6-11 所示。平板部分长度为 3.2cm,宽度为 2.8cm,平板两边做成一边高、一边低的凹槽,其槽宽度正好为电极夹子的宽度,在高的一边的上端有一管形插口,用来插入导联线插头,由银粉和氯化银压制而成的。

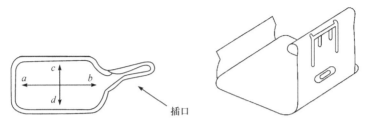

图 6 - 10　长方形铜质镀银电极　　　　图 6 - 11　肢体平板电极

　　肢体电极的固定方法,通常采用的是橡皮扣带、尼龙丝扣带和电极夹子三种,如图 6 - 12 所示。

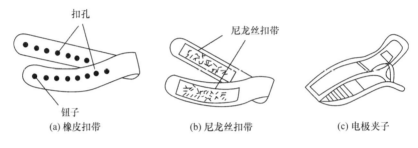

(a) 橡皮扣带　　　　　　　　(b) 尼龙丝扣带　　　　　　　　(c) 电极夹子

图 6 - 12　肢体电极

　　(2) 吸附电极。

　　吸附电极是用镀银金属或镍银合制而成,呈圆筒形,其背部有一个通气孔,与橡皮吸球相通,它是测量心电时作为胸部电极的一种常用电极,如图 6 - 13 所示。该电极不用扣带而靠吸力将电极吸附在皮肤上,易于从胸廓上一个部位换到另一部位。使用时挤压橡皮球,排出球内空气,将电极放在所需部位,然后放松橡皮球,由于球内减压,使电极吸附在皮肤上。这种电极由于只有圆筒底部的面积与皮肤接触(即接触面积小),对皮肤的压力很大(即刺激大),不适用于输入阻抗低的放大器和不宜作长时间监护之用。

　　(3) 圆盘电极。

　　圆盘电极多数采用银质材料,其背面有一根导线,如图 6 - 14 所示。有的电极为了减轻基线漂移及移位伪差在其凹面处镀上一层氯化银。必须注意,该电极在使用一段时间后必须重新镀上氯化银。

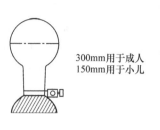

300mm用于成人
150mm用于小儿

图 6-13 吸附电极

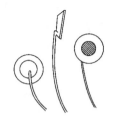

图 6-14 圆盘电极

（4）悬浮电极。

悬浮电极分为永久性和一次性使用两种。其中,永久性悬浮电极又称帽式电极,其结构是把镀氯化银或烧结的 Ag-AgCl 电极安装在凹槽内,它与皮肤表面有一空隙,如图 6-15 所示。使用时,应在凹槽内涂满导电膏,用中空的双面胶布把电极贴在皮肤上。由于导电膏的性质柔软,它粘附着皮肤,也紧贴着电极,当肌肉运动时,电极导电膏和皮肤接触处不易发生变化,有稳定的作用。一次性悬浮电极也可称纽扣式电极,其结构是将氯化银电极固定在泡沫垫上,底部也吸附着一个涂有导电膏的泡沫塑料圆盘。使用前,圆盘周围粘有一层保护纸,封装在金属箔制成的箱袋内,用时取出,并剥去保护纸,即可使用,如图 6-16(a)、(b)所示。由于泡沫塑料与人体皮肤贴附紧密,一般不会引起接触不良而产生干扰,但这种电极只能使用一次。

图 6-15 永久性悬浮电极

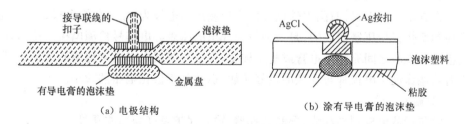

（a）电极结构 　　　　　　　　（b）涂有导电膏的泡沫垫

图 6-16 一次性悬浮电极

（5）软电极。

其作用是为了防止可能会改变原来的状态而引起意外的移位伪差。一种常见的软电极是贴在胶布上的银丝网电极,如图 6 - 17 所示。使用时,只需把银丝网涂上导电膏后贴在所需的人体部位即可。另一种软电极是在 $13\mu m$ 厚的聚酯薄膜 (Mylar)上镀一层 $1\mu m$ 厚的氯化银膜而制成的。整个电极的厚度仅为 $15\mu m$,质地十分柔软,如图 6 - 18 所示,它适用于检测、监护早产儿心脏变化功能。

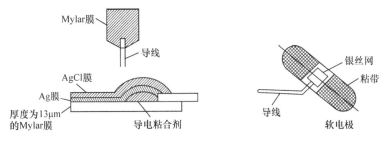

图 6 - 17　软电极　　　　　　　图 6 - 18　用于婴儿的软电极

（6）干电极。

干电极是利用固态技术,将放大器与电极组装在一起使用。使用时不必涂上导电膏,波形不失真,但必须与一个输入阻抗很高的前置放大器相匹配。除上述六种电极外,还有体内电极和胎儿电极等。

为了准确、方便地记录心电信号,要求心电电极(用传感器)必须具有以下功能:

① 响应时间快,易于达到平衡。

② 阻抗低,信号衰减小,制造电极材料的电阻率低。

③ 电位小而稳定,重现性好,漂移小,不易对生物电信号产生干扰,没有噪声和非线性。

④ 交换电流密度大,极化电压值小。

⑤ 机械性能良好,不易擦伤和磨损,使用寿命长,见光时不易分解老化。

⑥ 电极和电解液对人体无害。

根据以上要求,目前国内外供临床广泛使用的电极为银-氯化银电极。它是用银粉和氯化银粉压制而成的,是一种较为理想的体表心电信号检测电极。使用时,电极片和皮肤之间充满导电膏或盐水棉花,形成一薄层电解质来传递心电信号,从而有效地保证了电极片与皮肤的良好接触,也有利于极化电压的减小。

2）输入部分

它包括从电极到导联线、导联选择器、输入保护及高频滤波器等。

（1）导联线。

由它将电极上获得的心电信号送到放大器的输入端。四个肢体和胸部各一根导联线,根据需要采用三根或六根胸部导联线。由于电极获取的心电信号仅有几个毫伏,故导联线必须用屏蔽线。导联线的芯线和屏蔽线之间存在分布电容(约 100pF/m),为了减少电磁感应引起的干扰,屏蔽线可以直接接地,但会降低输入阻抗;若采用屏蔽驱动器,可兼顾接地和使输入阻抗不降低的要求。导联线应柔软耐折,各接插头的连接应牢靠。

电极部位、电极符号和相连的导联线的颜色,都有统一的规定,如表 6-1 所示。

表 6-1　电极部位、符号、导联线颜色的规定

电极部位	左臂	右臂	左腿	右腿	胸
符　号	LA 或 L	RA 或 R	LL 或 F	RL	CH 或 V
导联线颜色	黄	红	蓝	黑	白

(2)导联选择器。

其作用是将同时接触人体各部位的电极导联线按需要切换组合成某一种导联方式。导联选择器的结构形式,已从原来的圆形波段开关或琴键开关直接式导联选择电路,发展到目前的带有缓冲放大器及威尔逊网络的导联选择电路和自动导联选择电路。必须注意的是,每切换一次导联,都应按顺序进行,不能跳换。

(3)输入保护及高频滤波器。

输入保护电路采用电压限制器,分低、中、高压分别限制。选用 RC 低通滤波电路组成高频滤波器,滤波器的截止频率选为 10kHz 左右。滤去不需要的高频信号(如电器、电焊的火花发出的电磁波),以减少高频干扰而确保心电信号的通过。这是因为患者使用心电图机时,可能还会同时进行除颤治疗或施行高频电刀手术,输入保护及高频滤波器的作用既能保护病人安全,又能避免损坏心电图机。

3)放大部分

它的作用是将心电信号的频率 0.05～200Hz、幅度从 μV 级放大到可以观察和记录的水平。心电图机的放大部分包括:前置放大器、中间放大器和功率放大器。此外,还有 1mV 标准信号发生器。

(1)前置放大器。

它是心电放大的第一级,因输入的心电信号很微弱,对前置放大器的具体要求是:低噪声,噪声必须小于 $15\mu V$,高输入阻抗,高抗干扰能力,低零点漂移,宽的线性工作范围。故前置放大器必须采用具有高输入阻抗、低噪声和高共模抑制比的场效应管恒流源差分放大器,在差分对管的源极引入负反馈,可以改善线性工作范围。此外,在前置放大器之前,还应该加上缓冲隔离级,通常由具有高输入阻抗的射极输出器组成,这样可以进一步提高心电图机的输入阻抗和起到隔离的作用。其缓冲放大器如图 6-19 所示,前置放大器如图 6-20 所示。

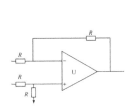

图 6 - 19　缓冲放大器

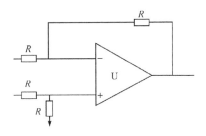

图 6 - 20　前置放大器

（2）1mV 标准信号发生器。

心电图机必须有 1mV 标准信号发生器，产生标准幅度为 1mV 的电压信号。其作用是衡量描记的心电图波形幅度的标准，即"定标电压"。一般在使用心电图机之前，都要对定标进行检查。通过微调，在前置放大器输入 1mV 定标信号时，使记录器上描记出幅度为 10mm 高的标准波形（即标准灵敏度）。这样，当有心电波形描记在记录器上时，即可对比测量出心电信号各波的幅度值。1mV 标准信号发生器有标准电池分压、机内稳压电源分压和自动 1mV 定标产生器等方式。1mV 标准信号发生器可以有两个电阻 R、电位器 R_p、稳压器 VD 和三极管 VT 组成，如图 6 - 21 所示。

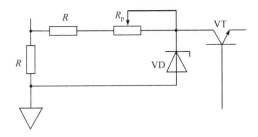

图 6 - 21　1mV 标准信号发生器示意图

（3）时间常数电路。

时间常数电路实际上是阻容耦合电路，常接在前置放大器与后一级的电压放大器之间。其作用是隔离前置放大器的直流电压和直流极化电压，耦合心电信号。RC 的正确选用可以保证心电信号不失真地耦合到下一级，其大小决定 RC 耦合放大器的低频响应。RC 乘积越大，放大器的低频响应越好，但 RC 的取值不能无限制加大。因为 R 值受输入阻抗限制，C 值太大不但体积大，漏电流增加还会引起漂移，RC 太大，使充放电时间延长。一般时间常数大于 1.5s，通常选为 3.2s。

（4）中间放大器。

在 RC 耦合电路之后，称为直流放大器。它不受极化电压的影响，增益可以较大,一般由多级直流电压放大器组成。它的作用是对心电信号进行电压放大,一般采用差分式放大电路。心电图机的一些辅助电路(如增益调节、闭锁电路、50Hz干扰和肌电干扰抑制电路等)都设置在这里。

(5) 功率放大器。

亦称为驱动放大器,它的作用是将中间放大器送来的心电信号电压进行功率放大,以便有足够的电流去推动记录器工作,把心电信号波形描记在记录纸上,获得所需的心电图波形。功率放大器采用对称互补级输出的单端推挽电路比较多。其电路图如图6-22所示。

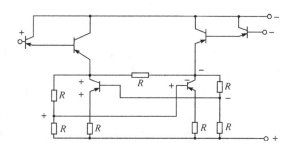

图6-22　功率放大器

4) 记录器部分

这部分包括记录器、热描记器(简称热笔)及热笔温控电路。记录器是将心电信号的电流变化转换为机械(记录笔)移动的装置。记录器上的转轴随心电信号的变化而产生偏移,固定在转轴上的记录笔也随之偏移,便可在记录纸上描记下心电信号各波的幅度值。当记录纸移动后,就能呈现出心电图。现在,常用的有动圈式记录器和位置反馈式记录器。

5) 走纸传动装置

带动记录纸并使它沿着一个方向做匀速运动的机构称为走纸传动装置,它包括电机与减速装置及齿轮传动机构。它的作用是使记录纸按规定要求随时间做匀速移动,记录笔随心电信号变化的幅度值,便被"拉"开描记出心电图。走纸速度规定为25mm/s和50mm/s两种。两种速度的转换,若采用直流电机,则通过改变它的工作电流来实现;如采用交流电机,则通过倒换齿轮转向来实现,误差应小于±5%。

6) 电源部分

电源采用220V/110V交流市电经整流、滤波及稳压构成的稳定直流电源供电,或用于电池、蓄电池等直流电源供电。也有采用交、直流两用方式供电的。为适应不同需要,电源部分还有充电及充电保护电路、蓄电池充放电保护电路、交流供电自动转换蓄电池供电电路及电池电压指示等。

综上所述，为了准确地获得心电信号，心电图机必须具有以下特性：高输入阻抗，一般要求大于 2MΩ，这样可以减小被测信号的失真；高增益和足够的动态范围，既可以测到微弱的信号，又可对较强的正常信号不失真地放大；增益的定量，机内应带有标准的 1mV 定标信号和增益校准。这样，医生可根据纪录的波幅大小作出诊断；足够的频带宽度，通常从 0.5～100Hz，既可以不丢失心电信号中的所有频谱，又对 50Hz 的工频干扰进行有力的抑制；具有高共模抑制比，以减少共模电压的干扰，一般要求共模抑制比大于 75dB；必须要有稳定精确的走纸速度。

6.3　心电图机的检测

心电图机按照医疗器械管理分类为Ⅱ类，按医用电气安全要求分类，可以设计成Ⅰ类、Ⅱ类或内部电源，其安全性直接关系到患者的生命安全，准确性会影响医生的诊断结果。心电图机的检测标准是 YY1139《单道和多道心电图机》、GB/T 14710《医用电气设备环境要求及试验方法》和 GB10793《医用电气设备第 2 部分：心电图机安全专用要求》。以下介绍心电图机的检测标准内容。

1. 名称术语

(1) 心电图(electrocardiogram，ECG)：心脏动作电位的可见记录。

(2) 心电图机(electrocardiograph，ecg)：提供可供诊断用的心电图的医用电气设备及其电极。

(3) 导联(lead(s))：用于某一心电图记录的电极连接。

(4) 电极(electrode)：固定于身体的规定部位，与一个或多个电极连接起来测定心脏动作电位的电极。

(5) 导联选择器(lead selector)：用于选择某种导联和定标的系统。

(6) 多道心电图机(multichannel electrocardiograph)：能同时记录若干心电图机导联的设备。

注：此设备也可以包含心音描记和脉搏记录装置。

(7) 中性电极(neutral electrode)：为差动放大器和/或抗干扰电路设的参考点，它不属于任何心电图机导联。

(8) 标准灵敏度(normal sensitivity)：灵敏度为 10mm/mV。

(9) 患者电缆(patient cable)：由多芯电缆及其一个或多个连接器组成，用于连接电极与心电图机。

(10) 灵敏度(sensitivity)：记录幅度与产生这一记录的信号幅度之比，用 mm/mV 表示。

(11) 单道心电图机(single channel electrocardiograph)：一次只能记录一个心

电图机导联状况的设备。

（12）定标电压（standardization voltage）：为校准幅度而记录下的电压值。

（13）定标（test）：能够在记录心电图相应位置记录定标电压或零电压的一种功能。

（14）外接输出（external output）：用于心电图信号的显示、放大或信号处理的输出端。

（15）输入电路（input circuit）：由患者电缆、保护网络、缓冲放大器、滤波器等组成的一个电路。

（16）输入阻抗（input impedance）：加入放大器输入端的一定频率信号测得的电压、电流比。

（17）耐极化电压（polarizing voltage）：加入放大器的一种直流电压，用于检验放大器输入动态范围的能力。

（18）共模抑制比（CMRR）：差分放大器抑制共模电压的能力。

（19）滞后（hysteresis）：同样输入电压所描记的波形从一边到另一边而无法到达同一位置的现象。

（20）过冲（overshoot）：记录波形超出规定的偏转量。

2. 心电图机检测要求

1）工作正常条件

环境温度：5～40℃，采用计算机技术为 5～35℃；

相对湿度：≤80%；

大气压强：860～1060hPa；

使用电源：交流：(220±22)V、(50±1)Hz；

　　　　　直流：在直流供电条件下，能使心电图机连续正常工作 0.5h 以上。

2）试验条件

（1）测试设备及元器件要求（除非另有专用测试设备及要求），必须有如下精度：

电阻器：±5%；电容器：±5%；试验电压：±1%；

试验频率：±5%；放大镜放大倍数：×3。

（2）性能试验的一般条件：

① 一般情况下，心电图机灵敏度置 10mm/mV，当有信号输入时，但无特殊规定时导联选择器置于"I"，输入信号必须由患者电缆输入；

② 每次试验前将基线置于中心位置，在试验中途不应随意改变；

③ 心电图机预热后，以 25mm/s 的走纸速度测定试验值。

3) 外接输出

(1) 灵敏度：1V/mV 误差范围±5％或 0.5V/mV 误差范围±5％。

(2) 外接输出阻抗：≤100Ω。

(3) 输出短路时必须不损坏心电图机。

4) 外接直流信号输入

(1) 灵敏度：10mm/V 误差范围±5％。

(2) 输入阻抗：≥100Ω。

3. 心电图机主要性能的检测项目和检测方法

1) 最大描记偏转幅度试验

输入 5mV 正弦波时描记达到饱和削顶（如达不到可适当增加输入信号强度），检验其描记峰峰值是否符合最大描记偏转幅度单道：≥40mm；多道：每道≥25mm（包括波形交越部分）的规定。

2) 外接输出试验

(1) 灵敏度：示波器与心电图机输出插口相连，在标准灵敏度时，1mV 定标电压的输出值为 U_0，检验其是否符合 1V/mV 误差范围±5％或 0.5V/mV 误差范围±5％的规定。

(2) 输出阻抗：在"灵敏度"试验方法的基础上，用 900Ω（510Ω 与 390Ω 串接组成）电阻并联于示波器输入端，此时示波器上指示的 1mV 外定标的输出值为 U_L，按下式计算出输出阻抗 Z_{out}。检验其是否符合外接输出阻抗：≤100Ω 的规定；输出阻抗 Z_{out}，按下式计算：

$$Z_{out} = 900 \frac{U_0 - U_L}{U_L}(\Omega) \tag{6.1}$$

(3) 输出装置：必须在标准灵敏度下，将输出短路至少 1min，在断开短路线后，检验心电图机是否符合输出短路时必须不损坏心电图机的规定。

3) 外接直流信号输入试验

(1) 灵敏度：外接输入插口输入 1V 直流信号，记录器描记偏转幅度为 H_0。检验其是否符合"灵敏度：10mm/V 误差范围±5％"的规定。

(2) 输入阻抗：在(1)条"灵敏度"试验方法的基础上，将 100kΩ 电阻串接在外接信号与输入插口的信号输入端之间，记录描记幅度为 H，按输入阻抗计算式(6.2)计算出输入阻抗 Z_{in}，检验其是否符合输入阻抗≥100kΩ 的规定。

$$Z_{in} = 100 \frac{H}{H_0 - H}(k\Omega) \tag{6.2}$$

4) 输入电路中的输入阻抗试验

(1) 要求：输入电路按图 6-23 试验电路测试输入电阻，各导联电极串入

620kΩ 电阻与 4700pF 电容并联阻抗,衰减后的信号必须不小于表 6-2 的规定。

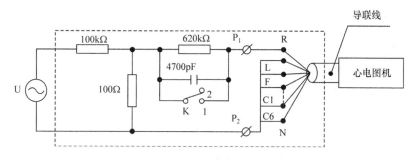

图 6-23 输入阻抗试验电路

表 6-2 阻抗

导联选择器位置	导联电极		K 开路时描记偏转峰峰值/mm	
	连接到 P_1	连接到 P_2	单道心电图机	多道心电图机
I,II,aVR	R	所有其他导联电极	8	8
aVR,aVF	R	所有其他导联电极	8	8
V_1	R	所有其他导联电极	8	8
I,III,aVL	L	所有其他导联电极	8	8
aVR,aVF	L	所有其他导联电极	8	8
V_2	L	所有其他导联电极	8	8
II,III,aVF	F	所有其他导联电极	8	8
aVR,aVL	F	所有其他导联电极	8	8
V_3	F	所有其他导联电极	8	8
$V_i(i=1\sim6)$	C_i	所有其他导联电极	8	8
V_X,V_Y,V_Z	A,C,F,M	I,E,H	—	8

达到表 6-2 规定后,单道心电图机中,10Hz 时单端输入阻抗近似为 2.5MΩ,单个均衡网络阻抗不小于 600kΩ。

(2)输入电路中输入阻抗试验测量方法。

① 按图 6-23 试验电路,开关 K 置"1",心电图机置标准灵敏度。

② 由信号源输入 10Hz 正弦信号,使描记获得一个峰-峰偏转幅度 H_1 为 10mm,当开关置"2"时,按表 6-2 导联选择位置和导联电极连接规定,检验描记偏转峰峰值是否不小于表 6-2 规定值,取其中最小值 H_2。

③ 输入阻抗 Z_{in} 按下式计算:

$$Z_{in} = 0.62 \frac{H_2}{H_1 - H_2} (\text{M}\Omega) \tag{6.3}$$

④ 信号源频率改为 40Hz，重复上述试验，检验其是否符合同样要求。

5）输入回路电流试验

（1）要求：输入回路电流，各输入回路电流应不大于 0.1μA。

（2）输入回路电流试验测量方法：

① 灵敏度置 10mm/mV，定标幅度 H_0。

② 按图 6-24 试验电路，各导联与公共接点之间，分别接入一个 10kΩ 电阻（即分别断开一只开关），检查通过各导联电极的直流电流引起的描记偏转，取最大值为 H，按式（6.4）计算出输入回路电流 I_{in}，检验其是否符合"输入回路电流要求"的规定。

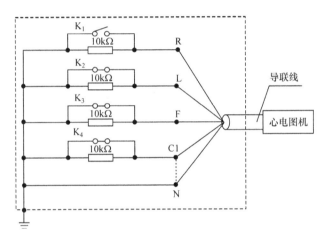

图 6-24　输入回路电流试验电路

导联选择器位置：K_1 或 K_2 断开时，导联选择器置"I"；

$\qquad\qquad\qquad$ K_3 断开时，导联选择器置"II"；

$\qquad\qquad\qquad$ K_4 断开时，导联选择器置"V"。

输入回路电流 I_{in}，按下式计算：

$$I_{in} = 0.1 \frac{H}{H_0} (\mu\text{A}) \tag{6.4}$$

6）定标电压试验

（1）要求：定标电压：1mV 误差范围 ±5%。

（2）定标电压试验方法：

① 标准电压发生器（或另有专用测试设备）输入 1mV 定标电压记录幅度为 H_0，与机内定标电压记录幅度为 H_v 相比较，检验其误差 δv 是否符合"定标电压的

要求"的规定。

② 定标电压的相对误差 δv 按下式计算：

$$\delta v = \frac{H_v - H_0}{H_0} \times 100\% \tag{6.5}$$

多道心电图机的定标信号，必须在所有道中出现。

7）灵敏度试验

（1）要求：

① 灵敏度控制至少提供 5、10、20mm/mV 三挡，转换误差范围为 ±5%；

② 耐极化电压：加 ±300mV 的直流极化电压，灵敏度变化范围 ±5%；

③ 最小检测信号：对 10Hz、20μV（峰峰值）偏转的正弦信号能检测。

（2）试验方法：

① 灵敏度转换：灵敏度置 10mm/mV，定标幅度为 H_0；将灵敏度选择器分别置 ×0.5 和 ×2 挡，其定标电压幅度为 H_k，检验其误差 δk 是否符合"灵敏度控制"的规定；灵敏度转换的相对误差 δk 按下式计算：

$$\delta k = \frac{H_k - KH_0}{KH_0} \times 100\% \tag{6.6}$$

式中，k 为灵敏度转换系数（0.5，2）。

② 耐极化电压试验：灵敏度置 10mm/mV，将 ±300mV 直流电压（输出阻抗为 100Ω）接入心电图机输入端，如图 6-25 所示（或另有专用测试设备），记录其外定标电压的幅度取偏离 H_0 较大者为 H_e，计算其相对误差 δe，检验其是否符合"耐极化电压"的规定。

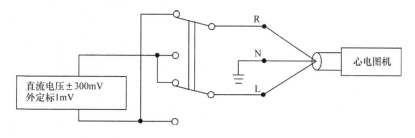

图 6-25　耐极化电压试验电路

③ 耐极化电压相对误差 δe 按下式计算：

$$\delta e = \frac{H_e - H_0}{H_0} \times 100\% \tag{6.7}$$

④ 最小信号试验：由信号源输入 10Hz 正弦信号，调节输入信号电压，使描记偏转峰峰幅度为 20mm；然后将输入信号衰减 40dB，记录纸上应能见到可以分辨的波形。

8）噪声电平试验方法

（1）要求。

输入端与中性电极之间接入 $51\text{k}\Omega$ 电阻与 $0.047\mu\text{F}$ 电容并联阻抗,在频率特性规定的频率范围内,折合到输入端的噪声电平不大于 $15\mu\text{V}$（峰峰值）。

（2）方法。

① 噪声电平试验:按图 6-26 试验电路,开关 K_{10}、K_{12} 置"2"位置,$\text{K}_1 \sim \text{K}_9$ 全部置"断"的位置。

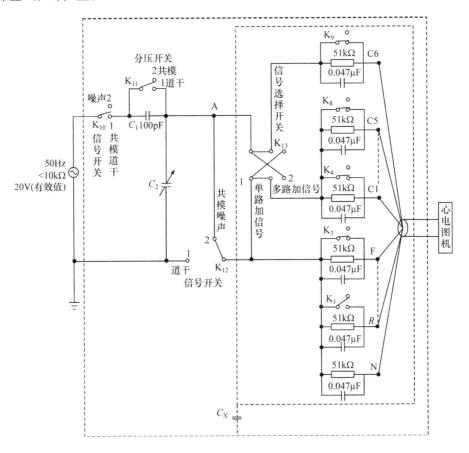

图 6-26　共模抑制、道间干扰、噪声试验电路

② 心电图机灵敏度置 20mm/mV 为 S_n,取各导联的噪声幅度最大者为 H_n,按式（6.8）计算其噪声电平 U_n,检验其是否符合"噪声电平"的规定。

③ 噪声电平 U_n 按下式计算：

$$U_n = \frac{H_n}{S_n}(\text{mV}) \tag{6.8}$$

注：试验时，不得接通干扰抑制装置。

④ 在进行试验时，一定要使用制造厂提供心电图机配套的患者电缆或等效物。

9）抗干扰能试验方法

（1）要求。

① 心电图机导联的共模抑制比应大于 60dB。

② 心电图对呈现在病人身上 10V 共模信号的抑制，按图 6 - 26 试验电路模拟测试，各导联分别接入模拟电极-皮肤不平衡阻抗（51kΩ 与 0.047μF 电容并联）情况下，记录振幅必须不超过 10mm。

（2）方法。

① 抗干扰能力试验：心电图机各导联的共模抑制试验步骤如下：

a. 导联选择器置"1" 导联，使描记峰峰偏转为 10mm。由于信号源用差模输入频率为 50Hz、1mV（峰峰值）的正弦信号，记录幅度 H_0 为 10mm。

b. 将信号改为共模输入，并将信号增加为 60dB，测量描记的记录幅度为 H，按下式计算其共模抑制比 CMRR，检验其是否符合"心电图机导联的共模抑制比应大于 60dB"的规定。

c. 共模抑制比 CMRR 按下式计算：

$$CMRR = 20 \lg 10^3 \frac{H_0}{H}(dB) \tag{6.9}$$

d. 各导联均需重复上述步骤，其共模抑制比均匀应达到 60dB。

② 心电图机对 10V 干扰信号的抑制试验：

a. 按图 6 - 26 试验电路连接，把 50Hz、20V（有效值）正弦信号加到试验电路上。

b. 开关 K_{10} 置"1"，K_{11}、K_{12} 置"2"，心电图机不连接到测试电路上时，调节可变电容器 C_2（$C_2 + Cx = 100pF$），使共模点"A"的电压为 10V（有效值）。

c. 接上心电图机，在标准灵敏度时测试各导联，并分别接入模拟-皮肤不平衡阻抗时（即开关 $K_1 \sim K_9$ 每次断开一个），检验描记的偏转幅度，是否符合"心电图机导联的共模抑制比应大于 60dB"的规定。

10）50Hz 干扰抑制滤波器试验

（1）要求：50Hz 干扰抑制滤波器：≥20dB。

（2）50Hz 干扰抑制滤波器试验。

心电图机输入（50±0.5）Hz、1mV 正弦信号，使描记偏转 10mm，接通干扰抑制装置，要求描记偏转幅度不大于 1mm。信号频率改为 30Hz，要求描记偏转幅度不小于 7mm。

11) 频率特性

(1) 频率特性要求。

① 幅度频率特性:以 10Hz 为基准,1~75Hz$^{+0.4dB}_{-3.0dB}$。

② 过冲:在±20mm 范围内,描笔振幅的过冲不大于 10%(热线阵打印不适用)。

③ 低频特性:时间常数应不小于 3.2s。

(2) 方法。

① 幅度频率特性试验。

由信号源输入 10Hz、1mV 正弦信号,调节心电图机灵敏度,使描记振幅为 10mm。然后保持电压恒定,将频率改为 1、20、30、40、50、60、75Hz,测量其结果是否符合"幅度频率特性:以 10Hz 为基准,1~75Hz$^{+0.4dB}_{-3.0dB}$"的规定。

② 过冲试验(热线阵打印不适用)。

在 10mm/mV 的条件下,心电图机输入任意极性,上升时间不超过 1ms、1mV 的阶跃信号,要求在±20mm 范围内,描记的波形其过冲必须是非周期性的,过冲量幅度必须不超过 1mm,检验其是否符合"过冲:在±20mm 范围内,描笔振幅的过冲不大于 10%"的规定。

③ 低频特性试验:

在 10mm/mV 条件下,按下和复原 1mV 外定标开关,分别测量描记振幅值达到 3.7mm 时,对应的时间 T 应不小于 3.2s,如图 6-27 所示。

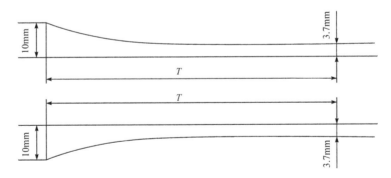

图 6-27　时间常数试验示意图

12) 基线稳定性

(1) 基线稳定性要求。

① 电源电压稳定时:基线的漂移不大于 1mm。

② 电源电压瞬态波动时:基线的漂移不大于 1mm。

③ 操作开关自"封闭"到"记录"时:基线的漂移不大于 1mm(热线阵打印不适用)。

④ 灵敏度变化时(无信号输入),其位移不超过 2mm。

⑤ 温度漂移:在 5～40℃(采用计算机技术为 5～35℃)温度范围内,基线漂移平均不超过 0.5mm/℃。

(2) 基线稳定性试验。

① 电源电压稳定时的基线漂移:电源电压稳定在(220±11)V,心电图机的二输入端对地各接 51kΩ 电阻和 0.047μF 电容并联的阻抗,导联选择器置"1",测定走纸 1s 后的 10s 时间内基线漂移情况,检验基线漂移的最大值是否符合"电源电压稳定时:基线的漂移不大于 1mm"的规定。

② 电源电压瞬态波动时的基线漂移:接通记录开关走纸,在 2s 内使电压自 198～242V 反复突变五次,测定基线漂移的最大值,检验其是否符合"电源电压稳定时:基线的漂移不大于 1mm"的规定。改变电源电压的方法如图 6-28 所示(除非另有专用测试设备)。

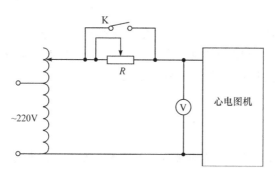

图 6-28　电源电压变化试验示意图

当开关 K 打开时,电阻 R 接入电压表,读数应为 198V。

当开关 K 闭合时,电阻 R 短路,电压表读数应为 242V。

③ 操作开关转换时的基线漂移(热线阵打印不适用):操作开关自"封闭"到"观察","观察"到"记录"连续转换五次,测定基线自"封闭"到"记录"的最大漂移值,检验其是否符合"操作开关自'封闭'到'记录'时:基线的漂移不大于 1mm"的规定。

④ 对有延时电路的封闭开关,电路的延时不得大于 1s,并要在延时电路工作完成后再测定。

⑤ 灵敏度变化时对基线的影响:接通记录开关走纸,灵敏度从最小变化到最大时,检验基线位移是否符合"灵敏度变化时(无信号输入)其位移不超过 2mm"的规定。

⑥ 温度漂移试验:基线置于中心位置,当环境温度升高到＋40℃(采用计算机技术为＋35℃)或降低至＋5℃后,保持 1h,然后测量基线偏移中心位置的平均值。

检验其是否符合"温度漂移"的有关规定。

13）走纸速度

（1）要求：走纸速度至少具有 25mm/s 和 50mm/s 两挡，误差范围±5％。

（2）纸速度试验方法。

① 记录速度置 25mm/s，输入频率为 25Hz，误差为±1％，电压为 0.5mV（峰峰值）的三角波形信号，走纸 1s 后，用钢皮尺测量五组连续的序列（每组为 10 个周期），每个序列在记录纸上所占的距离应为（10±0.5）mm，50 个周期在记录纸上所占距离为 L（mm）。

② 50 个周期在记录纸上所占的距离的误差是否符合"走纸速度至少具有 25mm/s 和 50mm/s 两挡，误差范围±5％"的规定。

③ 记录速度置 50mm/s，将信号频率改为 50Hz（±1％），重复上述试验，检验其是否符合"走纸速度至少具有 25mm/s 和 50mm/s 两挡，误差范围±5％"的规定。

④ 每一走纸速度至少记录 6s，每次记录到的第 1s 前数据不能做测量依据。计算两种走纸速度的相对误差 δv，检验其是否符合"走纸速度"的规定。

⑤ 走纸速度的相对误差 δv 分别按下式计算：

$$\delta v = \frac{L - 50}{50} \times 100\% \tag{6.10}$$

14）滞后试验

（1）要求：滞后：记录系统的滞后必须不大于 0.5mm（热线阵打印不适用）。

（2）试验方法。

将频率为 1Hz 的方波，通过 50ms 的微分电路（R 为 51kΩ，C 为 1μF）输入到心电图机，在标准灵敏度下，使描笔离记录纸中心±15mm 内偏转，检验彼此两个方向偏转连接的基线间距离是否符合"滞后"的规定，如图 6-29 所示。

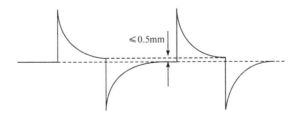

图 6-29　基线间距离示意图

15）道间干扰试验

（1）要求：多道心电图机的道间影响：在多道心电图机任何道上，由于道间影响而产生的描记偏转必须不大于 0.5mm。

（2）试验方法。

① 按图 6-26 试验电路（除非另有专用测试设备）心电图置 10mm/mV 标准灵敏度，导联选择开关置 V。

② 开关 K_{10}～K_{13} 全部置"1"，胸导联中任意一道加 40Hz、3mV（峰峰值）正弦信号，所有其他道接入 51kΩ 电阻与 0.047μF 电容并联阻抗，检验不加信号的各道描记偏转峰峰值是否符合"多道心电图机的道间影响"的规定。

③ 将开关 K_{13} 置"2"，胸导联中任意一道短接，所有其他道加 1Hz、4mV（峰峰值）正弦信号，检验短接道的描记在 ±20mm 范围内偏转峰峰值是否符合"多道心电图机的道间影响"的规定。

16）热阵打印要求

（1）要求。

① 打印分辨率（热线阵打印）Y 轴≥8 点/mm；X 轴≥16 点/mm（走纸速度 25mm/s）、≥8 点/mm（走纸速度 50mm/s）。

② 热线阵打印，应能进行文字或符号打印：在记录时应能打印导联、走速、增益、交流抑制工作状态。

（2）试验方法。

① 打印分辨率（热线阵打印）试验。

a. Y 轴：输入 3s 周期三角波，调节描记峰峰值为 5mm，在 Y 轴方向上每毫米应有八个阶梯；

b. X 轴：输入 10Hz 正弦波，调节描记峰峰值为 20mm，走速分别为 25mm/s 和 50mm/s，描记的波形应无明显阶梯存在。

② 热线阵打印试验。

在记录时分别转换导联、走速、增益、交流抑制开关键，记录纸上应能分别打印相应的文字或符号。

4. 心电图机的安全检测要求

心电图机电安全性能必须保证患者和医务人员的安全，外壳漏电流、患者漏电流、患者辅助漏电流、接地漏电流和保护接地导线的阻抗必须符合 GB9706.1 的要求，在第一章已作介绍，以下着重介绍"对电击危险的防护"内容。

心电图机使用说明书要求除一般说明书必须的内容以外，还必须给出下列内容：

（1）可靠工作所必需的程序，对于 B 型心电图机，应提醒注意由于电气安装不合适而造成的危险。

（2）设备可以与之可靠连接的电气安装类型，包括与电位均衡导线的连接。

（3）BF 型和 CF 型心电图机的电极及其连接器（包括中性电极）的导体部件，

不应接触其他导体部件,包括不与大地接触。

（4）为确保对心脏除颤器放电和高频灼伤的防护而需要使用的患者电缆的规格。

（5）如果与高频手术设备一起使用的心电图机具有防止灼伤的保护装置,必须提醒操作者注意。如果没有这种保护装置,必须给出心电图机电极放置位置的意见,以减少因高频手术设备中性电极连接不良而造成灼伤的危险。

（6）电极的选择和应用。

（7）心电图机可否直接应用于心脏。

（8）多台设备互连时引起漏电流累积而可能造成的危险。

（9）由于心脏起搏器或其他电刺激器工作而造成的危险。

（10）定期校验心电图机和患者电缆的说明。

（11）对患者使用除颤器时应采取的预防措施。

（12）心电图机非正常工作的指示装置。

5. 心电图机的安全性能检测方法

1）对心脏除颤器放电效应的防护

电极与下列（1）～（4）部分间的绝缘结构必须设计成:在除颤器向连接电极的患者放电时,下列部分不出现危险的电能:

（1）设备机身;

（2）信号输入部分;

（3）信号输出部分;

（4）置于设备（Ⅰ类、Ⅱ类设备或带内部电源的设备）之下的与设备底面积至少相等的金属箔。

如图 6-30 所示,在切换操作 S_1 后,Y_1 和 Y_2 之间的峰值电压不超过 1V 时,即符合上述要求。设备不能通电。

Ⅰ类设备与保护接地连接后进行试验。

不使用电源也能工作的Ⅰ类设备,例如,具有内部电池供电的Ⅰ类设备,还必须在不接保护接地时进行试验,必须去除所有功能接地。

改变 V_1 极性,重复试验。

2）对除颤效应的防护和除颤后的复原

（1）所有心电图机均必须具备对除颤效应防护的功能。

① 必须有一装置,以便在电容器放电后 5s 内在标准灵敏度挡读出试验信号,如图 6-31 所示。这种装置可以是手动或自动的。可通过检查和下述试验来检验是否符合要求,试验时条件可如表 6-3 所示。

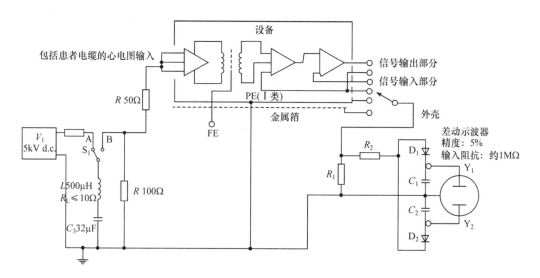

图 6-30　对来自各不同部件的电能进行限制的动态试验

R_1：1kΩ(±2%)，不小于 2kV；R_2：100kΩ(±2%)，不小于 2kV；C_1：1μF(±5%)；C_2：1μF(±5%)

表 6-3　试验条件：对除颤效应的防护

	P1	P2	导联选择器的适当位置
五芯电极电缆	L	R、N、F、C	I
	R	L、N、F、C	II
	F	L、R、N、C	III
	C	L、R、F	V
	N	L、R、F、C	定标(如果具有)
十芯电极电缆	L	所有其他的[1]	I
	R	所有其他的[1]	II
	F	所有其他的[1]	III
	C_1、C_2、C_3	所有其他的[1]	V_1、V_2、V_3
	C_4、C_5、C_6	所有其他的[1]	V_4、V_5、V_6
	N	L、R、F、C、C_1、C_2	定标(如果具有)
		C_3、C_4、C_5、C_6	
向量导联电缆	E、C	所有其他的[1]	V_x、V_z
	M、H	所有其他的[1]	V_y、V_z
	F	所有其他的[1]	V_y
	I	所有其他的[1]	V_x
	A	所有其他的[1]	V_x
	N	所有其他的[1]	V_y、V_z、V_x

① 所有其他电极，包括中性电极。

② 将电极依次与 P_1 和 P_2 相连，把工作正常的心电图机按图 6-31 所示接线。

③ 电容器充电至电源电压，S_2 闭合，将 S_1 至于 B 位，并保持 200ms(±50%)，

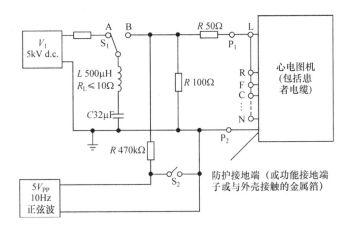

图 6 - 31　对除颤效应的防护试验

然后与 B 位断开。

注：为消除心电图机上的残余电压并使心电图机恢复至初始状态，需将电容器断开。

④ 待 S_1 回复到 A 位后立即开启 S_2，必须能在 S_1 回复到 A 位后的 5s 内记录到不小于 80％正常幅度的试验信号。

⑤ 改变电源电压极性后重复上述试验。

（2）若是 I 类心电图机，试验电压必须加在包括中性电极在内的所有连接在一起的电极和保护接地端子之间。

① 对于没有网电源供电也能工作的 I 类设备，如由内部电源供电的 I 类设备，还必须在不接保护接地时进行试验。所有功能接地必须去除。

② 对于 II 类和带内部电源的心电图机，试验电压必须加在包括中性电极在内的所有连接在一起的电极和功能接地端子和（或）与机壳紧密接触的金属箔之间。

③ 对于带内部电源、且该内部电源可用网电源再充电的心电图机，如果接上网电源能够工作，则必须在接上和断开网电源的情况下对该心电图机进行试验。是否符合要求，可通过下述试验进行验证：

a. 将心电图机调节至标准灵敏度并按图 6 - 32 连接。S_2 闭合，电容器充电至电源电压，将 S_1 置 B 位并保持 200ms（±50％），然后与 B 位断开。

b. 改变源电压极性后重复上述试验。

对除颤效应的防护和除颤后的复原试验后，心电图机必须符合心电图机安全标准的所有要求。

3）除颤后心电图机电极极化的恢复时间

（1）要求。

当心电图机使用制造厂规定的电极（包括中性电极）工作时，在除颤器放电后，

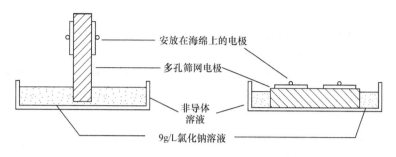

图 6-32　ECG 电极在海绵上的位置

必须在 10s 内显示心电图并予以保持。完成这一功能的装置可以是手动的,也可以是自动的。

（2）试验方法。

① 用患者电缆将一对电极与心电图机连接。

② 如图 6-32 所示,将电极置于吸足标准生理盐水的海绵体的两侧或同一侧。用充满标准生理盐水的容器维持海绵体的饱和度。电极可用绝缘夹子定位,电极间绝对避免直接接触（标准生理盐水为 9g/L 氯化钠溶液）。

③ 将心电图机调置标准灵敏度和最大通带,按图 6-33 所示将心电图机接入试验电路,导联选择器置于能显示试验信号的位置。

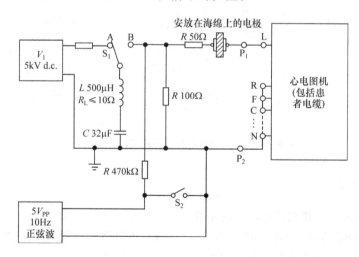

图 6-33　对心脏除颤器放电作用后恢复时间的试验

开启 S_2,调节信号发生器以获得峰谷值为 10mm 的显示信号。

闭和 S_2,将 S_1 置 B 位并保持 200ms（±50%）,然后与 B 位断开。在 10s 内,按照使用说明书启动为此配置的各手动装置,10s 后必须能随即显示试验信号并予以保持,其幅度不得小于5mm。

④ 改变试验电压极性,重复上述试验。

4) 心电图机非正常工作的指示

(1) 要求:心电图机必须能指示出心电图机因过载或放大器任何部分饱和而非正常工作的状态。

(2) 试验方法。

① 可在标准灵敏度下对电极施加一个叠加在-5~+5V直流电压上的10Hz、1mV信号来进行验证。

② 直流电压必须从0开始,从0~5V逐级递增,并用心电图机的恢复装置恢复迹线,在10Hz信号幅度减小到5mm之前,指示装置必须完全工作。

6.4 心电图机的检测仪器

ECG-1B心脑电图机检定仪是对心脑电图机进行检测的专用仪器,它能输出8.0μV~30.0V方波和正弦波信号以及检测心电监护仪所需的标准心律信号,如图6-34所示。

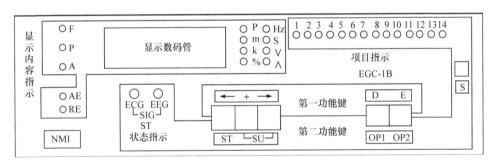

图6-34 ECG-1B心脑电图机检定仪面板图

1. 技术指标

(1) 方波和正弦波信号的不确定度。

幅度范围(峰峰值):8.0μV~30.0V(心脑电图机检定使用范围)。

幅度最大允许误差(峰峰值):80.0μV~30.0V(±0.5%);

8.00~50.0μV(±10%);

50.0~80.0μV(±1%)。

正弦信号:频率范围:20mHz~1000Hz;失真度:500Hz以下<1%。

三角波:周期范围:2ms~50s。

（2）标准心率信号。

心率范围：10.0～500 次/min；

幅度范围：4.0μV～15.0V（峰峰值）。

（3）极化电压。

直流：±300mV（最大允许误差±5%）。

（4）微分信号。

频率：1Hz（最大允许误差±0.1%）。

2. 显示、键盘及开关说明

1）显示部分

（1）显示数码管：用来显示检定仪输出信号的标称值、误差等。

（2）显示内容指示灯：它指出显示数码所显示的内容，各指示灯表示的意义如下：

D 部分：F-频率；P-周期；A-幅度；

E 部分：AE-绝对误差；RE-相对误差；两灯均不亮-标称值。

其中，D 部分 D 键控制，E 部分 E 键控制。例如，"F"指示灯亮，表明数码管显示的内容是频率标称值。若"F"及"AE"指示灯同时亮，表明显示内容是频率绝对误差。

（3）检定仪状态指示灯：指示检定仪的四种工作状态。"ECG"指示灯亮，为检定心电图机状态。"EEG"指示灯亮，为检定脑电图机状态。若两灯同时灭，检定仪处于心电监护仪检定状态。两灯同时亮，则为信号源状态。显示内容指示灯由 S+ST 键控制。

（4）检定仪检定项目指示灯：用来指示检定项目，由 S+ST 键控制。例如，检定仪状态指示灯"ECG"亮的同时，检定项目指示灯"2"亮，表示检定仪处于心电图机的"电压测量"项检定。

2）键盘部分

（1）第一功能键： ← ：显示器光标（数码管下面的发光管）左环移位。按一下该键，光标左移一位 + 显示器光标所在位数值增 1 键。 − ：显示器光标所在位数值减 1 键。 D ：显示内容选择键。该键可改变显示数码管的显示内容。例如，检定仪输出正弦信号时，按该键可使显示数码管在显示频率与幅度间来回转换（显示内容指示灯也随之在"F"与"A"间转换）；检定仪输出方波时，按该键可使显示器显示周期或幅度。但在有些情况下（如直流），显示器只允许显示幅度，此时按该键则不起作用。 E ：误差显示选择键。该键可使显示器在显示标称值、绝对误差与相对误差间来回转换(随各检定项目的不同要求,不检误差的参数按此键不起作用,以避免出错)。

(2) 第二功能键:操作时先按$\boxed{S}$键(在保持$\boxed{S}$键接通的情况下),再按相应键。以下简称$\boxed{S+相应键}$。

$\boxed{S+ST}$:状态选择键,用以改变检定工作状态。

$\boxed{S+SU}$:项目选择键。按$\boxed{S+SU}$左键(该键第一功能为$\boxed{+}$键),将使检定项目指示灯指示项目编号增 1(右移);按$\boxed{S+SU}$右键(该键第一功能为$\boxed{-}$键),将使检定项目指示灯指示项目编号减 1(左移);检定项目的顺序可任意选择。例如,要直接进入第三项检定,只要按住$\boxed{S}$键,再连续按三下$\boxed{SU}$键即可使检定项目指示"3"亮。因检定仪选择项目时,每到一项,都先延时 2s 左右,然后打印标题。若连续按键的时间间隔小于 2s,即可跳过不检的项目;利用该延时,还可使检定仪不打印标题。只用$\boxed{S+SU}$键选择到要检的项目后,尽快按一下键,即可跳过标题打印。

$\boxed{S+OP1}$键:操作键 1,使用方法在各项检定中具体说明。

$\boxed{S+OP2}$键:操作键 2,使用方法在各项检定中具体说明。

3) 检定仪机箱右侧转换开关的使用

在检定过程中,若显示器出现"nn"、"un"、"nu"、"uu"提示符,表示应按提示将两转换开关置位(未出现提示符时不可扳动)。两开关置正确位置后,提示符自行消除,方可进行检定。"u"表示相应开关向下扳,"n"表示相应开关向上扳。显示器提示符与检定仪机箱右侧两只转换开关的对应关系为:"提示符左位对前开关;右位对后开关。"例如,出现"un",则应将前边开关向下扳,后边开关向上扳。

3. 使用前的准备及有关事项说明

1) 通电检查

在确保检定仪电源转换器及打印机电源开关切断的情况下,用配套电缆将电源转换器与检定仪连接、检定仪与打印机连妥后,将电源开关置"ON"。显示器各数码管的所有段及全部发光管均点亮,约保持 3s(以检查各显示器是否正常)后,显示器数码管显示"HELLO",同时"ECG"指示灯亮,表示仪器进入心电图机检定的准备状态。若进行脑电图机检定、心电监护检定或进入信号源状态,可用$\boxed{S+ST}$键选择。

2）电源电缆插头插拔方法

插入：手拿插头后座（不可拿外环），对准键槽，将插头插入插座，稍用力推，直至听到咔嚓声（被锁住，否则检定仪不能正常工作）；拔出：手拿插头的外环，向外拉即可拔出。当检定仪电源电缆接好后，除前面板显示正常外，从检定仪左侧散热孔向机箱内部后部后方看（在电源电缆上方），有两只发光二极管——"电源正常接通指示灯"应正常发光。

3）注意事项

（1）检定仪与交流供电电源应有良好接触。若接触不良，易造成检定仪"死机"或功能异常。出现"死机"可关掉检定仪电源，重新开机。

（2）心、脑电图机及心电监护仪检定信号幅度很小，特别是有些检定项目（如共模抑制比、输入阻抗），信号的等效内阻很高，易受工频干扰，因此检测工作应在无明显电磁干扰的环境中进行。检测现场应有良好接地线，并将检定仪及被检仪器的接地线在同一点与地线连接（保证一点接地），再则心、脑电图机及心电监护仪导联线无屏蔽交流磁场（仅能屏蔽电场）作用，因此检测时应将心电图机或心电监护仪导联连线的分线盒及分线盒到各导联插头端的电缆尽可能多的放在检定仪的屏蔽盒内。

（3）由于"干扰场强与相互距离平方成反比"，故应使检定仪尽量远离被检仪器的交流变压器，同时还应使检定仪的交流电源转换器远离检定仪及被检仪器。

（4）检定仪长期不用，首次开机应在"HELLO"状态使机内电池充电（经常使用可保证正常充电），一般 2h 即可，以确保极化电压准确。

（5）在对心、脑电图机及心电监护仪记录部分检定中应注意：在检测中，当操作检定仪时（主要是切换检定项目时），应将被检仪器记录器开关关断（置准备状态）。特别是"耐极化电压"检定中加入、去掉极化电压时，信号幅度变化 300mV，若不将被检仪器关断，很容易损坏记录笔。

4）打印机的使用（仅在心电图机随后检定时提供打印功能）

接打印机时，应在关掉检定仪及打印机电源时，将打印机电缆插入检定仪后板的 "PRINTER"插座。使用时，先开检定仪电源，然后再开打印机，请勿在接通检定仪电源后插拔打印机电缆，以免造成打印机或检定仪损坏。

打印机打印的心电图检定结果用颜色区分，在按打印机笔架所标颜色（四支笔顺序依次为：黑、蓝、绿、红）安装四色打印笔的情况下："黑色"为检定项目标题（汉语拼音），"蓝色"为标称值，"绿色"为绝对误差，"红色"为相对误差或检定结果。

思　考　题

1. 简述心电图机导联的种类、用途和心电图机的基本原理。

2. 心电图机必须具备哪些特性？为什么？

3. 简述心电图机抗干扰能力指标的检测方法。

4. 简述心电图机的安全检测项目和检测方法。

第七章　医用监护仪的基本原理及其检测技术

7.1　概　　述

　　医用监护仪是一种用以长时间的、连续的测量和控制病人生理参数,并可与已知设定值进行比较,如果出现超差可发出报警的装置或系统。医用监护仪的用途除测量和监视生理参数外,还包括监视和处理用药及手术前后的状况。监护仪可有选择地对下述参数进行监护:心率和节律、有创血压、无创血压、中心静脉压、动脉压、输出量、pH、体温、经胸呼吸阻抗以及血气(如 PO_2 和 PCO_2)等,还可以进行ECG/心律失常检测、心律失常分析回顾、ST 段分析等。目前,监护仪的检测、数据处理、控制及显示记录等都通过微处理机来完成,图 7-1 所示是多功能患者监护仪。

图 7-1　多功能患者监护仪

　　早期由于受到技术的限制,对病人的生理和生化参数只能由人工间断地、不定时地进行测定,这样就不能及时发现在疾病急性发作时的病情变化,往往会导致病人死亡。现在有了病人监护系统,它能进行昼夜连续监视,迅速准确地掌握病人的情况,以便医生及时抢救,使死亡率大幅度下降。

　　医用监护仪与临床诊断仪器不同,它必须 24 小时连续监护病人的生理参数,监测患者波形的变化,供医生作为应急处理和进行治疗的依据,减少并发症,最后达到缓解并消除病情的目的。

　　本章主要介绍医用监护仪的分类、基本原理、检测标准和检测方法。

7.2　医用监护仪的基本原理

近20年来,随着电子和计算机技术的发展,医用监护仪无论在外形结构还是在功能上都发生了很大的变化。本节主要介绍医用监护仪的分类、临床应用和基本原理。

1. 医用监护仪的分类

1) 按结构分类

医用监护仪按结构可以分成以下四类:便携式监护仪、一般监护仪、遥测监护仪和 HOLTER 磁带记录式心电监测系统。

(1) 便携式监护仪:该类机结构简单,体积小型,性能稳定,可以随身携带,由电池供电,以便用于非监护室及外出抢救病人的监护之用。以美国太空实验室的便携式监护仪为例,其功能齐全,用液晶显示屏可显示4个波形,最多能监视11个参数,有网络连接能力,既可由交流电供电,也可电池供电,能使用2.5h。

(2) 一般监护仪:通常指床边监护仪,这种机型应用最为普遍,在医院 CCU 和 ICU 病房中得以广泛应用。它设置在病床边,对病人的某些状态(如心率、呼吸、脉率、体温和血压等)进行监视,并能显示参数,往往与中央监护仪组成一个系统进行监护。

(3) 遥测监护仪:遥测方式适合于能走动的病人,属于无线方式。

(4) HOLTER 磁带记录式心电监测系统:该系统能在病人走动、生活或工作条件下,连续记录心电活动,捕捉短时发作的异常心电信号。此外,磁带记录的信号在动态心电扫描仪上能进行回放和处理。

2) 依据病症分类

依据病症分类有冠心病自动监护仪、危重病人自动监护仪、手术室自动监护仪、手术后自动监护仪、分娩自动监护仪、新生儿早产儿自动监护仪、放射线治疗室自动监护仪、高压氧舱自动监护仪等。

3) 依据功能分类

依据功能分类有床边监护仪、中央监护仪和离院监护仪三种,它们又各有智能化和非智能化之分。

(1) 床边监护仪:它是设置在病床边与病人连接在一起的仪器,能够对病人的各种生理参数或某些状态进行连续的监测,予以显示报警或记录,它也能与中央监护仪构成一个整体来进行工作。

(2) 中央监护仪:由主监护仪和若干床边监护仪组成,通过主监护仪可以控制各床边监护仪的工作,对多个被监护对象的情况进行同时监护,其特点是能完成对各种异常的生理参数和病历的自动记录。

（3）离院监护仪：一般是病人可以随身携带的小型电子监护仪，可以在医院内外对病人的某种生理参数进行连续监护，供医生进行诊断时参考。

4）按监护参数分类

（1）单参数监护仪：如血压监护仪、血氧饱和度监护仪、心电监护仪等。

（2）多参数监护仪：可同时监护病人的心电、心率、血压、体温、呼吸、血氧等多个生理参数。

（3）插件式组合监护仪：这类监护仪属于高档监护仪，它是由各个分立的可拆卸的生理参数模块和一台监护仪主机构成。用户可按照自己的要求，选择不同的插件模块来组成一台适合自己要求的监护仪。

2. 监护仪的临床应用

（1）医用监护仪器临床应用范围。根据临床护理对象已经开发和设计出下列几类护理病房：手术中和手术后护理病房、精神学病房、外伤护理病房、冠心病护理病房、儿科和新生儿病房、肾透析病房、高压氧舱监护病房和放射线治疗机的病人监护病房。临床上，根据需要在科室和病房内分别装备各种专用的监护系统。

（2）目前广泛应用的自动监护系统有：手术中自动监护系统、手术后自动监护系统、外伤护理病房自动监护系统、冠心病自动监护系统、分娩室自动监护系统、危重病人自动监护系统、新生儿和早产儿自动监护系统、高压氧舱自动监护系统。

3. 医用监护仪的基本原理

1）医用监护仪的基本框图

在医院临床应用中，应用微机技术的自动监护系统取代了模拟电路组成的监护系统。如图 7-2 所示为医用监护仪的原理框图。该系统可分为三大部分：一是摄像与放像系统，用以监护病人的活动情况；二是必要的抢救设备，它是整个系统的执行机构，如输液泵、呼吸机、除颤器、起搏器和反搏器等；三是多种生理参数智能监护仪。

从图中可以看出智能监护仪由五部分组成：

（1）信号检测部分。

该部分包括各种传感器和电极，有些还包括遥测技术以获得各种生理参数。传感器是整个监护系统的基础部分，有关病人生理状态的所有信息都是通过传感器获得的。通过传感器能测血压、心率、心电、心音、脑电、体温、呼吸、阵痛和血液 pH、PCO_2、PO_2 等各种参数。

监护系统中的传感器比一般的医用传感器要求高，因它必须能长期稳定地检

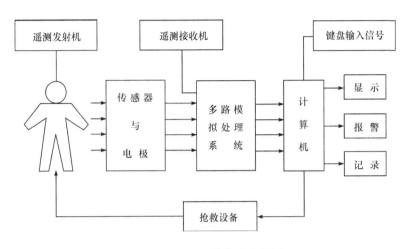

图 7 - 2　医用监护仪基本框图

出被测参数,并不会给病人带来痛苦和不适。

(2) 信号的模拟处理部分。

这部分是以模拟电路为核心的信号处理系统。主要作用是将传感器所取得的信号加以放大,要考虑减少噪声和干扰信号,以提高信噪比。对其中有用的信号,进行采样、调制、解调、阻抗匹配等处理。根据所测参数和使用传感器的不同,所用的放大电路也不同。用于测量生物电位的放大器称为生物电放大器,生物电放大器比一般的放大器有更严格的要求。在监护仪中,最常用的生物电放大器是心电放大器,其次是脑电放大器。

(3) 信号的数字处理部分。

这部分是监护系统中很关键的部分,它包括信号的运算、分析及诊断。根据监护仪的不同功能,可有简单和复杂之分。简单的处理是实现上下限报警,例如血压低于某一规定的值、体温超过某一限度时,监护仪立即进行声音或显示报警。复杂的处理包括整台计算机和相应的输入、控制设备以及软件和硬件,可实现:①计算功能,如在体积阻抗法中由体积阻抗求差、求导最后求出心输出量。②叠加功能,以排除干扰,取得有用的信号,做更多更复杂的运算和判断。例如,对心电信号的自动分析和诊断,消除各种干扰和假象,识别出心电信号中的 P 波、QRS 波、T 波等,确定基线,区别心动过速、心动过缓、早搏、漏搏、二连脉、三连脉等。③建立被监视生理过程的数学模型,以规定分析的过程和指标,使仪器对病人的状态进行自动分析和判断。

(4) 信号的显示、记录和报警部分。

这部分是监视器与人交换信息的部分。包括:数字或表头显示,指示心率、体温等被监护的数据;屏幕显示,以显示进行的或固定的被监视参数随时间变化的曲线,供医生分析;用记录仪做永久的记录,这样可将被监视参数记录下来作为档案保存;有光报警和声报警的功能。

（5）治疗部分。

根据自动诊断结果,原则上可以对病人进行施药、治疗或抢救工作。

2）医用监护仪典型电路分析

以下对日本光电 BSM23005 型监护仪各功能进行分析:

（1）启动程序。

系统控制板、显示控制板、DPU 板和电源控制板组成主板。系统控制板由主 CPU 控制外围设备来接受操作键状态及显示波形和数字数据。程序存储在 2MB 的系统 ROM(内存 EEPROM) 里,系统控制板里有 128kB 的启动 ROM 及 1MB 的系统 ROM 供 REC 主板来控制选配的记录模块。

设备启动后,主 CPU 在启动 ROM 中执行程序。如果主板上的插槽被插入程序卡(如图 7-3 所示),则开始记录程序,主 CPU 检查。当主 CPU 识别校准程序卡被插入后,主 CPU 将从此卡中读取程序随后写出每个系统 ROM。这个过程被称为启动。因此,系统的启动会在设备开始工作前完成升级。另一方面,当主 CPU 检测到程序卡未被插入主板后,则自动从启动 ROM 转到主板上的系统 ROM 并且执行系统程序。

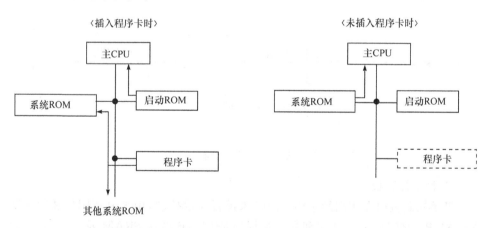

图 7-3　BSM23005 监护仪程序控制

（2）系统控制板。

系统控制板由主 CPU、启动 ROM、系统 ROM、系统 RAM、备份 RAM、时钟、PAMCIA 卡接口、触摸屏控制器和音频电路及主门阵列组成。

MC68SEC000 应用于主 CPU 时钟频率是 20MHz。主 CPU 控制专用门阵列,ASIC(特殊应用集成电路)和 ACORN(控制按键、触摸屏、警报报警、QRS 同步声音、警报声音、实时时钟、PCMCIA 卡接口、DPU 通信及 RS-232 通信)。

板/单元:

断开电源后,最大的电容容量支持 1MB 系统 RAM(SRAM)备份趋势图、重要信息列表、心律失常呼叫、每个参数的监测条件和大于 30min 的报警设置。在设备开启 30min 或更长时间后,如果因为电容放电太多而不能备份变化数据时,主 CPU 将认为备份的数据已经破坏并且初始化数据。

在电源断开后 32kB 的备份 RAM 将持续存储系统设置项目及报警设定。

当电源断开后锂电池保证时钟 IC 来更新时间日期。锂电池的使用寿命大约在 6 年。

PCMCIA 卡接口选择 512kB 的记忆库并且能选择来自 PAMCIA 卡的属性内存或共用内存。

主 CPU 通过 ACORN 周期性的读取设备上所有按键的状态信息,并根据状态来执行相关功能。

专用微处理器控制触摸屏。当触摸到屏幕上的一个点时,微处理器通过 ACORN 的串口数据通信系统发送触摸点的位置数据到 CPU。

音频电路用一个 FN 声音发生器实时产生 QRS 音、报警音和按键音。音量的大小控制数据和音调及音频数据都由主 CPU 控制写入 FM 音频发生器中。FM 音频发生器产生的声音输出信号经过放大器放大后进入扬声器,如图 7-4 所示。

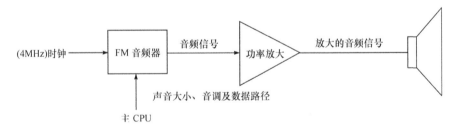

图 7-4 音频控制

3) 显示控制板

显示控制板由专用图形 ASIC IBIS 来进行显示控制,用来显示图形和数字数据的 8MB DRAM,显示文字和数字数据的是 512kB 高速 SRAM 及 LCD 和外部 RGB 显示器的显示接口组成。

当 IBIS 接收到来自主 CPU 的显示控制指令时,IBIS 筛选内存信息得到显示数据并将其转换为 RGB 输出。有两个 RGB 输出:一个是为 LCD 提供输出,另一个是外接的 RGB 显示器。

4) DPU 模块(数据处理单元)

DPU 板有 DPU(H8S/2633 微控制器),工作时钟为 2MHz。DPU 与浮置型放大器及分析板及 NIBP 板上的 ZB-900P 传输器借接口通信录连接。DPU 从这些通信过程中得到变化的记录,用来与主 CPU 通信。DPU 预先写入处理的数据进入系统 RAM,以便通过 RAM 与主 CPU 之间通信。

在 DPU 板上有 256kB 的闪存器 EEPROM 和 16kB 的 SRAM,主 CPU 通过串行数据通信用新的程序来替代闪存器 EEPROM 里的当前程序。

5)电源控制板

电源控制板由电源微控器、DC-DC 变压器、电池接口、蜂鸣器和驱动部分组成。电源提供的 +15V 或电池提供的 +12V 电压通过变压器分别被转换为 +3.3V 和 +5V 提供给电源微控制器。

当线性电压供给设备,并且电池被放入设备时,电源微控制器为电池充电约 16h,电流为 370mA。在正常的充电后,控制器连续补充充电约每分钟里 1.2s 的时间为电池充电 370mA,以确保电池的充电。

如果因为电源故障或电源线连接不当而引起正常的或补充充电被中断约 5h 或不足 5h,控制器则会根据现有电池电量计算出在关机前电池工作的时间。如果这种情况下设备没有使用电池,则控制器会为电池供电以免放电太多损坏电池。

6)分析模块

分析板由 ECG/RESP 模块、SpO$_2$ 模块、MP 模块和 ZB900 接口模块组成。ECG/RESP 模块、SpO$_2$ 模块、MP 模块是和地隔断的,因为它们都是处在浮地部位。ZB900 接口模块则与之相反。在浮地区域,重要的输入信号经过 A/D 被数字化。尤其是,处理 SpO$_2$ 数据的计算在这一区域内完成,并且这些记录通过非浮地区域被传递至 DPU 及主板上。

7)ECG/RESP 模块

在 ECG/RESP 模块上有一个设定好的微控制器 ERC。这个 ERC 和 DPU 通信来控制 A/D 转换,并且选择持续时间和滤波设定。ECG 电路里有两个独立放大器,实时设定电路和低通滤波被设定在两导联的 ECG 波形输出。阻抗法呼吸法电路实时电流产生器及阻抗变化检测电路都在这一模块中。两电极之间的电压和阻抗大线性转换电路也在这一模块中。

8)MP 和 SpO$_2$ 电路

这部分电路包括了温度模块,微控制器 APU 工作在 20MHz 时钟。APU(分析模块-处理单元)和 DPU 通信,并且控制各自的 A/D 转换及执行每个血氧数据、温度数据及其他诸如血压数据等参数。

在 APU 里有个内存 EEPROM。当软件更新时,主 CPU 用新的程序来替代 EEPROM 里存储的软件。

(1)SpO$_2$ 模块:包括以下电路:

① 微分放大器:血氧探头交替传输透过监测物的红光和红外光给光电二极管,光电二极管将这些光线转换成电信号,由放大器进行放大。

② R-IR 分离器:分离由红光和红外光各自产生的电信号。

③ 脉冲波形放大器:放大红光和红外光的脉冲波形。

④ 转换开关:转换模拟信号,比如一个脉搏波形。

⑤ LED 驱动控制:控制红光和红外光产生的驱动电流。

⑥ 探头 ID 识别:检测探头的 ID 并发送状态数据给 APU。

⑦ 探头错误检测:检测探头内的短路现象并发送状态数据给 APU。

APU(分析模块处理单元)总体控制 SpO_2 模块并且计算变化的数据,进行 A/D 转换,也接收从 MP-506 SpO_2 单元传输的 SpO_2 数据。

(2) MP 模块:MP 模块由血压放大电路、热敏呼吸电路和温度电路组成。APU(分析模块处理单元)识别连接在多参数插槽上的各种传感器,并选择相应的励磁电压。当 CO_2 传感器连接到插件槽时,APU 和 CO_2 传感器进行通信。APU 每 2ms 接受 A/D 转换产生的数字数据,并将其发送给 DPU。

9) IBP 板

IBP 模块有入侵式的血压检测电路。它由励磁电压产生器和输入放大器组成。放大的血压信号被发送到转换开关并且在模拟板的浮地区域进行 A/D 转换。数字化的血压数据传送到模拟板上的 APU 微控制器。

10) NIBP 模块

NIBP 模块有对应于 NIBP 的压力传感器检测袖带内的压力并将其转换为电信号。

在 NIBP 板上可以看到微处理器、压力传感器、螺线管磁阀、马达及电源保护电路等。

袖带压力由安全电路监测。如果一个错误的操作比如由主板或其他电路的问题而导致袖带膨胀过度,则安全电路会提供安全功能来保护患者的安全。

如果微处理器工作在安全条件下,驱动电压提供给泵和电磁阀的持续不会超过 30s,这将组织袖带继续充气,如图 7-5 所示。

11) 记录模块 REC 主板

有 20MHz 的 CPU,1M 的系统 ROM 来存储程序,512kB 的系统 RAM 来为 CPU 使用并且设定好的记录器控制了 ASIC RACOON。

在主板上的 CPU 与主 CPU 之间通过 RACOON 进行通信,RACOON 则由主板上控制记录功能(比如走纸驱动马达控制,阵列热敏打印控制)的 CPU 来控制。

当设备需要升级时,这块主板上的总线直接连接到主板的总线和系统 ROM 来进行程序升级。主 CPU 用新的程序来代替原程序。

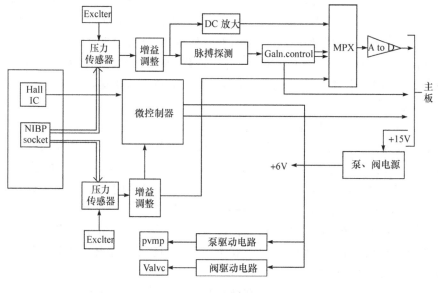

图 7 - 5　NIBP 模块

4. 嵌入式医用监护仪系统

1）嵌入式系统定义

嵌入式系统是现代科学多学科互相融合的，以应用技术产品为核心，以计算机技术为基础，以通信技术为载体，以消费类产品为对象，引入各类传感器加入，进入Internet 网络技术的连接，而适应应用环境的产品。嵌入式系统无多余软件，并且以固化态出现，硬件亦无多余存储器，可靠性高、成本低、体积小、功耗少的非计算机系统。因此，它包含了十分广泛应用的各种不同类型的设备，嵌入式系统又是知识密集，投资规模大，产品更新换代快，且具有不断创新特征才能不断发展的系统，系统中采用片上系统（SOC 亦称系统芯片）将是其发展趋势。

2）嵌入式系统发展

后 PC 时代的到来，使得人们开始越来越多地接触到一个新的概念——嵌入式产品。如手机、PDA（如商务通等）均属于手持的嵌入式产品，VCD 机、机顶盒等也属于嵌入式产品，而像车载 GPS 系统、数控机床、网络冰箱等同样都采用嵌入式系统。形式多样的数字化设备正努力把 Internet 连接到人们生活各个角落，也就是说，中国数字化设备的潜在消费者数量将以亿为单位。嵌入式软件是数字化产品的核心。

如果说 PC 机的发展带动了整个桌面软件的发展，那么数字化产品的广泛普及必将为嵌入式软件产业的蓬勃发展提供无穷的推动力。

　　进入 20 世纪 90 年代,嵌入式技术全面展开,目前已经成为通信和消费类产品的共同发展方向。市场力量的驱动,使嵌入式系统在硬件方面,不仅有各大公司的微处理芯片,还有实现各种功能的芯片;在软件方面,也有相当多的成熟软件系统,如 Vxworks、WinCE、Uclinux、UC-OS 等。目前,嵌入式软件已经在信息电器、移动计算设备、网络设备、工仿真、医疗仪器等领域得到了迅猛发展。

　　3)嵌入式系统特点

　　嵌入式计算机系统同通用型计算机系统相比具有以下特点:

　　(1)嵌入式系统通常是面向特定应用的,嵌入式 CPU 大多工作在为特定用户群设计的系统中,它通常都具有低功耗、体积小、集成度高等特点,能够把通用 CPU 中许多由板卡完成的任务集成在芯片内部,从而有利于嵌入式系统设计趋于小型化,移动能力大大增强,跟网络的耦合也越来越紧密。

　　(2)嵌入式系统是将先进的计算机技术、半导体技术和电子技术与各个行业的具体应用相结合后的产物。这一点就决定了它必然是一个技术密集、资金密集、高度分散、不断创新的知识集成系统。

　　(3)嵌入式系统的硬件和软件都必须高效率地设计,量体裁衣、去除冗余,力争在同样的硅片面积上实现更高的性能,这样才能在具体应用中对处理器的选择更具有竞争力。

　　(4)嵌入式系统和具体应用有机地结合在一起,它的升级换代也是和具体产品同步进行,因此嵌入式系统产品一旦进入市场,具有较长的生命周期。

　　(5)为了提高执行速度和系统可靠性,嵌入式系统中的软件一般都固化在存储器芯片本身中,而不是存储于磁盘等载体中。

　　(6)嵌入式系统本身不具备自主开发能力,即使设计完成以后,用户通常也是不能对其中的程序功能进行修改的,必须有一套开发工具和环境才能进行开发。

　　(7)价廉物美:嵌入式芯片最低 0.5 元,一般几元到几十元,最高到几百元。

　　4)用 ARM7 实现的医用监护系统原理及框图

　　医用监护仪是医院的常规设备之一,广泛用于 ICU(监护病房)、CCU(冠心病监护病房)、病房、手术室等。从医用监护仪的发展来看,除了新的传感监测技术不断运用推广之外,对所采集信息的分析、存储和显示也提出了更高的目标。这就要求医用监护仪具备更强大的计算和存储能力,更稳定可靠的性能。用 ARM7 实现的医用监护系统的原理是:通过多种检测模块采集人体基本参数(心电、呼吸、血压、血氧、体温等,可根据临床需要选择监护项目),这些输入信号分别从各串口送到 ARM7 芯片,进行实时数据处理,并在 LCD 上实时显示各种信号的图形和数值,并对各种监测信号设置报警限,对超出报警范围的监测情况进行报警。还可以由外部键盘控制,将监测结果显示、存储、打印,并可连入中央监护系统或直接与

Internet网络互联，实现监护信息的远程传输。医用监护仪系统原理及框图如图7-6所示。

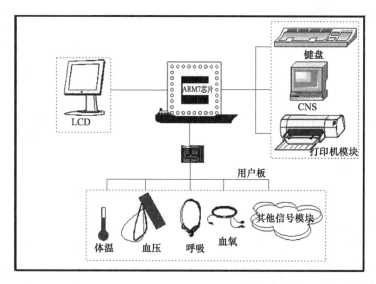

图7-6　医用监护仪系统原理及框图

5）嵌入式医用监护仪设计

（1）医用监护仪应具有以下几个方面功能：测量功能、分析功能、报警功能、打印功能、网络通信功能等。

① 测量功能：利用ARM7芯片为内核的嵌入式处理器对七通道心电检测模块（Ime-Conrad ECG 700）、无创血氧检测模块、无创血压检测模块等进行串口的数据采集，数据处理，在LCD上实时显示心电（ECG）波形、呼吸波形、呼吸率、心率、脉率、血氧、体温等参数。

② 分析功能：是测量功能的延伸，由ARM7芯片为内核的嵌入式处理器对所有采集的数据进行综合分析，利用大容量的存储能力，可以存储各个测量参数，作出各个测量参数的趋势图和趋势表，并对各种波形进行冻结、存储和回放，还可以在复杂的监测和计算、信号变异的处理分析等高新技术上有所创新，有利于为高档医用监护仪开发一个对动态监测参数的智能诊断系统等。

③ 报警功能：是保障危重患者生命安全的重要工具，对患者生理状况发生的变化发出有区别的、不同级别的报警，以提示医务人员采取适当的措施，任何参数都应可设置报警，同时有关操作中的错误也能够发出提示或报警，如电极接触不良、袖带接头漏气等状况。

④ 打印功能：根据医务人员的设定和选择，将测量参数或波形在需要时打印出来，打印功能是监护仪必不可少的部分，在没有电子病历的情况下，已成为举证

的依据。

⑤ 网络通信功能:作为承担病人重要信息采集的监护仪,除能无缝连接医院局域网外,还要使监护仪具有连入 Internet 的能力,医生可以远程随时访问这些监护信息,为远程医疗提供便利。

(2) 硬件架构。嵌入式医用监护仪所需的主要硬件大致有嵌入式微处理器、用于存放嵌入式系统软件和应用软件的 FlashMemory、系统运行的主存(SDRAM)、多个 UART 口用于连接各监测模块芯片、LCD 显示器、键盘以及以太网口等。系统硬件组成框图如图 7-7 所示。

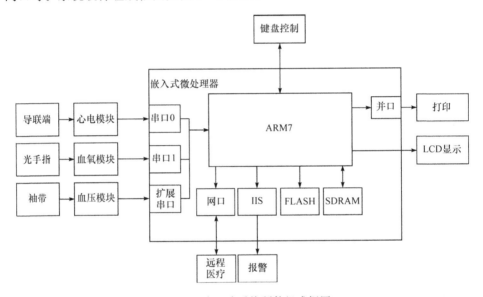

图 7-7　嵌入式系统硬件组成框图

5. 现代监护系统的特点

除了能够对多种生理信号实施联合检测和对多个病人进行同时监护外,监护仪还能实现以下技术:

(1) 无线遥测技术。

可以对室内外的病人和运动员进行实时检测。此外,在重病人输送过程中,从手术室被送到监护病房的过程中仍有死亡的可能,如果使用无线遥测监控,就可以实现连续监护,降低转室过程中的死亡率。

(2) 智能化。

计算机在自动监护系统中除了进行数据处理外,还可以对异常的数据进行病理的判断,以及控制给药量,编制病历,选通各种抢救执行机构,检查并控制全系统的协调工作。

（3）小型化。

在缩小整机的体积方面,注意使用标准的组件和设备,仪器内部采用标准的插件,实现积木化结构,其优点是可以根据不同的监护任务随时改变整机的功能。对于插件的框架以及监视器、记录器和报警器,都可实施标准化,便于组装、使用和维修。

（4）实用化。

扩展设备的功能、加强显示设备的直观性、减少旋钮和增加软件功能都可以提高设备的实用性。例如,加强人机对话可增强仪器的功能,在人工干预可使屏幕显示各种测量结果,还可以选择监护参数,选择窗口的安排,实现冻结显示,对显示结果进行增减和变换布局。

（5）安全性。

采用浮地、开关电源等先进的隔离技术,可绝对防止病人或医护人员遭受电击的危险。

7.3　监护仪的主要生理参数

多参数监护仪能监测人体的多种生理参数,本节主要介绍多参数生理监护仪监护参数及测量方法、主要技术指标和临床使用的注意事项。

1. 多参数生理监护仪监护参数及测量方法

1）心电图

多参数监护仪最基本的监护内容是心电信号。临床上使用的标准心电图机在测量心电信号时,在手腕和脚腕处安放肢体电极,而心电监护中的电极则安放在病人的胸腹区域中。虽然安放的位置有所不同,但它们是等效的,也能监测到同样的效果。因此,监护仪中的心电导联与心电图机的导联是对应的,它们具有相同的极性和波形。监护仪一般能监护三至六个导联,标准导联Ⅰ、Ⅱ、Ⅲ及加压导联aVR、aVl、aVF,能同时显示其中的一个或两个导联的波形。功能强大的监护仪可监护 12 个导联的心电。

监护电极的数量根据需要监护的导联而定。要监护肢体导联和胸导联的ECG,监护导联线至少有五个电极;如果只需获得肢体导联的 ECG（Ⅰ、Ⅱ、Ⅲ、aVR、aVF、aVE),没有胸导联,监护导联线可以用 3 个或 4 个电极;最简单的监护仪一般有三个监护电极。

监护导联线电极的颜色标志有 AHA(美国心脏协会)和 IEC(国际电工委员会)两个标准如表 7-1 所示。

表 7 – 1　监护导联线电极的颜色标志

标准	电极				
	右臂 R、 右上胸部	左臂 L、 左上胸部	左腿 F、 左下胸部	右腿 N、 右下胸部	胸部或 $V_1 \sim V_5$
AHA	白色	黑色	红色	绿色	棕色
IEC	红色	黄色	绿色	黑色	白色

　　当监护仪有三个监护电极时,监护电极放置于胸部的位置如图 7 – 8 所示。图中,L、R 为探测电极,RF 为参考电极。当正电极 L 与参考电极之间加正电压,监护仪波形呈向上方向的振幅波形;当负电极 R 与参考电极也加正电压,波形则呈向下方向的振幅波形。监护仪电极颜色与心电图电极一致。按照 IEC 标准,三个监护电极中,黄色代表 L、红色代表 R、绿色代表 F;五个监护电极中,R、L、F 颜色不变,黑色代表 RF(N)、白色代表 V。虽然心电监护原理与标准心电图机的检测原理基本相同,但监护心电并不能完全替代标准心电图机。目前,监护心电的波形一般还不能提供更细微的结构,也就是说,其细微结构的诊断能力还不强,这是由于二者的目的不同。监护仪的目的主要是长时间、实时的监测患者的心率情况,而心电图机是在特定条件下,短时间内的结果。两种仪器在测量电路中放大器的通带宽度及时间常数都不一样,心电图机至少要求通带宽度 0.05～80Hz、时间常数不小于 3.2s,而监护仪通带宽度一般在 1～25Hz,时间常数不小于 0.3s。所以,整个监护仪放大器电路的性能要求比心电图机的要求低。

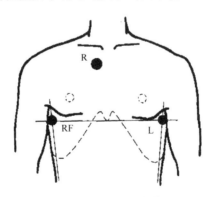

图 7 – 8　监护电极安放位置图

　　2) 心率

　　心率是指心脏每分钟搏动的次数。健康的成年人在安静状态下平均心率是 75 次/min,正常范围为 60～100 次/min。在不同生理条件下,心率最低可到 40～50 次/min,最高可到 200 次/min。监护仪的心率报警范围可由操作者根据病人的个体情况随意设定,通常低限选取 20～100 次/min,高限 80～240 次/min。

有些型号的监护仪机内设定了若干挡心率报警限,操作者只能从中选择某一挡。

心率测量多数用心电波形中的 R 波测定,也有从主动脉波、指脉波或心音信号来求得心率。有两种类型的心率检测,即平均心率和瞬时心率。

平均心率是在已知时间内计算脉搏数,即 R 波个数来决定,即 $F = N/T$(次/min)。式中,T 是计数时间(min);N 是 R 波个数。

每次搏动时间间隔的倒数是瞬时心率,即心电图两个相邻 R-R 间期的倒数。$F = N/T$(次/s)$= 60/T$(次/min)。式中,T 是 R~R 间期。如果每次心搏间隔内有微小的变化,利用瞬时心率都可检测出来。

R 波的识别是心率测量的关键。心电检出波形中,一般 R 波幅值高、变化快,所以易于识别。但有些病人 T 波幅值高于 R 波,但 T 波上升时间比 R 波要长,为检出 R 波,通常是对心电信号先行微分(或经 10~50Hz 的带通滤波器),以除去低频噪声和基线漂移,同时低频的 T 波和 P 波产生了衰减,进一步突出快变的 R 波,降低了因 T 波引起的双计数误差。心率检测电路对心电信号 $h(f)$ 进行微分得 $e(f) = dh(t)/d(f)$,若微分值大于设定阈值,则可确定该时刻的心电波为 R 波。

3) 有创血压

利用导管插入术来测量和监护动脉血压、中心静脉压、左心房压、左心室压、肺动脉和肺毛细血管楔入压等称为有创血压。

通常,在临床上有创血压测量有四种方法:

(1) 用导管或锥形针经皮插入血管,其测量点接近刺入点,而导管或针则与体外压力传感器相连。

(2) 导管插入术。它将一根长导管通过动脉或静脉达到测量点,此点可在较大的血管内或心脏中,而测量压力传感器则放在体外。

(3) 将压力传感器置于导管顶端直接测出接触点的压力。

(4) 将压力传感器植入到血管或心脏内。此种方法必须做大手术,一般用于动物试验研究,其优点是能留在血管内做长期测量。

导管传感器测压系统由充满液体的导管、三通阀和传感器所组成。如图 7-9 所示。测量原理:将导管通过穿刺,置入被测部位的血管内,导管的体外端口通过三通阀直接与压力传感器相连接,在导管内注入生理盐水。由于流体具有压力传递作用,血管内的压力将通过导管内的液体被传递到外部压力传感器上,液压导致传感器膜片的偏移,由机电系统检测,从而可以获得血管内压力变化的动态波形,通过特定的计算方法,可获得收缩压、舒张压和平均动脉压。

ICU 病房多用于有创血压的监护,虽然操作比较复杂、病人有一定的痛苦,但能获得较无创血压更高的精度,一般限于危重病人或开胸手术病人使用。在进行有创血压监测中,为了提高监测精度,可以用水银压力计或气压计在每次使用时同时对仪器进行标定,要随时保证压力传感器与心脏在同一水平上,为防止血管被血

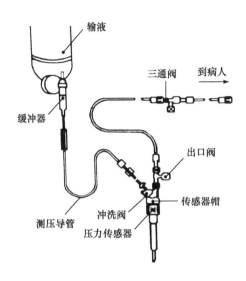

图 7 - 9　有创血压测量图

凝堵塞,要不断注入肝素盐水冲洗导管,由于运动可能会使导管移位或退出,因此,必须牢固固定导管,注意检查,必要时进行调整。

4）无创血压

多生理参数监护仪中无创血压的监护有两种方法:

（1）电子柯氏音检测法。

基本原理:用电子技术来替代传统的人工柯氏音法,袖带的加气、放气由仪器内的气泵来完成,放置于袖带下的柯氏音传感器代替医生的听诊器。检测时,气泵充气,经袖带在血管壁上加压,当压力增大到一定程度时,则阻断了血管中的血流通过,放置在袖带下的柯氏音传感器检测不到血管的波动声;然后慢慢放气,当压力下降到某个值时,血流冲过阻断,血管中开始有血液流动,柯氏音传感器检测到脉搏声（第一柯氏音）,此时,所对应的压力值就是收缩压;气泵继续放气,当外压再度下降到某一值后,血管壁的形变将恢复到没加外压的正常状态,传感器再测柯氏音从减音阶段到无声阶段,这一外压值就是舒张压。

柯氏音无创血压监护系统的组成:仪器内袖带充气系统、袖带、柯氏音传感器、音频放大器及自动增益调整电路、A/D 转换、微处理器及显示部分。

仪器内的袖带充气系统能以不同速率和时间间隔控制袖带的充气和放气,也可由面板上的开关键控制单次工作。压力传感器、声音放大器输入柯氏音和袖带压力,它提供两个输出:一个是与袖带压力成比例的电压;另一个是柯氏音或脉搏信号。最后经处理器运算后显示收缩压、舒张压。

（2）振动法。

监护仪采用振动法测量无创血压。测量时自动对袖带充气,到一定压力(一般为 $180\sim230\text{mmHg}$)开始放气,降到一定程度,血流就能通过血管,波动的脉动血流产生振荡波,通过气管传播到机器里的压力传感器,压力传感器能实时检测袖带内的压力及波动。气泵逐渐放气,随着血管受挤压程度的降低,振动波越来越大。再放气时由于袖带与手臂的接触越来越松,因此压力传感器所检测的压力及波动越来越小。这样,仪器测量到的是一条叠加了振荡脉冲的递减的压力曲线。曲线上脉动幅度最大(设为 A_m)的点所对应的气袋压力即为动脉的平均压。曲线上满足条件 $A_s=K_s\times A_m$ 和 $A_d=K_d\times A_m$ 的点所对应的气袋压力分别为动脉的收缩压和舒张压,其中,K_s、K_d 为经验常数,对于各个生产厂来说不尽相同,A_s、A_d 分别是压力曲线上收缩压和舒张压所对应的点的压力脉动幅度值。

搜寻到有规则的动脉血流的脉动是振动法测量无创血压的前提,如果病人的心率过低或过快,会由于心律不齐导致不规则的心搏;或者是病人处于颤抖、痉挛、休克等状态时,测量就会影响准确度。

5）血氧饱和度

血氧饱和度是表征血液中氧合血红蛋白比例的参数。血液中的有效氧分子,通过与血红蛋白(Hb)结合后形成氧合血红蛋白(HbO_2)。血氧饱和度是衡量人体血液携带氧的能力的重要参数。通过对血氧饱和度进行测量,可及时了解患者的血氧含量,具有极其重要的临床价值。

测量原理:血氧饱和度一般是通过测量人体指尖、耳垂等毛细血管脉动期间对透过光线吸收率的变化计算而得。测量用的血氧饱和度探头有其独特的结构。它是一个光感受器,内置一个双波长发光二极管和一个光电二极管。发光二极管交替发射波长 660nm 的红光和 940nm 的近红外光。还原血红蛋白(HB)的吸光度随 SaO_2 不同而改变,在 660nm 附近表现最为显著,在 940nm 附近则产生与 660nm 方向相反的变化。在波长 940nm 的红外区域,氧合血红蛋白(HBO_2)的吸收系数比 HB 大。

当作为光源的发光管和作为感受器的光电管位于手指或耳的两侧,入射光经过手指或耳廓,被血液及组织部分吸收。这些被吸收的光强度除搏动性动脉血的光吸收因动脉压力波的变化而变化外,其他组织成分吸收的光强度(DC)都不会随时间改变,并保持相对稳定,而搏动性产生的光路增大和 HBO_2 增多使光吸收增加,形成光吸收波(AC)。

光电感应器测得搏动时光强较小,两次搏动间光强较大,减少值即搏动性动脉血所吸收的光强度。这样可计算出两个波长的光吸收比率(R)。

$$R = AC660/DC660/(AC940/DC940) \tag{7.1}$$

R 与 SaO_2 呈负相关,根据正常志愿者数据建立起的标准曲线换算可得病人血氧饱和度。

影响血氧饱和度的精确测量因素：一是不正确的位置可能导致不正确的结果，光线发射器和光电检测器彼此直接相对，如果位置正确，发射器发出的光线将全部穿过人体组织。传感器离人体组织太近或太远，分别会导致测量结果过大或过小。二是测量时脉动的因素，当脉动降低到一定极限，就无法进行测量。这种状态有可能在下列情况下发生：休克、体温过低、服用作用于血管的药物、充气的血压袖带以及其他任何削弱组织灌注的情况；相反，某些情况下静脉血也会产生脉动，例如静脉阻塞或其他一些心脏因素。在这些情况下，由于脉动信号中包含静脉血的因素，结果会比较低。三是光线干扰会影响测量的精度，脉动测氧法假定只检测两种光线吸收器：HbO_2 和 Hb，但是血液中存在的一些其他因素也可能具有相似的吸收特性，会导致测量的结果偏低，如碳合血红蛋白 HbCO、高铁血红蛋白以及临床上使用的几种染料。四是人为的移动也可能干扰测量的精度，因为它与脉动具有相同的频率范围。此外，其他影响光线穿透组织的因素，如指甲光泽会影响测量的精度，而周围光线带来的干扰可以通过将指套用不透明的材料密封进行排除。

6）呼吸末二氧化碳

呼吸末二氧化碳（$PetCO_2$）是麻醉患者和呼吸代谢系统疾病患者的重要检测指标。CO_2 测量主要采用红外吸收法，即不同浓度的 CO_2 对特定红外光的吸收程度不同。CO_2 监护由主流式和旁流式两种。主流式直接将气体传感器放置在病人呼吸气路导管中，直接对呼吸气体中的 CO_2 进行浓度转换，然后将电信号送入监护仪进行分析处理，得到 $PetCO_2$ 参数；旁流式的光学传感器置于监护仪内，由气体采样管实时抽取病人呼吸气体样品，经气水分离器，去除呼吸气体中的水分，送入监护仪中进行 CO_2 分析。

7）体温

一般监护仪提供一道体温，功能高档的仪器可提供双道体温。体温探头的类型也分为体表探头和体腔探头，分别用来监护体表和腔内体温。

测量原理：监护仪中的体温测量一般都采用负温度系数的热敏电阻作为温度传感器。检测电路的输入端采用电平衡桥，随着体温的不同变化，电平衡桥失去平衡，平衡桥的输出端就有电压输出，根据平衡桥输出电压的高低，即可换算出温度指数，从而实现体温的检测。

测量时，操作人员可以根据需要将体温探头安放了病人身体的任何部位，由于人体不同部位具有不同的温度，此时监护仪所测的温度值，就是病人身体上要放探头部位的温度值，该温度可能与口腔或腋下的温度值不同。在进行体温测量时，病人身体被测部位与探头中的传感器存在一个热平衡问题，即在刚开始放探头时，由于传感器还没有完全与人体温度达到平衡，所以此时显示的温度并不是该部位真实温度，必须经过一段时间达到热平衡后，才能真正反映实际温度。在进行体表体温测量时,要注意保持传感器与体表的可靠接触,如传感器与皮肤间有间隙,则可能造成测量值偏低。

影响因素:体温计应该能够提供快速、准确、可靠的体温测量,影响体温测量的因素包括以下几个:刻度的频率和准确性;适当的参考标准用来对体温计进行校准;测量的解剖部位的选择;环境因素和病人的活动和移动的情况。

8）心输出量

心输出量是衡量心功能的重要指标。在某些病理条件下,心输出量降低,使机体营养供应不足。心输出量是心脏每分钟射出的血量,它的测定是通过某一方式将一定量的指示剂注射到血液中,经过在血液中的扩散,测定指示剂的变化来计算心输出量。监护中常用热稀释法检测。

这种方法采用生理盐水做指示剂,热敏电阻为温度传感器。将漂浮导管经由心房插入肺动脉,然后经该导管向右心房注入冷生理盐水或葡萄糖液,温度传感器放置于该导管的前端,当冷溶液与血流混合后就会发生温度变化,因此,当混合的血流进入肺动脉时,温度传感器就会感知,根据注入的时刻和混合后温度的变化情况,利用心输出量换算方程,监护仪就可以分析出心输出量。

$$Q = 1.08 \times b_0 \times C_T V_1 (T_b - T_I) / \int_0^\infty \Delta T_b \mathrm{d}t \tag{7.2}$$

式中,1.08 是与注入冷生理盐水和血液比热及密度有关的常数;b_0 是单位换算系数;C_T 是相关系数;V_1 和 T_I 是冷生理盐水的注入量和温度;T_b 和 ΔT_b 是血液温度及其变化量。

9）脉搏

脉搏是动脉血管随心脏舒缩而周期性搏动的现象,脉搏包含血管内压、容积、位移和管壁张力等多种物理量的变化。脉搏的测量有几种方法,一是从心电信号中提取;二是从测量血压时压力传感器测到的波动来计算脉率;三是光电容积法。这里,重点介绍光电容积法测量脉搏。

测量原理:光电容积法测量脉搏如图 7 - 10 所示,是监护测量中最普遍的方法,传感器由光源和光电变换器两部分组成,它夹在病人指尖或耳廓上,如图 7 - 10(a)所示。光源选择对动脉血中氧合血红蛋白有选择性的一定波长的光,最好用发光二极管,其光谱在 $6 \times 10^{-7} \sim 7 \times 10^{-7}$ m。这束光透过人体外周血管,当动脉搏动充血容积变化时,改变了这束光的透光率,由光电变换器接收经组织透射或反射的光,转变为电信号送放大器放大和输出,由此反映动脉血管的容积变化。脉搏是随心脏的搏动而周期性变化的信号,动脉血管容积也周期性地变化,光电变换器的电信号变化周期就是脉搏率。

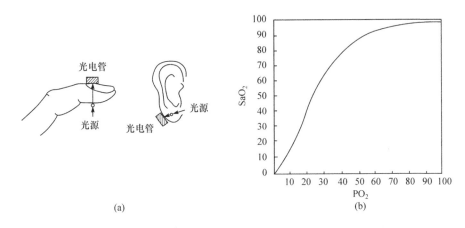

图 7 – 10　　光电容积法测量脉搏

10) 呼吸

呼吸是人体得到氧气输出二氧化碳、调节酸碱平衡的一个新陈代谢过程,这个过程通过呼吸系统完成。呼吸系统由肺、呼吸肌(尤其是膈肌和肋间肌)以及将气体带入和带出肺的器官组成。呼吸监护技术检测肺部的气体交换状态或呼吸肌的效率,呼吸图关心的是后者。

呼吸图是呼吸活动的记录,反映了病人呼吸肌和肺的力量和效率。测量呼吸的方法有三种。

(1) 阻抗法。

测量原理:多参数病人监护仪中的呼吸测量大多采用阻抗法,人体在呼吸过程中的胸廓运动会造成人体电阻的变化,变化量为 $0.1\sim3\Omega$,称为呼吸阻抗。监护仪一般是通过 ECG 导联的两个电极,用 $10\sim100\text{kHz}$ 的载频正弦恒流向人体注入 $0.5\sim5\text{mA}$ 的安全电流,从而在相同的电极上拾取呼吸阻抗变化的信号。这种呼吸阻抗的变化图就描述了呼吸的动态波形,并可提取出呼吸率参数。胸廓的运动、身体的非呼吸运动都会造成体电阻的变化,当这种变化频率与呼吸通道的放大器的频带相同时,监护仪也就很难判断出正常的呼吸信号和运动干扰信号。因此,当病人出现激烈而又持续的身体运动时,呼吸率的测量可能会不准。

为了对阻抗变化进行最优的测量,首先必须准确地放置电极。由于 ECG 波形对电极放置的位置要求更高,因此为了使呼吸波达到最优,需要重新放置电极和导联时,必须考虑 ECG 波形的结果。其次良好的皮肤接触能够保证良好的信号。再次要排除外部干扰。病人的移动、骨骼、器官、起搏器的活动以及 ESU 的电磁干扰都会影响呼吸信号。对于活动的病人不推荐进行呼吸监护,因为会产生错误警报。正常的心脏活动已经被过滤,但是如果电极之间有肝脏和心室,搏动的血液产生的阻抗变化会干扰信号。

（2）直接测量呼吸气流法。

常用的方法是利用热敏元件来感测呼出的热气流，这种方法需要给病人的鼻腔中安放一个呼吸气流引导管，将呼出的热气流引到热敏元件位置。当鼻孔中气流通过热敏电阻时，热敏电阻受到流动气流的热交换，电阻值发生改变。

对于换热表面积为 A，温度为 T 的热敏电阻，当感受到鼻孔内温度为 T_f 的呼吸气流的流动，热敏电阻上的对流换热量为

$$Q = \alpha(T - T_f)A \tag{7.3}$$

式中，α 是对流换热系数，它受呼吸流速、黏性等多种因素的影响。T_f 与人体温度接近，且恒温。若呼吸流速大，热交换 Q 就大。因此，热敏电阻温度 T 变化也较大。

热敏电阻多数用半导体材料，一般有金属氧化物（如 Ni、Mn、Co、F、Cu、Mg、Ti 的氧化物）和单晶掺杂半导体（SiC）等。热敏电阻具有负阻特性，即

$$R_T = R_0 e^{\alpha(\frac{1}{T} - \frac{1}{T_0})} \tag{7.4}$$

式中，R_0 是温度 T_0 时的电阻值，α 是常数。T 越高，R_T 就越小。

（3）气道压力法。

将压电传感器置入或连通气道，气道压"压迫"传感器而产生相应的电信号，经电子系统处理以数字或图形显示，灵敏度和精确性较高。在气道压力监测时，利用这些信号的脉冲频率，经译码电路处理后可显示呼吸频率。

2. 主要技术指标

监护仪所测量的参数分为电量和非电量两种，电量信号，如心电信号，直接由电极拾取；非电量信号，如血压、体温、呼吸、血氧等都需要通过各种传感器拾取，然后转换为与之有确定函数关系的电信号，再经放大、滤波、计算、处理等记录和显示。所以，对于非电量的检测，传感器是关键部件，监护仪性能的好坏与传感器的特性密切相关。

敏感元件是指能直接感测或响应被测量的部件，如感测体温的热敏电阻、有创血压检测的传感器膜片等；转换元件是指传感器中能将敏感元件感测或响应的被测量转换成电信号的部件，如血氧饱和度传感器中的光电管、呼吸测量中的电桥等。信号调节和转换电路是把传感器元件输出的电信号转换成便于处理、控制、记录和显示有用电信号的有关电路，如监护仪的后续处理电路，包括滤波、放大、微处理器运算，最后到显示、记录。监护仪的技术指标，对于信号调节和转换电路部分的要求与其他电生理仪器基本相同，如高输入阻抗、高共模抑制比、高灵敏度、低噪声、频率相应宽等。

3. 多参数监护仪的使用注意事项

在实际临床使用中,因监护仪处于不同的工作环境,会受到各种各样的干扰,从而给传感器提取信号带来困难,引起测量误差,导致监护参数的不准确,影响仪器的正常使用。

这些干扰主要包括环境、工频电源、周围仪器产生的电磁场、高频电刀及病人的运动等。因此,监护仪使用中尽量避开这些干扰因素,同时正确的使用和操作也非常重要。

1) 监护仪接地的必要性

监护仪若是 I 类设备,外壳必须接地。对于监护仪而言,接地不仅有保护作用,还具有很好的抗干扰作用。如果不采取接地措施,叠加在 ECG 信号上的电气干扰将十分严重,难以观察到较好的 ECG 信号波形,更无法进行心率计数。

2) 心电监护的使用问题

心电监护中,电极尽量安放在确定的部位,安放之前首先清洁皮肤。如果要用 ECG 电极同时提取呼吸波,则应将用来作呼吸信号提取的两个电极在胸廓上的左右位置拉开一定距离,否则呼吸信号可能很弱,病人呼吸较浅时无法进行呼吸计数。由于心电信号非常微弱,极易受到周围电磁场的干扰,尤其是在进行电刀手术时的监护中,高频电刀产生的电弧,会严重干扰 ECG 信号的拾取。因此,需要采取一些必要的措施。由于 ECG 拾取的是两个电极之间的电位差,在安放电极时,应尽量安放在以手术区为中心的圆周上,使各电极处于高频电刀在体表上所产生的射频电流的等电位线上,可以有效抑制电刀的输出干扰。另外,尽可能地把导联线绞合起来,以减小导联间的面积,从而减小空间射频电磁信号的干扰。监护仪主机尽量离手术床远一些,电源线与导联电缆应尽量分开,走向不要成平行状态,也可减小一部分干扰。

3) 血氧饱和度监护的使用问题

由于血氧饱和度的检测,使用的是双波长的光电转换法,如果环境中有较强的光源,如手术灯、荧光灯或者是阳光直射时,会使探头的光敏元件的接收值偏离正常范围,因此需要避强光。不能将探头和 NBP(无创血压)袖带安放在同一肢体上。

4) 无创血压测量的使用问题

测量不准确是使用中最常见的问题。测量时病人的肢体移动、所选用的袖带过大或过小、袖带捆的位置不正确,都是导致测量不准确的主要原因。同手工测量血压一样,如果测量时病人戴有袖带的肢体与心脏不在同一水平线上,测量值也会有偏差。

5）测量方式选择不正确

如果在测量心电波 ST 段的偏移量中,使用了 ECG 滤波器,有的机型会导致测量不准确;如果在监护成人时将 NBP 的测量模式设置成儿童模式,则可能只测量出平均压,而测量不出收缩压和舒张压;如果在测量小儿血压时,设置成成人模式,则过高压的袖带充气可能对小儿造成危害。

6）报警限设置不正确

报警限设置不正确,导致误报警或不报警,这样监护仪就失去了监护的意义。

（1）根据临床经验,可将心率的报警限设置为:高限比预期心率高 30b/m,低限比预期心率低 20b/m。

（2）由于影响无创血压的测量因素很多,监护仪对无创血压的测量有时重复性较差,病人血压的个体差异也很大,因此应根据各个病人的实际情况选择报警限。

（3）在主要观察病人呼吸的监护中,窒息（apnea）报警的设置十分重要,窒息时间的设置（一般为 5～30s)应慎重选择。

7.4　医用监护仪的检测

医用监护仪在医疗器械管理的分类中属于 Ⅱ 类,在通用要求分类中,按其用途可分为 BF 型或 CF 型,检测标准是 GB9706.25《医用电气设备第 2—27 部分:心电监护设备安全专用要求》和 JJG760《心电监护仪》。

1. 监护仪性能要求

1）心电图显示部分

（1）电压测量误差:最大允许误差 $\pm 10\%$。

（2）极化电压引起的电压测量偏差:施加 $\pm 300mV$ 直流电压后引起的显示信号幅度相对变化不超过 $\pm 5\%$。

（3）噪声电平:折合到输入端的噪声电平应不大于 $30\mu V$（峰峰值）。

（4）扫描速度误差:最大允许误差 $\pm 10\%$。

（5）输入回路电流:各输入回路电流应不大于 $0.1\mu A$。

（6）幅频特性。

① 监护导联:以 $10Hz$ 正弦波为参考值,在 $1～25Hz$ 内随频率变化,幅度的最大允许偏差 $+5\%$ 及 -30%。

② 标准心电导联:以 $10Hz$ 正弦波为参考值,在 $1～60Hz$ 内随频率变化,幅度的最大允许偏差 $+5\%$ 及 -10%。

注:标准心电导联适用于诊断,有些监护仪具备此模式。具有此模式的监护仪

开机后一般处"监护模式",可通过监护仪设置选择菜单将监护仪设置在"诊断模式"。

（7）共模抑制比：共模抑制比应不小于 89dB。

2）心率显示部分

（1）心率显示值误差：在 30～200 次/min 范围内,最大允许误差±（显示值的 5％＋1 个字）。

（2）心率报警发生时间：自心率越限发生至报警发生的时间应不大于 12s。

（3）心率报警预置值：预置范围下限为 30 次/min,上限为 180 次/min,最大允许误差±（预置值的 10％＋1 个字）。

3）描笔式心电图记录部分

（1）电压测量误差：最大允许误差±10％。

（2）记录速度误差：最大允许误差±5％。

（3）时间常数。

① 监护导联：不小于 0.3s。

② 标准心电导联：不小于 3.2s。

（4）滞后：记录系统的滞后不大于 0.5mm。

（5）幅频特性：

① 监护导联：以 10Hz 正弦波为参考值,在 1～25Hz 内随频率变化,幅度的最大允许偏差＋5％及－30％。

② 标准心电导联：以 10Hz 正弦波为参考值,在 1～60Hz 内随频率变化,幅度的最大允许偏差＋5％及－10％。

（6）移位非线性偏差：在偏离中心±15mm 位移范围内,移位引起的非线性相对变化不超过±10％。

（7）基线漂移：10s 内不大于 1mm。

（8）共模抑制比：共模抑制比应不小于 89dB。

2. 通用技术要求

监护仪应标有生产厂名、型号、出厂编号。国产监护仪应有如图 7-11 所示的标志和编号。监护仪不得有影响正常工作的机械损伤,所有旋钮、开关应牢固可靠,定位正确,并有报警功能及取消报警功能。有记忆示波功能的监护仪,应具有冻结和解冻功能。连续增益转换式监护仪的增益调节器应能将监护仪的显示增益调到大于 20mm/mV。

图 7-11 国产监护仪的标志

1）测试条件

环境温度：（20±10）℃；

相对湿度：小于 80％；

供电电源:(220±22)V,(50±1)Hz。

周围环境无影响监护仪正常工作的强磁场干扰及震动。

应具备良好的接地装置。

2）测试仪器及技术要求

（1）方波信号发生器。

周期:0.5～10s,最大允许误差±1%;

电压（峰峰值）:0.5～2mV,最大允许误差±1%;

输出阻抗:小于600Ω。

（2）正弦波信号发生器。

频率:0.1～100Hz,最大允许误差±1%;

电压（峰峰值）:0.5～2mV,最大允许误差±1%;

输出阻抗:小于600Ω;

微分时间常数:50ms,周期1s。

（3）标准心率信号发生器。

输出电压（峰峰值）:+0.5～ +3mV,最大允许误差±3%;

　　　　　　　　　　－0.5～ －3mV,最大允许误差±3%。

（4）极化电压。

+300mV,最大允许误差±5%;

－300mV,最大允许误差±5%。

输出波形如图7-12所示。

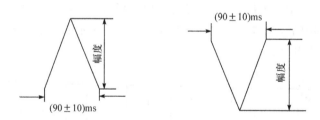

图7-12　极化电压输出波形

（5）模拟皮肤-电极阻抗。

51kΩ电阻与47nF电容并联,电阻最大允许误差为±5%,电容最大允许误差为±10%。

（6）输入回路电流取样电阻:10kΩ,最大允许误差为±5%。

（7）共模抑制比检定装置交流检测电压表。

量程:0～20V（有效值）,最大允许误差为±10%;输入阻抗:大于300MΩ;

频率范围:10～100Hz。

(8) ECG-1B 检测仪。

3. 检测项目和检测方法

心电图显示型监护仪应进行外观及工作正常性检查及心电图显示部分的检测。心电图、心率显示型监护仪应进行外观及工作正常性检查、心电图显示部分及心率显示部分的检测。对于配有描笔式记录器实时描记心电图的监护仪(即心电图显示和心电图记录型监护仪及心电图、心率显示和心电图记录型监护仪),除上述检测外,还应进行描笔式心电图记录部分的检测。对于采用打印机非实时输出心电图波形的监护仪,由于打印的图形是预先存储在监护仪内部的图形的复制,故不必再检测打印机输出的图形,即不进行描笔式心电图记录部分的检测。

1) 外观及工作正常性检查

外观及工作正常性检查应符合"通用技术要求"。

2) 检测前的准备工作

(1) 按被检监护仪说明书要求进行预热。

(2) 按被检监护仪的说明书对被检监护仪进行正常使用所必要的准确度校准(如用监护仪内部定标电压校准电压测量增益),检测中不得再进行影响准确度的校准。

(3) 心电记录部分采用描笔记录器的监护仪应调整记录器阻尼(采用打印机输出的监护仪不用调整阻尼)。将心电记录部分的记录速度置"25mm/s",增益转换开关置"10mm/mV",描笔调到记录纸中心位置,记录开关置"记录"状态,描记监护仪机内 1mV 定标电压,调节增益细调电位器,使记录的波形幅度为 10mm,同时,调节描笔的阻尼,使描出的波形具有如图 7-13 所示的正常阻尼。在以后的检测中不得再调节阻尼。

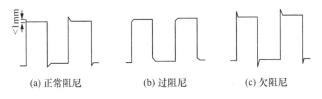

(a) 正常阻尼　　　　　(b) 过阻尼　　　　　(c) 欠阻尼

图 7-13　描笔阻尼波形示意图

3) 心电图显示部分

(1) 电压测量误差。

① 步进增益转换式:检测仪置电压测量误差检测状态,将监护仪增益转换置 10mm/mV,检测仪输出电压 u_i 为 1mV、周期为 0.4s 的标准方波信号到监护仪,测量显示屏幕上的信号电压作 u,其相对误差按公式(7.5)计算,δ_u 应符合要求。

$$\delta_u = \frac{u - u_i}{u_i} \times 100\% \qquad (7.5)$$

按上述方法分别检测监护仪的 5mm/mV 及 20mm/mV 增益挡(检测仪对应输出电压 u_i 在 5mm/mV 挡时为 2mV、在 20mm/mV 挡时为 0.5mV)。按式(7.5)计算各挡相对误差 δ_u 均应符合要求。

② 连续可调增益转换式:用监护仪内部电压校准源(如定标电压或标尺)将增益校准在 20mm/mV。检测仪分别输出电压 u_i 为 1mV、0.5mV,周期为 0.4s 的标准方波信号到监护仪,测量显示屏幕上对应的信号电压作为 u,其相对误差按式(7.5)计算,δ_u 应符合要求。

(2) 极化电压引起的电压测量偏差。

检测仪置极化电压检测状态,在不加入极化电压时测得方波幅度 H_0(为便于测量,可调整检定仪输出信号幅度使 $H_0 = 10mm$)。

检测仪依次加入 ±300mV 直流极化电压,分别测量显示的信号波形幅度,取偏离 H_0 较大者为 H_d。极化电压引起的电压测量相对偏差 δ_d 按下式计算,应符合规定。

$$\delta_d = \frac{H_d - H_0}{H_0} \times 100\% \qquad (7.6)$$

(3) 噪声电平。

检定仪置噪声电平检测状态,此时监护仪的各输入端分别对 N 端接入模拟皮肤-电极阻抗。在监护仪增益置 20mm/mV 时测量示波屏幕显示的噪声电平幅度,应符合要求。

(4) 扫描速度误差。

检定仪置扫描速度误差检测状态,检测仪输出幅度为 1mV、周期 t_i 为 1s 的方波信号,加至监护仪输入端,监护仪扫描速度置 25mm/s。在示波屏幕显示的波形中,测量最左、最右及中间三个完整信号周期,找出其中偏离 1s 最大者,测出该周期作为 t,按下式计算扫描速度相对误差 δ_t,应符合要求。

$$\delta_t = \frac{t - t_i}{t_i} \times 100\% \qquad (7.7)$$

具有 50mm/s 扫描速度的监护仪,应按上述方法检测该扫描速度。

(5) 输入回路电流。

检测仪置回路电流检测状态,检测仪增益置于 10mm/mV(为得到较高的测量分辨力,也可将增益置更高挡)。分别在示波屏幕上测量各导联输入回路电流在检测仪内取样电阻 R 上产生的电势,取其中较大者为 U_I,输入回路电流 I_{in} 按下式计算:

$$I_{in} = U_I / R \quad , \quad R = 10k\Omega \qquad (7.8)$$

(6) 幅频特性。

检测仪置幅频特性检测状态,输出频率为 10Hz、幅度为 1mV 的正弦波信号。调节检测仪输出正弦波信号幅度,使监护仪显示的波形幅度 H_{10} 为 10mm。

① 监护导联幅频特性:

保持检测仪输出的正弦波信号幅度 H_{10} 不变,改变频率,在 1～25Hz 频率范围内,观测监护仪显示的波形幅度,其变化应符合"幅频特性"的要求,即不应超出 7.0～10.5mm。

对于以上观测合格的监护仪,应测量出幅频特性的频率下限(1Hz)和上限(25Hz)所对应的信号幅值,分别作为 H_x,按式(7.9)计算出相对 H_{10} 的偏差作为检测结果。对于以上观测不合格的监护仪,应测量偏离规定范围 7.0～10.5mm 最远的频率点的幅值作为 H_x,按式(7.5)计算出相对 H_{10} 的偏差作为该项检测结果。

② 标准心电导联的幅频特性:

将被检监护仪设置在诊断模式,并在该模式下选择最宽的频响范围(如某监护仪在诊断模式下具有 0.05～40Hz 及 0.05～150Hz 两种频响范围,则应选 0.05～150Hz)。

保持检测仪输出的正弦波信号幅度 H_{10} 不变,改变频率,在 1～60Hz 频率范围内,观测监护仪显示的波形幅度,其变化应符合"幅频特性"的要求,即不应超出 7.0～10.5mm。

对于以上观测合格的监护仪,应测量出幅频特性的频率下限(1Hz)和上限(60Hz)所对应的信号幅值,分别作为 H_x,按式(7.9)计算出相对 H_{10} 的偏差作为检测结果。

$$\delta_f = \frac{H_x - H_{10}}{H_{10}} \times 100\% \qquad (7.9)$$

(7) 共模抑制比。

在监护仪导联电缆不接入共模抑制比检测装置时,调整该装置的可变电容,使输出电压为 10V(有效值)。将共模抑制比检测装置与监护仪在同一接地点良好接地。

① 具有监护导联的监护仪,将其导联线接入共模抑制比检测装置,依次在显示屏幕上测出各导联共模电压,取其中最大者作为 U_{co},按式(7.10)计算出共模抑制比,应符合要求。

$$CMRR = 20\lg \frac{U_d}{U_c} \qquad (7.10)$$

式中,$U_d = 28.3V$(峰峰值)(对应有效值 10V)。

② 具有标准心电导联的监护仪,应在诊断模式下选择最宽的频响范围(如某

监护仪在诊断模式下具有 0.05～40Hz 及 0.05～150Hz 两种频响范围,则应选 0.05～150Hz),按"具有监护导联的监护仪"检测标准心电导联的共模抑制比。

4) 心率显示部分

(1) 心率显示值误差。

检测仪置心率显示值误差检测状态,输出信号幅度峰峰值分别为 +0.5mV、−0.5mV、+3mV 及 −3mV 时,监护仪增益置 10mm/mV,在(30～200)次/min 范围内改变检测仪输出心率,观测监护仪心率显示值误差应符合要求。对首次检测的监护仪观测点间隔应不大于 10 次/min(如…40 次/min、50 次/min…);随后检测的监护仪观测点间隔应不大于 30 次/min(如…60 次/min、90 次/min…)。

对于在上述观测中合格的监护仪,分别在幅度峰峰值为 +0.5mV、−0.5mV、+3mV 及 −3mV 时,读取心率标准值 F_0 分别为 30 次/min、200 次/min 时监护仪的显示值作为 F_x 用式(7.11)计算上述各检测点相对误差 δ_a,心率显示值误差应符合要求。

对于在上述观测中不合格的监护仪,应在上述观测点中找出误差最大点进行测量,测得值作为 F_x,用式(7.11)计算该测量点相对误差 δ_a,作为该项检测结果。

$$\delta_a = \frac{F_x - F_0}{F_0} \times 100\% \tag{7.11}$$

(2) 心率报警发生时间。

检测仪置心率报警发生时间为检测状态,此时应输出幅度峰峰值为 +1mV、心率为 90 次/min 的标准心率信号。将监护仪的报警上限预置值设定在 120 次/min,下限预置值设定在 60 次/min。操作检测仪,并用秒表分别测量检测仪输出的标准心率从 90 次/min 转换到 150 次/min 和从 90 次/min 转换到 30 次/min时,从转换瞬间开始到报警发生的时间,应不大于 12s。

(3) 心率报警预置值。

检测仪置心率报警预置检测状态,检测仪输出幅度峰峰值为 +1mV、心率为 90 次/min 的标准心率信号。将监护仪的报警上限预置值设定在 180 次/min,下限预置值设定在 30 次/min。使检定仪输出的标准心率从 90 次/min 分别转换为 200 次/min 和从 27 次/min,若二者均发生报警,则符合要求,否则记为不合格。

5) 描笔式心电图记录部分

此部分检测仪适用于采用描笔记录波形的监护仪,采用打印机输出波形的监护仪不进行此部分检测。

(1) 电压测量误差。

① 步进增益转换式。

检定仪置电压测量误差检测状态,将监护仪增益转换置 10mm/mV,检测仪输出电压 U_i 为 1mV、周期为 0.4s 的标准方波信号到监护仪,在记录纸上测量描记

的信号电压作 u，其相对误差按公式(7.5)计算，δ_u 应符合"电压测量误差"的要求。

　　按上述方法分别检测监护仪的 5mm/mV 及 20mm/mV 增益挡(检定仪对应输出电压 u_i 在 5mm/mV 挡时为 2mV、在 20mm/mV 挡时为 0.5mV)。按式(7.5)计算各档相对误差 δ_u 均应符合"记录速度误差"要求。

　　② 连续可调增益转换式。

　　用监护仪内部电压校准源(如定标电压或标尺)将增益校准在 20mm/mV。检定仪分别输出电压 u_i 为 1mV、0.5mV，周期为 0.4s 的标准方波信号到监护仪，在记录纸上测量描记的信号电压作为 u，其相对误差按式(7.5)计算，δ_u 应符合最大允许误差±10％的要求。

　　(2) 记录速度误差。

　　检定仪置记录速度误差检测状态，输出周期 t_i 为 1s，幅度峰峰值为 1mV 的方波信号。监护仪在被检记录速度下，描记一段标准信号波形。在所描记的波形中，选取开始走纸 1s 以后(为克服走纸机构启动瞬间的不稳定)的任意一个完整周期，测量出该周期作为 t，用式(7.7)计算出被测记录速度的相对误差，应符合最大允许误差⊥5％的要求。

　　具有 50mm/s 记录速度的监护仪，应用上述方法检测该记录速度。

　　(3) 时间常数。

　　将监护仪记录部分的记录速度置 25mm/s，增益转换开关置 10mm/mV，按下和复原监护仪的定标按钮，记录描笔幅度从初始值(100％)下降到 37％ 所对应的时间 T 为时间常数如图 7 - 14 所示，应符合监护导联不小于 0.3s 的要求。

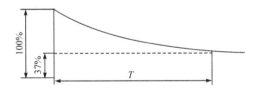

图 7 - 14　记录描笔幅度下降的时间常数

　　对于无定标按钮的监护仪，可使用检测仪向监护仪输入 1mV、周期大于被检时间常数 2 倍以上的方波(如测 3.2s 时间常数可选周期为 10s 的方波)进行该项检测。

　　对于具有诊断用标准心电监护仪，还应检测监护仪处于诊断模式下的时间常数，应符合标准心电导联不小于 3.2s 的要求。

　　(4) 滞后。

　　检测仪置滞后检测状态，输出周期 1s 的微分信号至监护仪，调节检定仪输出信号幅度，使监护仪记录的波形产生离中心线±15mm 的偏离。测量正、负两个波形基线之间的偏离幅度 h'，如图 7-15 所示，为记录系统的滞后，应符合"滞后"的要求，即记录系统的滞后不大于 0.5mm。

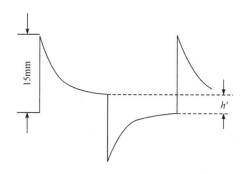

图 7-15　滞后检测状态的波形

（5）幅频特性。

检测仪置幅频特性检测状态，输出频率为 10Hz、幅度为 1mV 的正弦波信号。调节检测仪输出正弦波信号幅度，使在记录纸上描记的波形幅度 H_{10} 为 10mm。

（6）移位非线性偏差。

检测仪置移位非线性偏差检测状态，输出频率为 10Hz、幅度 1mV 的正弦波信号。在使记录笔处记录纸中心位置时，调节检定仪输出的正弦波信号幅度，使在记录纸上描记的波形幅度 H_0 为 10mm。

用监护仪移位调整装置，将描记波形的位置分别向上、向下移位 15mm，描笔分别画出所对应位置的波形幅度，取两次描记中偏离 H_0 大的波形幅度为 H_m。移位非线性偏差 δ_m 按式（7.12）计算，应符合规定。

$$\delta_m = \frac{H_m - H_0}{H_0} \times 100\% \tag{7.12}$$

（7）基线漂移。

检定仪置基线漂移检测状态，此时监护仪的各输入端通过检测仪内部的模拟头皮-电极阻抗分别接 N 端，监护仪增益置 10mm/mV。测量监护仪走纸 1s 以后（为克服走纸机构启动瞬间的不稳定）的 10s 时间间隔内描笔所记录的基线漂移的最大值，如图 7-16 所示，应符合规定。

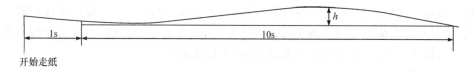

图 7-16　基线漂移的检测波形

（8）共模抑制比。

在监护仪导联电缆不接入共模抑制比检测装置时，调整该装置的可变电容，使输出电压为 10V（有效值）。将共模抑制比检测装置及监护仪在同一接地点良好接地。

4．心电监护仪对电击危险的防护

心电监护仪对电击危险的防护主要检测以下项目：

1）对心脏除颤器的放电效应的防护

当除颤器对连接电极的患者放电时，下列部分不出现危险的电能：

（1）外壳；

（2）任何信号输入部分；

（3）任何信号输出部分；

（4）置于设备之下的，与设备底面积至少相等的金属箔（Ⅰ类、Ⅱ类设备和内部电源设备）。

试验时，设备必须不通电。

Ⅰ类设备必须在连接保护接地情况下进行试验。

不使用网电源供电也能工作的Ⅰ类设备，例如具有内部电池供电的Ⅰ类设备，则必须在不接保护接地的情况下进行试验，所有功能接地必须去除。

改变电源的极性，重复上述试验。

2）连续漏电流和患者辅助电流

对于具有功能接地端子的心电监护设备，当在功能接地端子与地之间加上相当于最高额定网电压 110％的电压时，从应用部分到地的患者漏电流必须不超过 0.05mA。

如果功能接地端子与保护接地端子在设备内部直接相连时，则不必进行该项试验。

3）患者漏电流

被测监护仪与漏电流测试仪的连接方式如图 7 - 17(a)所示。

将仪器放在绝缘桌上，被测设备应与地隔离，将监护仪的电源线插到漏电流检测仪的转换电源插座上，漏电流测试仪电源接到电网电压中。监护仪电极短接后接入漏电流测试仪的 P 接口，按图示设置好各开关的位置，打开漏电流仪和监护仪，读取此时漏电流仪的读数 I_{p_1}；转换开关 S_1，改变电源的极性，再次读取漏电流仪的示值 I_{p_2}。取二者中的较大者，即为患者漏电流值。

4）电源漏电流

电源漏电流测试过程中，可不必拔下监护电极，监护仪电源线接至漏电流测试仪的转换插座，漏电流测试仪电源接入交流电网电源中。断开 S_3 开关，即断开了监护仪供电线中的接地线。打开监护仪开关,读取漏电流仪上的显示值;转换开关 S_1,改变供电电源的极性,再次读取漏电流值。两次读数中取数值较大者,即为监护仪电源漏电流的测试值。测试连接方法如图 7‑17(b)所示。

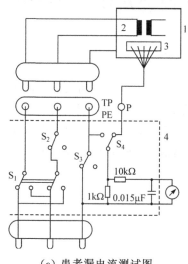

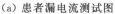

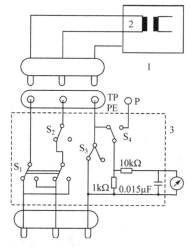

（a）患者漏电流测试图　　　　　　　（b）电源漏电流测试图

图 7‑17

1. 被测设备;2. 被测设备电源部分;3. 监护仪电极部分;4. 漏电流测量装置;

S_1. 转换电源极性开关;S_2. 断开一根电源线开关;S_3. 断开供电线中的接地线开关;

S_4. 接地线与监护电极部分选择开关;P. 监护电极接口;PE. 保护地

注意:患者漏电流检测时,要保证漏电流仪与被检监护仪的一点接地。

5）电介质强度

对于心电监护设备,试验电压必须为 1500V（Ⅰ类、Ⅱ类设备和内部电源设备）。

思 考 题

1. 简述医用监护仪的基本原理和分类。

2. 简述医用监护仪的监护参数及其测量方法。

3. 医用监护仪主要检测哪些性能指标和安全要求,为什么?

第八章　超声诊断仪的基本原理及其检测技术

8.1　概　　述

随着电子技术、材料科学和计算机科学的不断创新,超声诊断设备的面貌日新月异,A、M、B、C、F及P型等各种类型的设备不断涌现,其性能不断提高,功能愈来愈多,应用的范围越来越广,为临床诊断提供了有效的工具。B型超声诊断仪因其具有操作简便、价格便宜、无损伤无痛苦、适用范围广等特点,已被广大患者和临床医师所接受,如图8-1所示。

图8-1　B型超声诊断仪

脉冲回波法原理是医用超声诊断设备的基本工作原理。采用超声脉冲回波测距离的技术(声束固定不动)的诊断方法称为一维超声检查,人们常把A型和M型医用超声设备称为一维超声扫描及显示。

A型超声诊断仪的探头(换能器)以固定方式向人体发射超声波,通过人体反射回波并加以放大,在屏幕上显示回波的幅值和形态。纵坐标显示反射回波的幅度波形;横坐标代表被测物体的深度。A型超声诊断仪能测量人体脏器的径值和鉴别病变的物理性质,是现代各种超声成像的物理基础。

M型超声诊断仪的探头(换能器)以固定位置和方向对人体发射超声波束。将被接受的回波幅度信号加于显示器的阴极作亮度调制,代表深度的时基线加到垂直偏转板上,并按时间顺序展开,形成一幅一维空间各点运动按时间展开的轨迹图。

B型医用超声设备称为二维超声扫描及显示,它将超声脉冲回波系统中得到的回波幅度信号加至示波器阴极,以调制时基线的亮度,并加以平面扫描,取得二维扫描图像。按照不同的扫描方式,又可分为电子线性扫描、电子凸阵扫描、机械扇形扫描和相控阵扫描等。

此外,B型显示还有两种特殊的模式:C型和P型。C型模式显示的是某一深度的切面像,P型模式则通过探头的介入,从屏中心向四面作径向扫描。

20世纪80年代,实现了三维超声成像技术,现已形成了表面成像、透明成像和多平面成像(或称断面成像)三种成像模式。三维超声成像是基于二维超声成像的探头,按空间顺序采集一系列的二维图像并存入二维重建工作站中,计算机对按照规律采集的二维图像进行空间定位,并对所采集的空隙进行像素补差平衡,形成一个三维立体数据库,进行图像的后处理,然后通过计算机进行三维重建,在计算机屏幕上显示出来的就是重建好的三维图像。

随着三维超声成像技术的不断发展,目前已有静态三维超声、动态三维超声和实时三维超声,在临床上用于心脏、脑、肾、胎儿、前列腺、腹部肿瘤和动脉硬化的诊断。

本章主要介绍超声的基础知识,B型医用超声设备的基本原理、检测标准、检测方法和检测仪器。

8.2　超声学基础知识

在学习医用超声诊断设备知识以前,先学习超声学的一些基础知识。

1. 超声波特性

自然界里有各种各样的波,根据其性质基本上分为两大类:电磁波和机械波。

1) 电磁波

电磁波是由于电磁力的作用产生电磁场的变化在空间的传播过程,它传播的是电磁能量。无线电波、可见光和X线等,都是电磁波。电磁波可以在真空和介质中进行传播。

2) 机械波

机械波是由于机械力(弹性力)的作用,机械振动在连续的弹性介质内的传播过程,它传播的是机械能量。电波、水波和地震波等都是机械波。机械波只能在介质中传播不能在真空中传播,其速度一般从每秒几百米至几千米,比电磁波速度要低得多。机械波按其频率可分成各种不同的波,如表8-1所示。超声波是 $2 \times 10^4 \sim 10^8$ Hz 的机械波。超声波的频率范围很宽,而医学超声的频率范围在 200kHz～40MHz,超声诊断用频率多在 1～10MHz 范围内,相应的波长在 1.5～0.15mm。

从理论上讲,频率越高,波长越短,超声诊断的分辨率越好,但实际上目前由于各种因素的限制,难以做出超过 10MHz 的探头。

表 8-1　机械波分类

次 声 波	声音(可闻声波)	超 声 波	高频超声	特高频超声
$<16\text{Hz}$	$16\sim2\times10^4\text{ Hz}$	$2\times10^4\sim10^8\text{ Hz}$	$10^8\sim10^{10}\text{ Hz}$	$>10^{10}\text{ Hz}$

3) 超声波具有的特性

(1) 由于超声波具有高频率的特点,因此其波长就短,它可以向光线那样沿直线传播,利用这一特点,可以向某一确定的方向发射超声波;

(2) 由于超声波所引起的媒质微粒的振动,其振幅很小,加速度很大,因此可以产生很大的力量。

超声波的这些特性,在近代科学研究、工业生产和医学领域等方面得到广泛的应用。例如,可以利用超声波来测量海底的深度和探索鱼群、暗礁、潜水艇等;在工业上可以用超声波对金属内部的气泡、伤痕、裂缝等缺陷进行无损检测(NTD);在医学领域可以进行超声灭菌、超声清洗、超声雾化等;更重要的是能做成各种无创的超声诊断仪器和治疗仪器,为广大患者所欢迎。

2. 超声波的类型

1) 按质点振动方向和波传播方向的关系分类

横波:相对于波的传播方向,质点的振动方向可以不同。波在介质中传播时,介质质点振动方向和波的传播方向互相垂直,如图 8-2 所示。横波由切变弹性所引起,也称切变波。它仅在具有切变弹性介质中传播,即在固体和高黏滞流体中传播。人体软组织是一种似水介质(骨骼则属于固体),因此不产生横波。

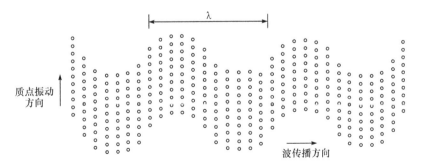

图 8-2　横波示意图

纵波:波在介质中传播时,介质质点振动方向与波的传播方向一致。纵波是由压缩弹性引起的。纵波通过时,介质中各个出现周期性的稀疏和稠密,如图 8-3 所示,因此也称为疏密波或压缩波。

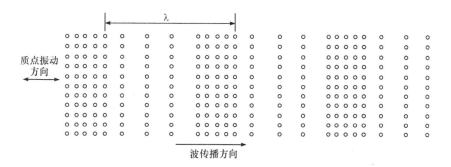

图 8-3 纵波示意图

横波和纵波是机械波的两种基本类型。因为人体软组织基本无切变弹性,横波在人体软组织中不能传播,而只能以纵波的方式传播。所以,纵波是超声诊断与治疗中常用的波型。

传播过程中,一种波型引起另一种波型时称为波型转换。例如,当一纵波以某一角度传到一固体平面上,在界面上就发生复杂的机械互作用,结果在固体中就有纵波与横波同时传播。超声诊断中,在软组织与骨骼界面上就会发生波型转换。由于横波的传播速度与方向均不同于纵波,因此会产生虚假的回波信号。

2) 按波阵面的形状分类

根据声波在传播时,弹性媒质质点的振动状态,可分为平面波、球面波和柱面波三种波型。

在这三种波型定义之前,先介绍波动过程中常用的两个概念。

波阵面:波由波源出发,在介质中朝各个方向传播。在某一时刻介质中相同的各点组成的面称为波面。波面有无数个,最前面的一个波面也就是波源最初振动状态传播的各点组成的面,又称波阵面,如图 8-4 所示。

波线:在各向同性的媒质中,与波阵面垂直的波传播方向上的一系列直线称为波线。

(1)平面波:波阵面为一平行平面的波称为平面波。

(2)球面波:波阵面为同心球面的波称为球面波。

(3)柱面波:波阵面为同轴柱面的波称为柱面波。

　　超声诊断中,探头发射的超声波在近场可视为平面波,在远场可视为球面波(或球面的一部分)。但为了方便起见,我们把它视为平面波。超声波与人体内微小障碍物(如红细胞)发生作用时,障碍物散射的超声波是球面波。

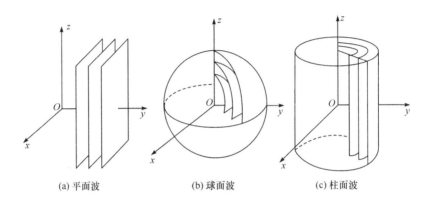

(a) 平面波　　　　　　　(b) 球面波　　　　　　　(c) 柱面波

图 8 - 4　按波阵面形状分类

　　3) 按发射超声的类型分类

　　可分为连续波和脉冲波。连续波目前只在连续波多普勒血流仪中采用,A型、M 型、B 型及脉冲多普勒血流仪均采用脉冲波。

　　3. 超声波的声学物理量

　　1) 波长、频率、声速

　　(1) 波长。

　　两个相邻同相位(相同振动状态)的振动点之间的距离称为波长,用 λ 表示。

　　(2) 频率。

　　单位时间内质点振动的次数即为频率,用 f 表示。$f>20\,\text{kHz}$ 的声波称为超声。大多数医用超声,其工作频率为 $2\sim10\,\text{MHz}$,其中,2 MHz、3.5 MHz、5 MHz、7.5 MHz 和 10 MHz 是常用的频率点。

　　(3) 声速。

　　声波在介质中单位时间内传播的距离称为声速,用 c 表示。它的大小由媒质的性质所决定;与媒质的密度和弹性模量有关,而频率对介质没有依赖性。如果频率是常数,那么波速和波长成正比。

$$c = \lambda f \tag{8.1}$$

　　2) 周期

　　振动质点完成一次完全振动(来回一次)所需的时间成为振动周期,单位为秒(s),常用字母 T 来表示。

3) 波长 λ、周期 T 和频率 f 与波速的关系

一个周期 T 的时间里振动传播的距离为 λ,波速 c 等于波长 λ 和周期 T 的比,$c=\lambda/T$,而 $f=1/T$,则 $c=\lambda f$。

在超声诊断中常用的量度单位:波长 λ 为 mm,周期 T 为 μs,频率 f 为 MHz,波速 c 为 m/s。

4) 声压与声强

(1) 声压。

超声波在介质中传播,介质的质点密度时疏时密,以至平衡区的压力时弱时强,这样就产生了一个周期性变化的压力。单位面积上介质受到的压力称为声压,用 P 表示。对于平面波,可表示为

$$P = \rho vc \qquad (8.2)$$

式中,ρ 为介质密度,v 为质点振动速度,c 为声速。

(2) 声强。

表示声的客观强弱的物理量即为声强。声强度是超声诊断与治疗中的一个重要参数。在单位时间内,通过垂直与传播方向上单位面积的超声能量称为超声强度,简称声强,用 I 表示。对于平面波:

$$I = P^2/\rho c \qquad (8.3)$$

声强单位为W/cm² 或 mW/cm² 或 μW/cm²。声强与声源的振幅有关,振幅越大,声强也越大;振幅越小,声强也越小。

对于平面超声波,它的总功率 W 为声强 I 和面积 s 的乘积,即

$$W = Is \qquad (8.4)$$

5) 声阻抗率

声场中某一位置上的声压与该处质点振动速度之比定义为声阻抗率 Z,即

$$P/v = Z \qquad (8.5)$$

在平面声波情况下,声阻抗率是具有简单的表达式。

$$Z = \rho c \qquad (8.6)$$

式中,ρ 为介质密度,c 为声速。由于声速 $c=\sqrt{B/\rho}$(B 为弹性系数),故有 $Z=\sqrt{\rho B}$。这表明声阻抗率 Z 只与媒质本身声学特性有关,故又称特性阻抗。媒质越硬,B 值越高,声特性阻抗越大。特性阻抗类比于线性电路中的电阻,声压类比于电压,振速类比于电流,故 $P/v=Z$ 类比于线性电路中的欧姆定律 $v/I=R$。

声阻抗率的单位是 Rayl,1Rayl$=$1g/(cm² · s)。超声诊断中常用的各种介质的声特性阻抗在表 8-2 中列出。

表 8 - 2　常用介质的密度、声速、声阻抗

介质名称	密度/(g/cm³)	超声纵波速度/(m/s)	声阻抗(×10⁵Rayl)
空气(22℃)	0.00118	344	
水(37℃)	0.9934	1523	0.000407
生理盐水(37℃)	1.002	1534	1.513
石蜡油(33.5℃)	0.835	1420	1.186
血液	1.055	1570	1.656
脑脊液	1.000	1522	1.522
羊水	1.013	1474	1.493
肝脏	1.050	1570	1.648
肌肉	1.074	1568	1.648
人体软组织(平均值)	1.016	1500	1.524
脂肪	0.955	1476	1.4105
颅骨	1.658	3360	5.570
晶状体	1.136	1650	1.874

　　按不同的声速和阻抗,人体组织可分成三类:第一类是气体和充气的肺;第二类是液体和软组织;第三类是骨骼和矿物化后的组织。由于这三类材料的阻抗存在较大的差别,声很难从某一类材料传到另一类材料区域中去,就限制了超声成像只能用于那些有液体和软组织的、且声波传播通路上没有气体或骨骼阻挡的那些区域。如果两种媒质的声阻抗相同,就可以获得最大的传声效率。在液体和软组织中,声波和阻抗变化不大,使得声反射量适中,既保证了界面回波的显像观察,又能保证声波穿透足够的深度,而且接受回波的时延与目标深度成近似的正比关系,这就是 B 超诊断设备图像成功应用必要的物理基础。

　　4. 声波的传播特性

　　1) 惠更斯原理

　　声波在传播过程中,波源的振动是通过媒质中的质点依次传播出去的,媒质中任意一点的振动将直接引起邻近各点的振动,这种振动可看作是一个新的波源-子波源。在其后的任意时刻,这些子波的包络形成新的波阵面,这就是惠更斯原理,如图 8 - 5 所示应用这一原理,可确定波的传播方向。

　　2) 声波的叠加原理

　　各个振源在媒质中独立的激起与自己频率相同的波,各个波的传播就像其他波不存在一样,遵循波的独立传播原则。而各个波相互交叠的区域,媒质质点的振幅则是各个独立波振动的矢量和,这就是声波的叠加原理,如图 8 - 6 所示。

　　根据叠加原理,在超声波相遇之处,各质元的振动就是各处波所引起的振动的合成,即相遇处各质元的位移是各个波在该处引起的矢量和。这里只讨论由两列

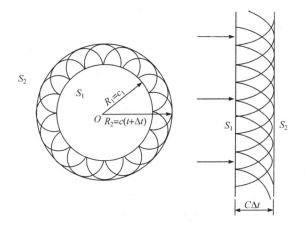

图 8-5　惠更斯原理示意图

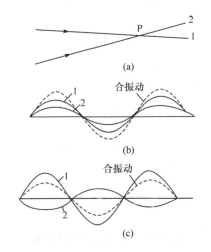

图 8-6　超声波的叠加原理示意图

频率相同、振动方向相同、在介质中每一点的周相差保持恒定的波的叠加。

如果周相差 $\Delta\psi$ 是 π 的偶数倍,即

$$\Delta\psi = 2K\pi, \qquad K \text{ 为整数} \tag{8.7}$$

即两分振动同相,则其合振幅最大,等于两分振动振幅之和。在这些点上振动始终是加强的。

如果周相差 $\Delta\psi = (2K+1)\pi$,K 为整数,即两振动反相,则其合振幅最小,为两分振动振幅之差,在这些点上振动始终是减弱的。

(1) 为两束波相交于 P 点;

(2) 为两束同方向同频率同相位波的合成、合振动始终加强;

（3）为两束同方向同频率反相位的合成、合振动始终减弱。

3）反射、折射与透射

超声在人体组织中传播不仅有衰减，同时还存在着反射、折射与透射现象。如果超声在非均匀质性组织内传播或从一种组织传播到另一种组织，由于两种组织声抗率的不同，在声抗率改变的分界面上便会产生反射，折射和透射。声波透过界面时，其方向、强度和波形的变化取决于两种媒质的特性阻抗和入射波的方向。在原媒质中的声波称为入射波；在分界面处，入射波的能量一部分产生反射，另一部分能量通过界面继续传播，这就是透射。

反射定律及折射定律与几何光学中的反射、折射定律相同。如图 8-7 所示。图中，1 与 2 是密度分别为 ρ_1 与 ρ_2 的媒质，超声波在媒质中的声速分别为 c_1 与 c_2，θ_i 是入射角，θ_r 是反射角，θ_t 是折射角，它们之间的关系为

$$\theta_i = \theta_r$$
$$\sin\theta_t / \sin\theta_i = c_2 / c_1 \tag{8.8}$$

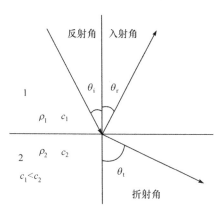

图 8-7　超声波的反射与折射

4）散射和绕射

当被检体组织结构远小于入射波波长时，就会产生波的散射。发生绕射的条件是反射界面和入射超声波波长接近，绕射时超声波仅绕过障碍物的边缘前进。发生散射时，作为小障碍物的人体组织将作为新的波源，并向四周发射超声。如图 8-8 所示。人体中发生超声散射的小障碍物主要有红细胞和脏器内的微小组织结构，前者是超声多普勒成像的根据，后者是超声成像研究脏器内部结构的重要依据。一般情况下，大界面上超声的反射回声幅度较散射回声幅度大数百倍。利用超声的反射只能观察到脏器的轮廓，利用超声的散射却可以了解脏器内部的病变。绕射现象在诊断时也经常用到，例如诊断胆结石，超声会在胆结石的界面发生反射，并在其后面会出现"身影"，这就是判断胆结石的依据。

5）声波的干涉

声波在媒质中传播时,媒质的质点随波而振动。若有两列或两列以上的声波同时传播到某点时,则该点的质点振动就是各列声波单独引起振动的矢量和,这就是声波的干涉现象,如图 8 - 9 所示。干涉的结果可能会使该处质点的振动增强,也可能会使振动减弱。

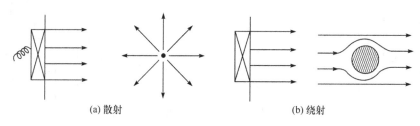

(a) 散射　　　　　　　　　　　　　(b) 绕射

图 8 - 8　超声波的散射与绕射

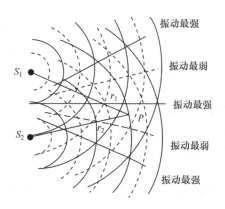

图 8 - 9　声波的干涉示意图

6）声波的衍射

惠更斯原理是分析超声衍射的物理基础,该原理由荷兰物理学家惠更斯于 1690 年提出,按此原理,媒质中的波动传到的各点,可以看作是发射声波的新波源(或称次波源),在这以后的波阵面,可由这些新波源发出的子波波前的包络面做出。将这个原理运用于衍射问题,可分析声源辐射声场特性,也可解释声波遇到障碍物时,波阵面发生畸变的现象。作为声源辐射,亥姆霍兹-基尔霍夫定理实际上就是将辐射面上各点均当作子波源,其辐射声场就是各子波的积分,该定理也称为衍射积分公式。

下面简单说明声波遇到障碍物的情况:声波在障碍物处形成新的子波源分布,按惠更斯原理,对子波包络作图,即可得到声波的波前发生变化的情况。显然,这种变化与障碍物的形状、性质及尺寸有关。当障碍物的线度比声波波长大许多时,声能大部分反射,在障碍物后形成较明显的声影区。当障碍物的线度比声波波长小许多时,声波基本上不受影响,继续向前传播,只是声能稍有减弱,即瑞利散射引起的衰减。而当障碍物与声波波长可以相比时,则衍射场成为具有特殊指向性的图案,如图 8 - 10 所示是按惠更斯原理作出的不同大小简单障碍物衍射的示意图。

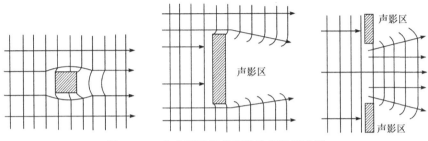

图 8 - 10　　大小不同简单障碍物衍射示意图

5. 多普勒效应

1842 年奥地利物理学家多普勒在研究行星与观察者之间存在相对运动时,首先观察到由于星光频率发生改变而引起色彩变化,由此命名为多普勒效应。

多普勒效应是各种波(电磁波、光波、声波等)共同具有的一种重要的物理现象。在声学中,当声源(声发射体)或观察者(接收器)相对于媒质运动,或二者同时相对媒质运动时,观察者收到的频率对于声源发出的频率不同。当声源与观察者之间的距离随时间缩短时,收听到的频率高于声源发出的频率;反之,收听到的频率低于声源发出的频率。声源发出的频率与观察者受到的频率之间的频率差称为多普勒现象。

例如,在一列火车鸣笛进站或出站时,笛声对车上的人是一个恒定的音调,但对于车站上的观察者而言,火车与他进行着相对运动,那么车站上的观察者所听到的笛声在音调上就有变化。进站时,其声调越来越高(即频率逐渐增加);出站时,其音调越来越低(即频率逐渐降低),这就是多普勒效应。

在各种波动领域,多普勒效应均有广泛而重要的运用。在电磁波中,应用于无线电雷达技术,如飞机导航用的多普勒雷达,航船使用的卫星导航等系统中。在超声技术中,应用更为广泛,如航船的多普勒纳导航仪、多普勒靠岸声呐等,特别在超声工业检测和医学诊断中,测量含有各种悬浮粒子(或气泡)液体(如纸浆、矿浆、河流、污水、血液等)的流速、流量,以及测量各种运动体,包括人体内胎心、瓣膜、血管壁等运动器官的状态与功能的主要手段。

8.3　医用超声探头

超声诊断设备主要依靠超声波传递信息,要达到传递信息的目的,必须具有特殊功能的器件,即能把电信号变换为超声信号,以便在人体软组织中的回波信息后,将其变成电信号,进行处理,最后在屏幕上以图像形式显示出来,供观察和诊断。发挥这一作用的是超声探头的功能件——超声换能器。

超声探头是超声诊断设备必不可少的关键部件,它的性能和品质直接影响整机的性能。超声诊断设备实际上是个超声信息处理装置,探头是一个空间处理器,它参与超声信号的时-空处理,作用是收敛波束,提高设备的纵向分辨力或侧向分辨力,提高设备的灵敏度,增大设备的探测深度。

1. 医用压电材料

超声换能器是利用压电效应实现电能和声能之间的相互转换。压电晶体(振子)是超声换能器的核心部件,它由压电材料制成。压电材料可以是天然的,也可以是人造的。如石英晶体就是一种天然压电材料,但其价格相对昂贵,性能指标的一致性也不理想。目前,医用超声探头中使用的压电材料基本上都是人造的压电晶体。

1) 分类按物理结构不同

压电材料可分为:

(1) 压电单晶体:如石英(SiO_2)、酒石酸钾钠($NaKC_4H_4 + 4H_2O$)、铌酸锂($LiNbO_3$)等。

(2) 压电多晶体(压电陶瓷):如钛酸钡($BaTiO_3$)、偏铌酸铅($PbNb_2O_6$)等为一元系;锆钛酸铅(俗称 PZT)、偏铌酸铅钡等为二元系;铌镁-锆-钛酸铅、铌锌-锆-钛酸铅等为三元系。

(3) 压电高分子聚合物:如聚偏二氟乙烯(PDVF)。

(4) 复合压电材料:如 PDVR+PZT。

2) 压电陶瓷的特性

目前使用最多的是 PZT 压电多晶体,其具有以下优点:

(1) 电-声相互转换效率高,灵敏度较高,可采用较低的激励电压;

(2) 与电路容易匹配;

(3) 性能比较稳定;

(4) 非水溶性,耐湿防潮,机械强度大;

(5) 价格低廉;

(6) 易于加工,可制成各种形状、尺寸,且可通过掺杂、取代、改变材料配方等方法,可以大范围调整其性能参数。

3) 主要物理参数

(1) 频率常数:压电陶瓷片的谐振频率(基频 f_s)和其厚度(d)的乘积是一个常数,称为频率常数(fe),单位是 Hz·mm 或 MHz·mm。由于每种材料制成的晶片,都有一个特定的频率常数,所以谐振频率由 d 决定。若厚度厚了,频率就会下降。因此,高频晶片要加工成薄片,故机械强度小,脆性大,且加工过程中易碎,成本就会提高,这就是目前超声探头的频率不可能做得很高的原因。

(2) 发射系数、吸收系数:发射系数是指在应力恒定时,单位场强引起的应力变化。发射系数大的材料,其发射效率高,适用于制成发射型的换能器。接收系数是指压电体的电位恒定时,单位应力变化所引起的场强变化。接收系数大的材料,其接收效率高,适用于制成接收型的换能器。

(3) 介电常数 ε:与平行板电容器相似,若晶体表面积为 S,标准电容为 C_0,晶体厚度为 d,则

$$\varepsilon = \frac{C_0 d}{0.884S} \tag{8.9}$$

(4) 机电耦合系数 K:表示机械能转换成电能的效率,它除了与材料有关以外,还与压电振子的形状和振动模式有关。

(5) 晶体的温度效应:当晶体本身的温度超过某一数值时,晶体内部的电偶极子可在晶体内部迁移,从而使该晶体不再具有压电效应。此温度点称为居里温度,不同晶体的居里温度不同,PZT 的居里温度为 328～385℃,这主要取决于制造工艺。

2. 换能器

不论何种超声诊断仪,其换能器的结构基本相同,主要是由声透镜、压电晶片、吸声背块、匹配层及导线组成,如图 8-11 所示。

1) 声透镜

可以是凸透镜或凹透镜,其作用是将换能器发出的波束聚焦(收敛、变细),以提高超声诊断仪的分辨力。聚焦基本原理与光学聚焦相同,电子聚焦由电路和换能器阵元相互配合实现。

2) 压电晶体

根据探头的种类和用途制成圆片或长条形片。其谐振频率由其厚度决定,厚度越小,谐振频率越高。目前,各种超声诊断仪探头均采用锆钛酸铅类压电陶瓷晶体,制作过程比较复杂。首先要按特定的配方配料,经过混合、预烧、粉碎、压片、烧结和上电极(被涂银)形成陶瓷片,经过高压处理,才具有压电性能。

3) 匹配层

人体皮肤和压电材料的声特性阻抗差异较大,为

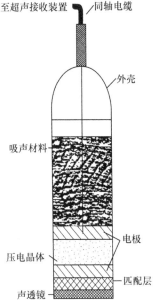

图 8-11　平面型换能器结构图

解决它们之间的声学匹配,在晶片前方需加上一层或多层匹配层,以使声能高效地在压电晶片和人体软组织之间传输,从而提高换能器的灵敏度、减少失真和展宽频带。匹配效果与声波的频率有关,不同频率的声波要求匹配层具有不同的厚度尺寸。

换能器和人体之间必须进行适当匹配,在换能器表面增加匹配层。这是因为压电晶体和人体皮肤声阻抗存在很大差别,如果换能器与人体直接接触并发射超声,超声在晶体和皮肤界面上会发生反射,而不能有效进入人体,达不到检查的目的。匹配层应选用衰减系数低、耐磨损的材料,常采用环氧树脂、二酊脂、乙二氨等材料精心配成。此外,匹配层还可以增加换能器的带宽。

4) 吸声块

由吸声材料制成。由于压电晶体具有双向辐射作用,晶体振动时,不仅向前辐射声波,而且也向后辐射声波,向前方辐射的声波对成像有效,而向后方辐射的声波易形成后向干扰而影响图像质量。吸声块的作用是将向后辐射的声能几乎全部吸收掉,以消除后向干扰。它同时也是晶体振动的阻尼装置,以缩短振动周期。超声的振动周期由晶体和阻尼材料决定,它影响成像的轴向分辨力。为此,常用环氧树脂为基质,加入声阻抗很大的钨粉混合而成,混合时根据阻抗指标来取钨粉和树脂的比例。为了提高材料的吸声性能,经常加入适量的橡胶粉。橡胶粉与环氧树脂的特性阻抗相接近,在钨粉和树脂混合物中加上 $5\% \sim 10\%$(体积)的橡胶粉时,就能增加衰减 $5.6 \sim 8.0\text{dB/MHz} \cdot \text{cm}$。

因换能器的功能类型而异,与换能器相匹配的其他部分,还要由机械探头的动力、位置信号检测和传动机构等部分组成。

5) 导线

导线的作用是传输电信号。在晶体两面的银层上,各引出一根导线,分别连接到接触座的中心和外壳上。为了安全,一般外壳接地。

6) 声隔离层

换能器与背板组件与探头壳体之间要进行声隔离,防止超声能量传至探头外壳引起反射,产生干扰信号。壳体常用低耗的金属材料做成,在超声发射期间,壳体也能引起振动。声隔离材料可采用软木、橡胶、尼龙等。

8.4　超声诊断仪的基本原理

B 型医用超声诊断设备是利用人体不同类型组织、病理组织与正常组织之间的声学特性差异、生理结构变化的物理效应,经超声波扫描探查、接收、处理所得信息,显示出人体内部的脏器边缘结构截面(结构型成像)和血流的运动状态(运动型成像)为临床应用的医用诊断仪器。

1. 超声诊断仪的显示型式

超声诊断仪接收到的超声回波信号,经过适当的处理后,最终将检出的有用信息显示在显示器上。显示型式有下列几种:

1）A 式显示

利用超声脉冲回波技术首先研制成 A 型超声诊断仪。A 式就是幅度显示,它以回声幅度的大小表示界面反射的强弱,是幅度调制型仪器。在阴极射线管荧光屏上,以横坐标代表被测物体的深度,纵坐标代表回波脉冲的幅度。横坐标要求有时间或距离的标度,借以确定产生回波的界面所处的深度。探头（换能器）定点发射获得的回波所在位置可得人体脏器的厚度、病灶在人体组织中的深度及病灶的大小。

A 型显示的回波图只能反映声线方向上局部组织的回波信息,不能获得临床诊断上需要的解剖图,且这段的准确性与医生的识图经验有很大的关系。因此,在超声诊断仪显示图像化的今天,其应用价值已逐渐降低,已退居次要地位。

2）B 式显示

脉冲回波系统中得到的回波幅度信号,加至示波管的阴极,用以调制时基线的亮度,并加以平面扫描,这种显示就称为 B 式显示。如果示波管上极限的方向与超声脉冲入射人体的方向一致,并且当换能器的位置逐渐改变时（或多阵元探头）,每条时基线的方向也相应的改变,则 B 式显示线代表了产生回波的每一个界面的空间位置,从而构成一幅二维图像。构成这样一幅二维图像需要一定的时间,其快慢取决于扫描的手段。采用电子扫描可实现实时成像,随着扫描变换器的发展,可配用 TV 显示,具有很高的灰阶能力,其亮度动态范围有 20dB 以上,图像质量有了明显的提高。

3）C 式显示

C 式显示也是一种亮度调制的显示,但它所显像的平面不同于 B 式显示。B 式显示的平面是在声线所在的平面,而 C 式显示的平面是垂直于声线的平面。它的横坐标代表水平方位,纵坐标代表高度,因此深度并不形成图像中的一维。这与 X 射线有点相似,不过 X 射线像是将三维体积投影到一个平面上,是一个阴影,而 C 式显示是某距离上的一个切面像。改变选通开关的时间,可以改变被显像的切面。

C 型显像仪采用多元线阵探头,水平 X 方向采用电子扫描方式,而在水平 Y 方向上通过机械的方法使探头移动。在接收回路中设计距离选择开关,并通过控制开关的开通时间,控制同一深度的回波信号被接收显示,由此获得该深度的平面 C 型声像图。如果是多元线阵探头通过机械的方法绕轴摆动,则可获得任意深度的曲面 C 型声像图,如图 8-12 所示。

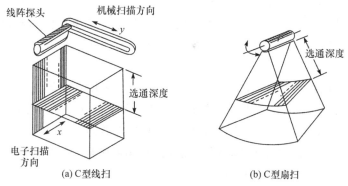

图 8-12　C 型扫描成像原理

如果距离选择开关的开通时间不是一个常数,而是一个线性或非线性函数,则接收的不再是同一深度的回波信号,由此获得深度切面图在 Z 方向为一个斜面或一个曲面声像图。但是,由于深度并不构成图像的一维,因此,显示屏上显示的图像是曲面所投影的平面像,最好辅以曲面形状的显示,这种扫描方式也称 F 型显示。

4)M 式显示

对于运动脏器,由于各界面反射回波的位置及信号大小是随时间变化,如果用幅度调制的 A 型显示,所显示波形随时间变化,得不到稳定的波形图。而 M 式显示中,将被接收的回波幅度加于显示器的阴极用作亮度调制,代表深度的时基线加至垂直偏转板上,而在水平偏转板上加一慢变的时间扫描电压,将深度(时间)的时基线已慢速沿水平方向移动。用 M 型式显示,深度方向上所有界面反射回波,用亮点的形式在显示器垂直扫描线上显示出来,随着脏器的运动,垂直脏器的运动,垂直扫描线上的各点将发生位置上的变动,同时在水平方向上加一个时间扫描信号,便形成一幅反射界面的活动曲线图,称为心动图,在图中 M 所示。如果反射界面是静止的,显示屏上就显示出一系列水平的直线,如图 8-13 所示。

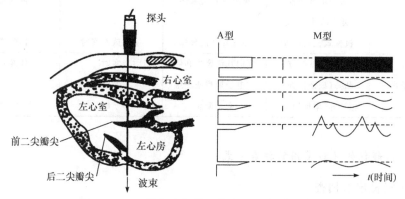

图 8-13　二维超声扫描显像和 M 型超声心动图

　　M型超声诊断仪对人体中的运动脏器,如心脏、胎儿胎心、动脉血管等功能的检查具有优势,并可进行多种心功能参数的测量,如心脏瓣膜的运动速度、加速度等。但 M 型显示亦不能获得解剖图像,而且不是用于静态脏器的诊查。

　　5) P 式显示

　　P 式显示也称平面目标显示,和 B 型显示一样,采用亮度调制,显示二维声像,与 B 型显示不同的是,换能器作旋转运动,显示器上的光点从屏中心向屏四周作径向扫描,并且此径向扫描线逐次改变方向,与换能器同步作旋转。这种型式适用于探头插入体腔内的检查方式,例如对肛门、直肠内肿瘤、食道癌及子宫颈癌等检查,亦可用于对尿道、膀胱的检查。

　　以上是超声诊断中常用的几种显示型式,从实质上看,C 式显示与 P 式显示都是亮度调制,是 B 型显示的特殊形式。综上所述,显示方式应分为 A 式、B 式、M 式三种。B 式显示中,无灰阶时,是两态显示,即幅度超过某一门限时有光点,反之则没有;而在灰阶显示中,亮度与幅度成正比,有较多的层次。M 式显示也是一条光迹,目标运动规律。现在的超声诊断仪往往兼有两种或两种以上的显示型式。

　　2. B 超仪的基本技术

　　各类 B 超的技术上差异主要体现在扫查方式的不同,因为 B 超仪所显示的界面声像图是二维灰阶图像,为此,探头中的换能器所发射和接受的超声波方向必须按一定规则扫查一个平面。产生这种扫查的方法有多种,如表 8-3 所示。

表 8-3　查扫方式分类表

声速驱动方式	声速的扫查方式	聚焦方式	成像速度	体表式或经体腔式
机械式	机械矩形扫查	单晶片几何聚焦	非实时或准实时	体表式
	机械扇形扫查(摆动式,转子式)	单晶片几何聚焦	实时	体表式
	机械式径向扫查	单晶片几何聚焦	实时或准实时	体腔式
电子式	线阵(直线扫查)	横向几何聚焦和侧	实时	体腔式
	凸阵(扇形扫查)	向电子聚焦或二维	实时	或
	相控阵(扇形扫查)	电子聚焦	实时	经体腔式

　　3. B 超仪的几种常用的扫查方式

　　1) 机械扇形扫查

　　机械扇形扫查技术是指以电机为动力,借助机械传动机构,使换能器发射的声速做一定角度的扇形扫查,可在 CRT 上显示出一幅扇形的切面图像,如图 8-14 所示。

机械扇形扫查是由机械扇扫 B 超仪的探头来执行的。为此,机械扇扫探头中除了换能器外,还必须具有使换能器绕某一轴线往返摆动或绕轴旋转的驱动机构。同时,为使超声扫查所获得回波信息能真实地显示出来,探头中还应具备一种换能器位置检测装置。

机械扇形扫查探头中通常只有一片单元式的圆盘形压电换能器,其直径为 12~20mm。为改善机械扇扫 B 超仪的横向分辨力,现在越来越多的仪器使用了可变电子聚焦的环形阵换能器。机械扇型扫查原理如图所示 8-15 所示。

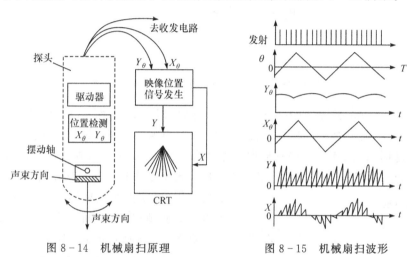

图 8-14　机械扇扫原理　　　　图 8-15　机械扇扫波形

(1) 探头的工作原理及结构。

① 晶片往返摆动:如图 8-16 所示,探头中的驱动器在外电路的控制驱使换能器绕其旋转轴左右来回摆动,其摆动角度通常在 ±45° 之内,摆动频率在 15Hz 左右。摆动频率的高低与探测深度等具体因素有关。在简易的实时显像仪中,为了使显示的图像不致有严重的闪烁感,摆动频率不得低于 15Hz。15Hz 时,每秒有 30 帧图像,此时人眼已经开始感到有闪烁,特别是这种设备左右来回都成像,因此在图像的左右两边闪烁的更严重。

对机械扇形扫查而言,稳定均匀的声束扇形扫查是获得不失真图像的可靠保证,也是衡量扇形扫查方法优劣的主要依据之一。往返摆动式扇形扫查中,通常使用直流电机作动力,由于采用摆动旋转,这样在一幅扇形图像的扫查过程中,换能器的角速度是不均匀的。中间区域角速度高,扇形边缘部位角速度低,而超声脉冲发射是等周期的,因此出现了扇形图像中部光栅稀,越靠边缘光栅越密的不均匀状况。由于直流电机属模拟电机,位置的重复精度差,再加上在往返摆动中,机械配合上的原因,造成帧与帧之间的扇形扫描线不能重叠,致使回波信息不能稳定重复、图像模糊、闪烁。此外,往返摆动式,在扇形边缘部分转动角加速度最大,造成机械振动大、噪声大、易出故障。所以,这种探头一般应用在普及型扇形扫描诊断中。

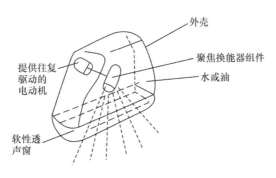

图 8-16　电机直接提供往复扫描的扇扫探头

② 晶片 360°旋转:如图 8-17 所示,三晶片相隔 120°,而实际成像角 90°,三晶片轮流工作,同一时刻只有一个晶片发射、接收声波。当某一镜片进入预定的扇形现象边缘时,该镜片进入扫查显像工作状态。完成 90°扇形扫查后,该晶片脱离工作状态,经 30°工作过渡,下一个晶片进入扇形现象工作状态,如此循环。这样,电机旋转一周,可获得 3 帧扇形扫查图像。电机作 360°匀速旋转,保证扇形均匀、稳定,多晶片提高了显像帧频,因此,多晶片 360°匀速旋转式探头是机械扇形探头中最理想的,也是先进的机械扇形超声诊断仪中最常见的。

（2）特点与适应范围。

扇形扫查具有远场探查视野大、近场视野小、探头与体表接触面积小等特点,因此,可以用很小的透声窗口,避开肋骨和肺对超声声束的障碍,非常适合于心脏的切面显像,是目前心脏实时动态研究的最有效手

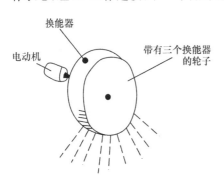

图 8-17　带有三个换能器的
转轮式机扫探头

段。此外,扇形扫查还可以用于腹部、妇产科的切面显像检查。

（3）数字扫描变换技术（digital scan conversion,DSC）。

如图 8-18 所示,是机械扇形扫查图像,它是由若干径向声束扫查线所构成的扇形声像图。图中的每根径向声束扫查线的位置,可用极坐标系来表示。而目前 B 型显示系统所有的显示器,都是直角坐标扫描方式。为了在显示器上显示扇形声像图,需将声束扫查线的极坐标表示变换成直角坐标表示。

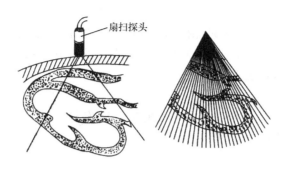

图 8-18 心脏机械扇形超声断层扫描与成像

目前,先进的超声诊断仪都已采用了数字扫描变换器,它本身具有极坐标到直角坐标的变换功能,属数字式变换。

在超声诊断仪中,为了能把回波的信号直接映射到 CRT 显示屏上,CRT 的光点偏向应时刻跟随回波源。从原理上讲,直接显示法最简单,但必须考虑速度问题。超声在人体软组织中的传播速度为 1540m/s,换能器发射超声脉冲到接收 20cm 深处的回波信号约需 260μs。考虑到 CRT 时扫描的时间,显示一次超声扫查的时间需 300μs 左右。为使图像具有可视性,每幅图像需有 100 条以上的超声扫查线组成,完成一幅图像需 30ms 以上,人眼观察这种实时图像会有闪烁感。对来回摆动显像的机械扇扫 B 超,这种闪烁感特别严重。

在超声扫查与 CRT 显示之间,如果插入一种图像存储器,超声回波的视频信号能够实时地存入到图像存储器中,同时从图像存储器中不断的取出图像信息到显示器去显示。存入图像存储器的速度将与超声扫查同步,而读出图像信息的速度可以适当提高(通常以 TV 的扫描速度读出与显示),这样就可视现实的图像稳定而无闪烁感。这种用数字方式、以不同速率来存入和读出图像信息的方法完成了从超声扫查到显示扫描的变换,通常称之为 DSC。

DSC 技术的引入,是超声诊断仪产生了质的飞跃。由于超声扫查与显示扫描之间是互相独立的,不管超声扫查的形式与速度如何,所显示的图像都将是没有闪烁感的,并可保持图像的高质量。DSC 能使图像有"冻结"功能,另外也能使图像处理、数据的测量、通过接口与外部进行图像数据的交换。

2) 电子线阵

电子线阵扫查模式采用线阵(直线)排列的多阵元(多晶体)的分时技术。在电子开关的控制下,阵元按一定的时序和编组受到发射脉冲的激励发射超声,并按既定的时序和编组控制多阵元探头接收回声,回声信号经放大处理后输入显示器进行亮度调制。显示器的垂直方向(Y 轴)表示探测深度,水平方向(X 轴)表示声束的扫查(位移)位置。

（1）探头。

线阵探头是由若干小阵元（由若干个微晶元并联后组成）排列成直线阵列的换能器组合。要求构成线阵的各阵元特性与所发出的声波一致。目前，阵元数已达128、256、512、1024 或更多。

（2）基本结构。

目前，比较完整的线阵 B 超主要由线阵探头、发射和接收系统、控制系统、DSC和显示器组成，如图 8－19 所示。

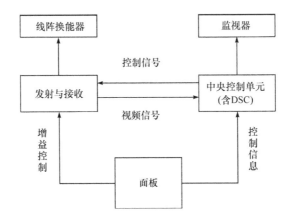

图 8－19　线阵超声诊断仪结构框图

① 发射与接收系统的主要功能是：

a. 电子聚焦数据的形成；

b. 超声的发射与接收；

c. TGC（时间增益控制）信号的形成；

d. 信号的对数压缩；

e. 接受信号的放大与检波等。

② 中央控制单元的主要功能是：

a. A/D 和 D/A 转换；

b. 数据的存储和读取；

c. 数字扫描变换；

d. 焦点的控制与切换；

e. 主控信号；

f. 数据的实时相关处理；

g. 字符显示及测量功能。

3）凸阵式扇形扫查

凸阵扇扫的工作原理与线阵扫查基本相同，但获得的是扇形图像。

凸阵式探头的前部为圆弧形，许多阵元沿该圆弧面排列，阵元的前部是圆弧形的匹配层，匹配层外面装有二维弧形的声透镜，探头厚度方向的圆弧形声透镜是为了获得厚度方向的声聚焦，如图 8-20 所示。凸阵式换能器的圆弧半径将决定与使用场合，常用的有 R76mm、R40mm、R20mm等。换能器具有的阵元数通常为 64、80、128，也有高达 192 阵元的。

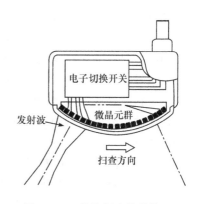

图 8-20　凸阵探头的结构

使用凸阵换能器作超声扫查时，其视野比线阵式线性扫查及机械（或相控阵）扫查都大。

凸阵探头与线阵探头相比具有的优点：

（1）相同的体表接触面，在深部的视野宽的多；

（2）能避开骨头引起的死角（如肋骨弓内、剑突下、耻骨结合下）进行观察；

（3）凸阵探头的前部是圆弧形，可自由选择方向压迫探头，能较好的排除死角（例如肺、胃、十二指肠等）内的部分气体进行观察。

4）相控阵扇扫

（1）相控阵探头。

它与线阵探头类似，有多个阵元排成直线阵列。其体积较小，声束很容易通过胸部肋间小窗口（肋间狭缝）在人体内作扇形扫查，得到视野宽阔的图像，可对整个心脏进行检查。

（2）相控阵扇形扫查波束的时空控制。

相控阵探头中既没有开关控制器也没有子阵，这是因为相控阵所有阵元对每个时刻的波束都有贡献，而不像线阵探头换能器那样分组、分时轮流工作。

① 相控发射：一个阵列由多个晶片组成，在各晶片上按不同的时间顺序加以激励脉冲，各晶片受激励后产生的超声叠加形成一个新的合成波束。合成波束的指向（合成波的波前平面的法线方向）与各晶片受激励的次序有关。如果按一定规律以相等的时间间隔对各晶片按顺序依次激励，且每相邻两晶片激励脉冲的时差是相等的，简称"等级差时间"，用符号 τ 表示时差。这是在叠加波束的方向与阵元行列的法线方向之间有一个夹角 θ，当波束传播速度不变时，θ 是 τ 的函数，只要改变 τ 值就可改变叠加波束的传播方向，如只改变阵元中各晶片受激励的先后时间顺序，保持 τ 值不变，则合成波束的方向将移到阵元法线另一侧的对称位置，就实现了一定角度范围内的超声束的扇形发送。

② 相控接收:相控阵接收的原理是:当换能器发射的超声在媒质内传播遇到回波目标时,会产生回波信号。回波信号到达各阵元的时间存在着差异,这一时差在媒质中的声速和回波目标与阵元之间的位置有关。若能准确的按回波到达各阵元的时差对各阵元接收信号进行时间或相位补偿,再叠加求和,就能将特定方向的回波信号叠加增加,而其他方向回波信号减弱甚至完全抵消。这样,接受延迟叠加产生了接收合成波束,阵列换能器接收信号就具有了方向性。改变对各阵元或各通道回波信号所进行的补偿的延迟时间,可改变接受合成波束相对于阵列法线的偏转角度。

(3) 相控阵超声诊断仪的基本结构。

整机控制单元产生发射声束偏转和焦距所需的延迟触发脉冲,控制发射电路形成高压激励窄脉冲,激励相控阵各阵元依次发射窄脉冲声波,合成偏转聚焦发射声束。来自人体的回波信号经换能器各阵元转换成电信号,经前置放大器放大后,进行相控阵接收偏转延迟、聚焦或动态聚焦延迟与求和处理,合成偏转聚焦接收声束信号,在经主通道进行对数压缩、检波放大和深度增益补偿模拟处理后,经 A/D 转换为数字信号,送入 DSC 与图像处理单元,完成声束扫描极坐标与显示直角坐标之间的转换和采样处理、插补、边缘检测、校正、窗口、灰度变换等图片处理,由 D/A 转换为模拟信号送显示器显示断层图像,如图 8-21 所示。

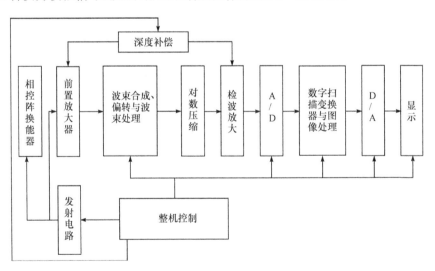

图 8-21　相控阵 B 超型原理框图

4. B 型超声诊断仪的工作原理

二维超声扫描显像原理是:采用超声脉冲回波调亮的二维灰阶显示,能形象地反映出人体某一断面的信息。二维扫描系统是超声诊断仪的换能器以固定方式向人体发射频率为数 MHz 的超声波,并以一定的速度在一个二维空间进行扫描,把人体反射回波信号加以放大处理,再送到显示器的阴极或控制栅极上,使显示器的光点亮度随着回波信号的大小变化,形成二维断层图像。在屏幕上显示时,纵坐标代表声波传入体内的时间或深度,而亮度则是对应空间点上的超声回波幅度调制,横坐标代表声束随人体扫描的方向。

1) B 型超声诊断仪的类型与结构

B 型超声诊断仪可分为两大类型,即黑白 B 超和彩色 B 超。在黑白 B 超中有小型便携式和大型多功能式。小型便携式机型中只有普通线阵 3.5MHz 标准探头配置;大型多功能式机型中探头配置比较多,如图 8 - 22 所示。有普通线阵探头、凸形探头、心脏探头、穿刺探头或配穿刺架等。还有配备宽频带探头和高频探头。除了探头的配备外,在系统功能上,各品牌、各机型有所不同,主要是在计算、操作和显示方面不断增加或改进,使计算和操作都十分简便。在彩色 B 超中,各档次分类差别较大,配备宽频带、高频和可变频的各种型号探头,整机的各种操作功能在不断提高,尤其是高档机型都在多普勒方面增加各种功能,主要对心脏方面的诊断,配备 7.5MHz 以上频率探头可做表浅血管血流检查测定。

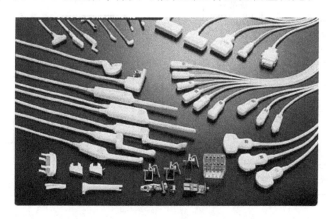

图 8 - 22　各种超声探头

B 型超声诊断装置的结构一般是由主机、探头、监视器、仪器车以及黑白视频打印机组成。对于彩色 B 超来说,除了上述 B 超的基本结构以外,还有磁带记录部分、光盘刻录机、彩色视频打印机等。主要是为了记录和回放病人检查的超声资料,以便分析和研究。

2) B 型超声诊断装置的基本框图

如图 8 - 23 所示,从基本框图可以看出,由 DSC 将控制信号送到发射/接收单元,控制发射、接收单元产生发射触发脉冲并将其送至探头,探头将接收回波送回发射/接收单元,接收回波在发射/接收单元受面板上的增益及灵敏度时间控制

STC 的调整,回波经放大检波为回波视频再到 DSC,回波视频在 DSC 处理成为全电视信号输出给监视器(受面板上信息开关控制)。

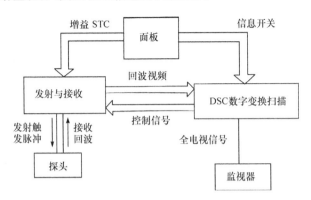

图 8-23　B 型超声诊断装置的基本框图

以下是日本 ALOKA SSD-210XII 型 B 超机型的电路原理,如图 8-24 所示。

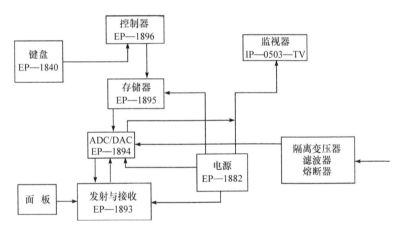

图 8-24　SSD-210XII 型 B 超机型的电路原理

(1) 系统框图。

SSD-210XII B 超的基本工作原理,如图 8-25 所示。这是 B 超整机的系统框图,显示了 B 超诊断仪的整个电路原理及工作流程。由晶体振荡器开始,自阵列换能器发射和接收信号后,通过多路转换开关到前置放大器和 TX 放大器,连接到相位控制、加法器、焦点选择、延迟线和振荡器后到对数放大器,再通过检波到视频放大,将此时的信号通过低通滤波器,经过 A/D 变换器到图像存储器、图像控制器,还有地址发生器、定时发生器、TX 发生器等,经过微处理器后再送给 D/A 变换器接到视频选择器,由视频选择器输出给监视器,显示超声波图像。

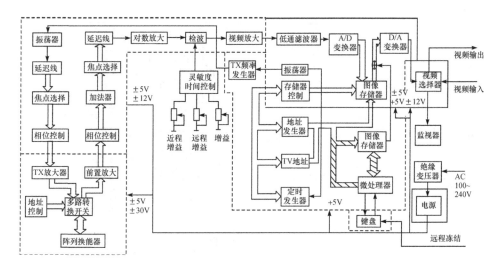

图 8－25 SSD-210XII 型 B 超系统框图

在系统框图中按信号流程可以看出具体的工作过程：

① 发射。

晶体振荡器→发射定时发生器→短脉冲群振荡器→延迟线→焦点选择→相位控制→发射放大器→地址控制器→复式交换→线阵换能器→（人体）。

② 接收。

（人体）→线阵换能器和地址控制→复式交换→接收放大器→相位控制→加法器→焦点选择→延迟线→对数放大器和增益、STC→检波→视频放大器→低通滤波→A/D 变换→图像存储器。

③ 显像。

图像存储器和图表存储器→D/A 变换和视频输入→视频输出和视频自动选择→监视器。

④ 定时。

晶体管振荡器→存储器控制、TV 地址、半时发生器。

计时发生器→存储器控制和地址定时及 TV 地址→图像存储器和图表存储器。

⑤ 控制。

（操作者）和遥控冻结→键盘→MPU→地址总线和数据总线→图表存储器。

⑥ 电源。

AC 100～240V→降压变换→电源供给→各电路板。

（2）主要单元线路。

发射部分如图 8－26 所示，接收部分图 8－27 所示。

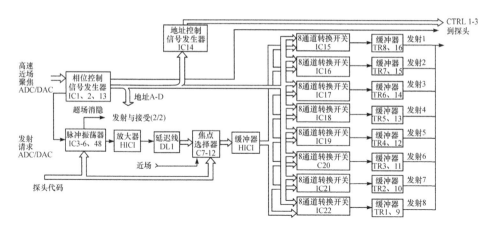

图 8 - 26　发射部分

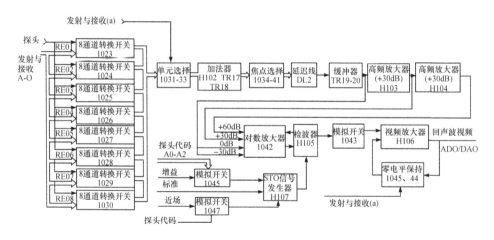

图 8 - 27　接收部分

8.5　B 型超声诊断设备的检测

　　B 型超声诊断设备在医疗器械管理分类中属于Ⅱ类,在通用要求的分类中,属于 BF 型,其检测标准是 GB9706.1《医用电气安全通用要求》、JJG639《医用超声诊断仪超声源》、GB10152《B 型超声诊断设备》、GB9706.9《医用超声诊断和监护设备专用安全要求》。

　　1. 检测仪器和环境要求

　　(1)毫瓦级超声功率计:分辨力优于 2mW,准确度优于 15%。

（2）漏电流测量仪：准确度优于 1‰，含 200μA 挡。

（3）仿组织超声体模（仿真模块）：TM 材料（超声仿人体组织材料）声速：$(1540+10)$m/s[(23 ± 3)℃]；

TM 材料声衰减系数斜率(0.70 ± 0.05)dB/(cm·MHz)[(23 ± 3)℃]；

尼龙靶线直径：(0.3 ± 0.05)mm；尼龙靶线位置偏差：±0.1mm。

（4）环境要求：

① 温度：15～35℃；

② 相对湿度：≤80%；

③ 大气压力：86～106kPa；

④ 电源：220V$(\pm10\%)$，50Hz。

2. 医用 B 型超声诊断仪图像质量表征

在临床上广泛应用超声诊断仪对患者进行疾患诊查和计划生育工作，其质量问题涉及到人类的生命健康及生命繁衍。提高 B 型超声诊断设备的图像质量，可以尽可能获取真实丰富的人体信息。图像质量的表征方法是关键的环节，通过以下技术参数来表征图像质量，检测模块如图 8-28 和图 8-29 所示。

1）盲区

B 型超声诊断设备可以识别的最近回波目标深度即为盲区。盲区越小则有利于检查出接近体表的病灶，这个性能主要取决于放大器的特性。此外，减小进入放大器的发射脉冲幅度和调节放大器时间常数，也会影响盲区的大小。但是，对于有水囊的换能器测试，盲区无意义。

2）探测深度

B 型超声诊断设备在图像正常显示允许的最大灵敏度和亮度条件下所观测到回波目标的最大深度即为探测深度。该值越大，越能在生物体的更大范围内进行检查。影响性能的因素有以下几个原因：

（1）换能器灵敏度。

换能器在发射和接收超声波过程中，实现了电→声和声→电转换效能。灵敏度越高，探测深度越大。灵敏度主要取决于晶片的机电性能和换能器声、电匹配层的匹配情况。

（2）发射功率。

加大换能器辐射的声功率可提高 B 型超声诊断设备的探测深度，但是加大声功率要增大电路的发射电压，这给整机设计带来一定的困难，因为必须限制声功率在安全阈值内。

（3）接收放大器增益。

提高接收放大器增益可提高探测深度。但是随着放大器增益的提高，在放大回波弱信号的同时,也放大了系统内的噪声信号,从而使有用信号将淹没在噪声中,故增益不能太大,必须要适中。

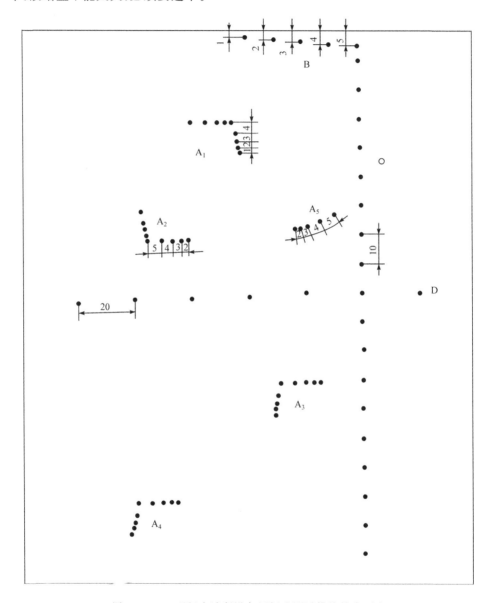

图 8-28　B 型超声诊断设备用标准测试模块技术要求

（适用于频率 1.0～3.5MHz）

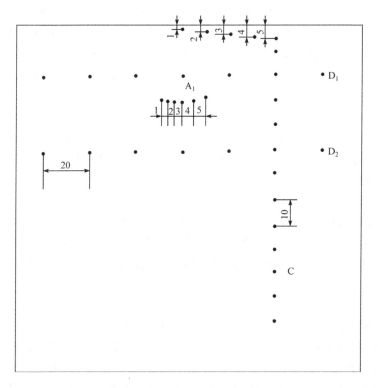

图 8 - 29　B 型超声诊断设备用标准测试模块技术要求

（适用于频率 5.0～7.5MHz）

（4）工作频率。

生物体内组织的声衰减系数和频率成直线关系。降低工作频率将有助于提高探测深度。但是，这样必然降低分辨力。为此，有些新型号 B 超采用了动态频率扫描和动态滤波技术，以使近、中场的分辨力和较大的探测深度能得到兼顾。

必须指出，根据 IEC 和各国 B 超质量管理文件规定，探测深度是在真实人体或质检用标准超声体模中最远回波目标的实测深度，而有些产品介绍中所指的探测深度是根据扫描线数、帧频，按媒质声速为 154m/s 从理论上算出声线长度，二者有根本的区别。

3）轴向分辨力（纵向分辨力）

沿声束轴线方向，图像显示中能够分辨两个回波的最小距离即为轴向分辨力（纵向分辨力）。该值越小，声像图上纵向界面的层理越清晰。对于连续超声波，可达到的理论分辨力等于半个波长。因此，频率越高，分辨力越好。由于生物组织界面并不是完全相同的靶点，所以实际中不可能达到理论分辨力的数值,而是相当于 2～3 个波长数值。在超声脉冲回波系统中,轴向分辨力与超声脉冲的有效脉宽(持续时间)有关;脉冲越窄,轴向分辨力越好,为了提高这一特性,目前换能器普遍采用多层最佳阻抗匹配技术,同时在改善这一特性中,为了保证脉冲前沿陡峭,在接收放大器中都采用了最好的动态跟踪滤波器。

4)侧向分辨力(横向分辨力)

在超声束的扫查平面内,垂直于声束轴线的方向上能够区分两个回波目标的最小距离即为侧向分辨力(横向分辨力)。该值越小,声像图横向界面的层理越清晰。其影响因素包括:

(1)声束宽度。

声束越窄,侧向分辨力越好,而声束宽度与晶片直径和工作频率有关,然而换能器尺寸不可能做得很大,频率也不能无限提高。因此设计者采取了透镜、可变孔径技术,在设计中应用了分段动态聚焦和连续动态聚焦,从而提高了侧向分辨力。

(2)系统动态范围。

在换能器产生的有方向性声场内,声压(或声强)并不是均匀分布的。远场的普遍规律:在扫描平面内与声轴垂直的直线上,与声轴焦点处声压最高,随离开声轴的距离向两侧单调降低。在显示系统的 30dB 动态范围内,声束宽度必须随增益的升降而相应地变宽和变窄,而目标回波声像的横向尺寸也会相应地拉长和缩短。这就是在超声体模上,即可由两条靶线声像的横向间隙,又可由一条靶线声像的横向宽度判读侧向分辨力的原理。

(3)显示器亮度。

由于几何分辨力的限制,由光电构成的所有回波图像都有不同程度的模糊,即亮度由中心向四周逐渐降低。在不同亮度条件下,两横向相邻回波目标声像的间隙情况会有不同现象。

(4)媒质中的声衰减。

在几乎所有的理论著作中,对声束形状和聚焦效果的讨论都是在假定媒质中没有声衰减的前提下进行的。但是生物体组织中的声衰减是不可忽略的,并且有其特有的规律,即声衰减系数约与频率成直线关系。这样,当作为信息载体的宽带超声脉冲在人体中往返传播时,其中心频率就会不断下移,并导致聚焦声束焦距缩短和焦点后方声束迅速扩展,这就是声束钝化效应(beam-hardening)。由此可见,媒质中的声衰不仅影响探测深度,而且对侧向分辨力也有影响。

5)声束切片厚度

平面线阵、凸阵和相控阵探头在垂直于扫描平面方向的厚度即为声束切片厚度。声束越薄,图像越清晰。反之,会导致图像压缩,产生片厚伪像。

切片厚度大小取决于晶片短轴方向的尺寸和工作频率。为了使之变薄,现代 B 型超声诊断设备探头普遍装有硅橡胶制作的聚焦声透镜。必须指出,切片厚度既然是声束的横向尺寸,必然与侧向分辨力一样,会受到众多因素的影响,不再赘述。

6) 对比度分辨力

B 型超声诊断设备图像上能够检测出的回波幅度的最小差别即对比度分辨力。对比度分辨力越好,图像的层次感越强,信息显示越充分。对比度分辨力主要取决于声信号的频带宽度和仪器的灰度设置,声信息最终是由显示器变成画面。为了将灰阶尽可能的体现出来,必须采用具有较大动态范围的扫描转换管。

7) 显示和测量准确度

B 型超声诊断设备显示和测量实际目标尺寸和距离的准确度即为显示和测量准确度。影响显示和测量准确度的因素包括扫查线性、阵元扫查规律性和声束设定。一般情况,扇形图像的均匀性比平面线阵扫查时差,故其显示和测量的准确也不如后者。

3. B 型超声诊断设备的分档原则

(1) 按 B 型超声诊断设备功能特点、使用性能的不同,将设备分为 A、B、C、D 四档。如图 8 - 30 所示。

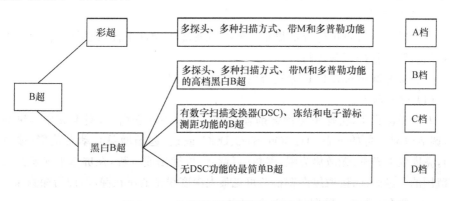

图 8 - 30　B 型超声诊断设备分档示意图

(2) 设备的分档方法如表 8 - 4 所示,具体的分类指标如表 8 - 5～表 8 - 8 所示。

表 8-4　通用 B 型超声诊断仪超声源档次划分

档次	A	B	C	D
扫描方式	电子线阵,凸阵,相控阵,环阵,机械扇形中两种或以上		一种或一种以上	机械扇形
显示模式	B,B+M,M		一种或一种以上	B
探头频率	三种或三种以上,最高频率≥5MHz	两种或两种以上,最高频率≥5MHz	一种或一种以上	
信号处理	实时全域动态聚焦前、后处理,DSC	面板控制多段动态聚焦,前、后处理,DSC	单点或分段聚焦,DSC	单点聚焦
多普勒功能	彩色多普勒血液成像,连续波,脉冲波,快速傅里叶变换,高重复频率	连续波,脉冲波,快速傅里叶变换		
声束线束	≥128	≥80		
特殊探头	可选	可选		

4. B 型超声诊断设备的检测指标和检测方法

1）输出声强

一般应不大于 $10mW/cm^2$,对超出 $10mW/cm^2$ 的仪器,应公布其输出声强值,并在明显位置警示"严禁用于胎儿"。

2）测试方法

检测时应尽量避免外界的振动、噪声、电磁场等物理干扰,光照适当,使之不影响各项试验工作的正常进行。

探头标称频率标志以目力检查的方法进行。

（1）探测深度。

开启被测设备,将探头经耦合剂置于超声体模声窗表面上,对准其中的纵向靶群,调节被测设备的增益、TGC（或 STC、DGC,或近、远场增益）、动态范围（或对比度）,亮度以无光晕、无散焦为限,聚焦（可调者）置远场或全程,在屏幕上显示最大深度范围的声像画面,读取纵向靶群总可见最大深度线靶的所在深度,即为探测深度。

（2）侧向（横向）、轴向（纵向）分辨力。

开启被测设备,将探头经耦合剂置于超声体模声窗表面上,根据被测设备类型,按要求,对准体模中规定测试深度的侧向或轴向靶群,被测设备的调节要求同上所述,增益、聚焦（可调者）置该靶群所在深度附近,隐没体模材料产生的背向散射光点,保持靶线图象清晰可见,微动探头,读出可分开显示为两个回波信号的两靶线之间的最小距离。

表8-5　A档超声诊断设备的性能要求

探头标称频率/MHz	$f\leq2.5$		$2.5<f\leq4.0$		$4.0<f\leq5.0$		$5.0<f\leq7.5$	
探头类型	线阵,R≥60mm凸阵	扇扫,相控阵,R<60mm凸阵	线阵,R≥60mm凸阵	扇扫,相控阵,R<60mm凸阵	线阵,R≥60mm凸阵	扇扫,相控阵,R<60mm凸阵	线阵,R≥60mm凸阵	扇扫,相控阵,R<60mm凸阵
侧向(横向)分辨力/mm	≤3(深度≤130) ≤4(130<深度≤160)	≤3(深度≤80) ≤4(80<深度≤160)	≤2(深度≤130) ≤3(130<深度≤160)	≤2(深度≤80) ≤4(80<深度≤130)	≤2(深度≤80)	≤2(深度≤60)	≤1(深度≤60)	≤1(深度≤40)
轴向(纵向)分辨力/mm	≤1(深度≤130) ≤2(130<深度≤170)	≤1(深度≤80) ≤2(80<深度≤170)	≤1(深度≤130) ≤2(130<深度≤170)	≤1(深度≤80) ≤2(80<深度≤130)	≤1(深度≤100)	≤1(深度≤80)	≤1(深度≤80)	≤1(深度≤40)
盲区/mm	≤4	≤8	≤3	≤8	≤3	≤7	≤2	≤7
最大探测深度/mm	≥190	≥180	≥180	≥160	≥120	≥80	≥80	≥60
几何位置精度/%	横向≤10 纵向≤10	横向≤15 纵向≤10	横向≤10 纵向≤5	横向≤10 纵向≤10	横向≤5 纵向≤5	横向≤10 纵向≤10	横向≤5 纵向≤5	横向≤10 纵向≤5

表 8-6　B档超声诊断设备的性能要求

探头标称频率/MHz	f≤2.5		2.5<f≤4.0		4.0<f≤5.0		5.0<f≤7.5	
探头类型	线阵，R≥60mm凸阵	扇扫，相控阵，R<60mm凸阵	线阵，R≥60mm凸阵	扇扫，相控阵，R<60mm凸阵	线阵，R≥60mm凸阵	扇扫，相控阵，R<60mm凸阵	线阵，R≥60mm凸阵	扇扫，相控阵，R<60mm凸阵
侧向(横向)分辨力/mm	≤3(深度≤130) ≤4(130<深度≤160)	≤3(深度≤80) ≤5(80<深度≤130)	≤3(深度≤130) ≤4(130<深度≤160)	≤3(深度≤80) ≤5(80<深度≤130)	≤2(深度≤80)	≤2(深度≤60)	≤1(深度≤60)	≤1(深度≤40)
轴向(纵向)分辨力/mm	≤1(深度≤130) ≤2(130<深度≤170)	≤2(深度≤130)	≤1(深度≤130) ≤2(130<深度≤170)	≤2(深度≤80) ≤3(80<深度≤130)	≤1(深度≤80)		≤1(深度≤80)	≤1(深度≤40)
盲区/mm	≤5	≤8	≤4	≤8	≤3	≤7	≤3	≤7
最大探测深度/mm	≥180	≥160	≥170	≥140	≥120	≥80	≥80	≥60
几何位置精度/%	横向≤10 纵向≤10	横向≤15 纵向≤10	横向≤10 纵向≤5	横向≤10 纵向≤10	横向≤10 纵向≤5	横向≤10 纵向≤10	横向≤10 纵向≤5	横向≤10 纵向≤5

表 8 - 7　C 档超声诊断设备的性能要求

探头标称频率/MHz	$f \leqslant 2.5$		$2.5 < f \leqslant 4.0$		$4.0 < f \leqslant 5.0$	
探头类型	线阵 $R \geqslant 60mm$ 凸阵	扇扫 $R < 60mm$ 凸阵	线阵 $R \geqslant 60mm$ 凸阵	扇扫 $R < 60mm$ 凸阵	线阵 $R \geqslant 60mm$ 凸阵	扇扫 $R < 60mm$ 凸阵
侧向(横向) 分辨力 /mm	$\leqslant 3$ (深度$\leqslant 80$)$\leqslant 5$ $80 <$深度$\leqslant 160$	$\leqslant 3$ (深度$\leqslant 80$)	$\leqslant 3$ (深度$\leqslant 80$)$\leqslant 4$ $80 <$深度$\leqslant 130$	$\leqslant 4$ (深度$\leqslant 80$)$\leqslant 5$ $80 <$深度$\leqslant 130$	$\leqslant 2$ (深度$\leqslant 40$)$\leqslant 3$ $40 <$深度$\leqslant 80$	$\leqslant 3$ (深度$\leqslant 60$)
轴向(纵向) 分辨力 /mm	$\leqslant 2$ (深度$\leqslant 130$)$\leqslant 3$ $130 <$深度$\leqslant 170$	$\leqslant 2$ (深度$\leqslant 80$)	$\leqslant 2$ (深度$\leqslant 80$)$\leqslant 3$ $80 <$深度$\leqslant 130$	$\leqslant 2$ (深度$\leqslant 80$)	$\leqslant 1$ (深度$\leqslant 40$)$\leqslant 2$ $40 <$深度$\leqslant 80$	$\leqslant 1$ (深度$\leqslant 60$)
盲区/mm	$\leqslant 6$	$\leqslant 8$	$\leqslant 5$	$\leqslant 8$	$\leqslant 3$	$\leqslant 8$
最大探测 深度/mm	$\geqslant 180$	$\geqslant 160$	$\geqslant 140$		$\geqslant 100$	$\geqslant 80$
几何位置 精度/%	横向$\leqslant 15$ 纵向$\leqslant 10$	横向$\leqslant 20$ 纵向$\leqslant 10$	横向$\leqslant 15$ 纵向$\leqslant 10$	横向$\leqslant 20$ 纵向$\leqslant 10$	横向$\leqslant 10$ 纵向$\leqslant 10$	横向$\leqslant 15$ 纵向$\leqslant 10$

表 8 - 8　D 档超声诊断设备的性能要求

探头标称频率/MHz	$f \leqslant 2.5$		$2.5 < f \leqslant 4.0$		$4.0 < f \leqslant 5.0$	
探头类型	线阵	扇扫	线阵	扇扫	线阵	扇扫
侧向(横向) 分辨力/mm	$\leqslant 4$ (深度在 最佳处)	$\leqslant 3$ (深度在 最佳处)	$\leqslant 4$ (深度在 最佳处)	$\leqslant 2$ (深度在 最佳处)	$\leqslant 2$ (深度在 最佳处)	$\leqslant 3$ (深度在 最佳处)
轴向(纵向) 分辨力/mm	$\leqslant 2$(深度在最佳处)			$\leqslant 1$(深度在最佳处)		
盲区/mm	$\leqslant 4$	$\leqslant 8$	$\leqslant 6$	$\leqslant 8$	$\leqslant 6$	$\leqslant 8$
最大探测 深度/mm	$\geqslant 180$	$\geqslant 160$	$\geqslant 140$		$\geqslant 80$	
几何位置精度/%	横向$\leqslant 6$,纵向$\leqslant 6$					

　　应根据设备的档次及频率,按所划分的相应要求对规定深度内的靶群全部进行试验,当规定深度内各靶群的分辨力均达到 B 型超声诊断设备的分档及性能要求中的相应要求时,则认为分辨力检验合格。

　　(3) 几何位置精度。

　　开启被测设备,将探头经耦合剂置于超声体模声窗表面上,对准其中的纵向或横向线形靶群,利用设备的测距功能或屏幕标尺,在全屏幕分别按纵向和横向每

20mm 测量一次距离,再按式(8.10)计算出每 20mm 的误差(％),取最大值作为纵向和横向几何位置精度。

$$几何位置精度 = \left| \frac{测量值 - 实际距离}{实际距离} \right| \times 100\% \qquad (8.10)$$

(4)盲区检测。

开启被测设备,将探头经耦合剂置于体模声窗表面上,对准其中的盲区靶群,观察距探头表面最近且其后图像都能被分辨的那根靶线,测试该靶线与探头表面的距离,则盲区为小于该距离。试验时,如果探头不能对靶群中所有靶同时成像,也可平移探头分段或逐一显示。

(5)电源电压适应范围。

将电源电压分别调至额定值 110％和 90％,设备应能正常工作、其探测深度、轴向(纵向)和侧向(横向)分辨力、几何位置精度等技术指标应符合表 8-5～表 8-8 中的要求。

(6)连续工作时间试验。

试验环境为基准条件,设备处于连续扫描显示工作状态(机械扇扫可间歇工作),8h 后检测其探测深度、轴(纵)向、侧(横)向分辨力,应符合 B 型超声诊断设备的分档及性能要求中的相应要求。

5. B 型超声诊断仪的安全要求及检测

(1)电安全性能。

设备的患者漏电流、外壳漏电流、对地漏电流、电源线对地电介质强度的试验方法和要求按照 GB9706.1 进行。

(2)对除颤放电效应的防护。

对于有插入体腔内(如食道内)的探头的设备,如有必要还需测量设备对心脏除颤器放电效应的防护。即要能承受 3kV 的脉冲高压,而在其信号和输入和输出部分不出现对地峰值电压大于 1V。

(3)对探头温升的检查。

有上述食道内探头的设备,还必须检测其探头的温升。一般探头的温度不得大于 41℃ 安全极限温度。

8.6 B 型超声诊断设备的检测仪器

按照检测标准,B 型超声诊断设备的检测仪器主要是超声功率计、体膜和相关的安全检测仪器。

1. BCZ100-1 型毫瓦级超声功率计

BCZ100-1 型便携式毫瓦级超声功率计(以下简称超声功率计)是检定 A 型、B 型、M 型及各类医用超声诊断仪超声源的主要检测仪器。由于超声功率计体积小、重量轻、耐振动、便于携带,也适用于现场检测。

2. 主要技术指标

(1) 型式:便携式。

(2) 工作气候条件:温度 15~35℃;相对湿度≤80%;电源:220V,50Hz。

(3) 频率范围:0.5~10MHz。

(4) 功率范围:1~100mW。

(5) 分辨力:0.1mW;不确定度:±10%读数±0.1mW。

(6) 声窗直径:+35mm。

3. 超声功率计结构及工作原理

BCZ100-1 超声功率计外形如图 8-31 所示,由探头夹持器、消声水槽、全反射靶、磁电式力平衡机构、光电式零位指示系统和调节指示系统组成。仪器机箱及传感器由合金铝和不锈钢材料制成,并表面喷塑处理,长期坚固耐用。

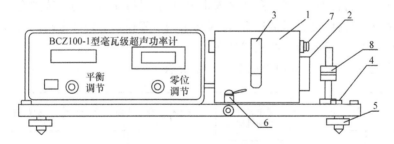

图 8-31　BCZ100-1 超声功率计

1. 消声水槽;2. 声窗;3. 水位刻度线;4. 水平器;
5. 水平调整脚;6. 排水阀门;7. 锁紧器;8. 探头夹持器

消声水槽的内壁贴有吸声系数大于 0.99 的吸声材料,以确保所需的自由声场条件。全反射靶为中空圆形平面靶,能保证可以截取声束的全部能量。检测结束后,全反射靶有锁紧机构进行固定,以免储存或运输中遭到损坏。超声功率计采用抵偿辐射压力法测量超声声功率。根据超声计量学基本原理,作用于全反射靶上的超声源辐射功率为

$$p = \frac{cF}{2\cos^2\theta} \tag{8.11}$$

式中，P 为总声功率，W；F 为沿超声波轴线方向作用于靶上的力，N；c 为超声在液体中的传播速度，m/s；θ 为靶面法线与入射声束之间的夹角，°。

由式（8.11）可求出：

$$F = \frac{2\cos^2\theta}{c}p \tag{8.12}$$

超声束作用于全反射靶上的辐射压力 F 产生的力矩为

$$M_f = FL \tag{8.13}$$

式中，L 为全反射靶中心至转轴间的力臂长度。

磁电式力平衡机构中流过动圈绕组的电流 I 与动圈所在的恒定磁场相互作用，产生的转动力矩等于：

$$M_I = KI \tag{8.14}$$

式中，K 为转矩系数。

采用抵偿测量法，当全反射靶回到零位时，则 $M_f = M_I$，即 $FL = KI$，由此可得

$$F = K/L \times I \tag{8.15}$$

将此式代入总功率公式中得

$$P = (c/2\cos^2\theta) \times (K/L) \times I \tag{8.16}$$

由此可见，当超声束入射角 θ 不变时，磁电式力平衡机构动圈中的电流 I 与超声声功率 P 对应成正比关系，因此根据电流 I 的大小可测量出超声声功率值。全反射靶的动态特性及零位状态由"平衡指示"仪表进行显示。为了改进全反射靶在液体中的动态特性，使指示值稳定，该仪器采用了零位自动跟踪电路。数显电路增加了零位调节，使测量值保持从零计数。

超声功率计基本工作原理如图 8-32 所示。

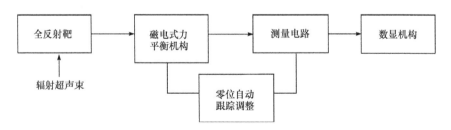

图 8-32　超声功率计基本工作原理图

4. BCZ100-1 型毫瓦级超声功率计的使用方法

（1）把超声功率计置于稳固的工作台上，利用水平调整脚将仪器调至水平，然后用漏斗从消声水槽上盖孔缓慢地注入除气蒸馏水至水位线刻度处（如超量须从排水阀放出），驱除靶面及声窗内面的气泡。

（2）旋下声窗保护盖,对透声薄膜和超声探头进行清洁处理后涂敷上耦合剂,使二者紧密结合,用夹持器将探头贴敷在透声薄膜中央,对准声窗中央位置。使超声束轴线垂直于声窗,并注意驱除表面的气泡(此时超声诊断仪探头不应有超声输出)。

（3）打开电源,松开靶锁紧器,稳定5min后,调节"平衡调节"旋钮,使"平衡指示"仪表指零后,调节"零位调节"旋钮,使数字指示值为零。

（4）使被检仪器置于最大声功率输出状态,调节"平衡调节"旋钮,使"平衡指示"仪表指针返回零位,此时数字表示值即为被检仪器输出声功率 P_m(mW)。

（5）测试完毕后,首先锁紧"靶锁紧器",然后从排水阀放净消声水槽中的水,关掉电源,清洗掉透声薄膜耦合剂,最后旋上声窗保护盖。

（6）注意事项。

① 必须按仪器的使用方法规定的顺序操作。

② 测量液体应使用除气蒸馏水。

③ 为防止反射靶在运输中损坏,每次测试完毕后,必须先锁紧"靶锁紧器"(右旋,弹出),无水时不得松开锁紧器(推入,左旋),否则须加水后重新锁紧。以免靶锁空状态。

④ 断电后未锁反射靶,仪器将发出音响报警,如声响音减小可打开后面电池合盖板更换9V电池。

⑤ 声窗膜如老化、漏水,可随时更换。声窗膜换好后,注水通电,按动声膜,如平衡指示表随之摆动,说明反射靶处于正常工作状态。

⑥ 加水时应与水位线平齐,水平器须调整底脚到水平位置。否则可能造成指示值零位调不到位。当注水超量时,将从底板上的泄水孔向下排出。

⑦ 向声场中注水必须使用漏斗,防止水溅到靶的力矩杆上,产生水粘连。

⑧ 中空靶上若有气泡,用软线轻轻驱除,不得用硬物用力驱赶,以防将靶矩杆损坏。

⑨ 检测时不允许移动功率计的位置,以防止水进入电路板中。在医疗现场使用时,可将仪器箱盖取下置于诊断床上,将仪器脚放入上面三个坐垫内使用。

⑩ 平时不用时,保持仪器干燥。运输时,必须注意防震,并不能倒、侧位放置仪器。

5. 仿组织超声体模

KS107BD 型和 KS107BG 型仿组织超声体模和毫瓦级超声功率计一样,也是 B 型超声诊断设备重要的标准检测装置。

仿组织超声体模就是在超声传播特性方面模仿软组织的人体物理模型,由超声仿人体组织材料(ultrasonicall tissue-mimicking material,TM 材料)和嵌埋于其中的多种测试靶标以及声窗、外壳、指示性装饰面板构成的无源式测试装置。

目前,世界上只有美国的几家公司和中国科学院声学研究所能够制造商品化超声体模。由中国科学院声学研究所研制生产的系列化 TM 材料、低频 B 超体模(KS107BD 型)、高频 B 超体模(KS107BG 型)均已通过国家技术监督局鉴定,被评价为"TM 材料质地均匀,参量确切,稳定长效,优于国外材料","体模在性能和使用寿命等方面达到了国际先进水平","具有重大的经济效益和社会效益",现就KS 107BD 仿组织超声体模介绍如下:

1) KS107BD 型超声体模的结构

KS107BD 型超声体模适用于对工作频率在 4MHz 以下的 B 超设备的性能检测。

(1) 技术指标。

① TM 材料声速:(1540±15)m/s,(23±3)℃。

② TM 材料声衰减系数斜率:(0.70±0.05)dB/cm/MHz,(23±3)℃。

③ 尼龙靶线直径:(0.3±0.05)mm。

④ 尼龙靶线位置公差:±0.1mm。

(2) 外部结构。

体模的底和四壁是用有机玻璃加工组合而成,底板开有直径 36mm 圆孔两个,封有 1mm 厚橡皮,供注射保养液之用。四壁外表面贴有指示和装饰用塑料薄膜面板。顶面封以 70μm 厚聚酯薄膜用作声窗。再上面为 10mm 深水槽,检测时即使以水为耦合剂也不会流失。水槽上有 3mm 厚盖板,以便在仪器不用时保护声窗。

(3) 标准媒质。

在四壁、底板和声窗围成的六面体空腔内,充有符合技术指标要求的 TM 材料作为标准传声媒质。

(4) 线靶系统。

在 TM 材料内嵌埋有尼龙线靶 8 群,其分布如图 8-28 所示。

2) KS107BD 型超声体模使用方法

(1) 取下盖板和保护用的海绵垫。

(2) 在水槽内倾注适量蒸馏水(以保证探头与声窗间耦合,一般不宜充满水槽)或水性凝胶型医用超声耦合剂。

(3) 按规定程序开启被测仪器。

(4) 将被测仪器探头经耦合媒质置于体模声窗上,并使声束扫描平面与靶线垂直。记录被检仪器的探头型号、扫描方式和工作频率。

3）超声体模的有效期和维护保养

（1）有效期。

由于结构原理的特殊性，超声体模没有同类仪器的上溯传递，不能实行周期检定，而是按有效期管理。KS 系列产品有效期为三年，但因使用、保管不当而造成实质性损坏者例外。三年之后，应送中国科学院声学研究所作新旧比对。对于性能正常仍可续用者，将出具有效证明材料。

（2）日常维护。

① 更换声窗薄膜：若声窗不慎扎破或久用磨破，应立即用胶纸将破口密封，不使体模内液体经破口散失，并及时送中科院声学所修理。

② 修补 TM 材料：若因使用不当造成表层 TM 材料严重损伤，但其下部分仍然正常，中科院声学所可清除损伤部分，重新灌装。

③ 琼脂凝胶型 TM 材料的冰点为 0℃，熔点为 78℃。结冰或熔化意味着超声体模已经彻底报废，故切勿冷冻或烘烤。最佳储存温度为 10～35℃。

④ 切勿将体膜跌落、剧烈颠簸或用力按压。除注液保养时外，均应竖直放置，不可上下颠倒。

⑤ 声窗为最薄弱部分，切勿接触利器棱角，以防扎破划伤。不用时应盖好盖板。

⑥ 测量时，必须注意不可用力按压探头，应将探头自重置于声窗上。探头与声窗接触应以良好耦合为度。因按压非但不能改善图像，而且会造成声窗和 TM 材料的损伤。

⑦ 超声体膜限定使用水性凝胶型耦合剂或蒸馏水，不可使用油性制剂。

⑧ 体模如有脏污，只能用水性洗涤剂清洗，不可使用汽油、丙酮、酒精之类有机溶剂。

4）超声体膜的注液保养要求

（1）作为超声体膜的关键部分，TM 材料内所含液体会透过外壳、声窗缓慢蒸发，最终导致其性能变异，体膜失效。为此，必须定期注射适量保养液。该液体和保养中需用的海绵垫（用以托住 TM 材料、保护声窗并限制保养液注入量）。

（2）保养周期：原则上每半年注液一次。考虑到各地气候条件，可根据积累经验，适当掌握。

（3）注液体积：在按时保养条件下，一般为每次几毫升。注液到位的标志是：将体膜上下倒置，水槽内有海绵垫托住的情况下，注液后底板上的封口橡皮呈平坦或稍下陷状，切不可使其鼓胀。

（4）注液所需物料：保养液、海绵垫、19mL 或 20mL 注射针管、6 号针头。

5）超声体膜的注液保养操作方法

（1）将体膜放下倒置，并将海绵垫置于水槽边框内放好。

（2）旋下支护板处的两个螺母，取下支护板，即可见到底板上的两块封口橡皮膜，其下即 TM 材料。为防止针头堵塞，在 TM 材料表面开有一道 10mm 宽的沟槽。

（3）拔下栓塞，装好针头，将保养液从针管大口注入，至其容量之半。插好栓塞，然后将针头向上，缓慢推进栓塞以驱除空气。

（4）将针头在 TM 材料开槽处扎入橡皮膜，进针 1～2mm 即可。缓慢推进栓塞，将液体注入，至橡皮膜呈平坦或稍有下陷状。若有过量，应予抽出。若针头被橡皮堵塞，应疏通后再用。

（5）拔出针头，将未用完保养液送回储瓶。

（6）安好支护板，旋好螺母。将体膜恢复正常放置。

6）超声体膜声窗气体的排除

（1）由于未按时注液保养或注入量不足，在声窗膜下会出现小片或整整一层气体，从而影响体膜的正常使用。必须将气体排出，并注射足量的保养液。

（2）将体膜上下倒置，并将海绵垫置于水槽边框内。

（3）按前述注液方法，经底板封口橡皮膜向体膜内注入 10mL 左右保养液，至封口橡皮膜适度鼓胀。

（4）将体膜侧向放置，并以离纵向靶群近的印有英文的侧面朝向桌面。

（5）拿开海绵垫，即可见膜下气体自行上浮。

（6）用湿毛巾沿声窗薄膜轻轻上搓，令气体集中于顶端。

（7）用右手将体膜底部适当提起，左手以湿毛巾稍用力推挤已集中的气体，使之进入另一侧面下的 TM 材料与外壳间缝隙内。

（8）再将体膜上下倒置，海绵垫置于水槽边框内。将体膜放于桌面靠墙安全处，历时半天或一天，令气体自行上移，至底板的有机玻璃之下（看到为止）。

（9）用手指轻敲橡皮膜，使气体进入其下方。然后用针管将气体抽出。为便于操作，抽气前针管内应先输入 1～2mL 的保养液。

（10）抽气时有保养液被一起抽出，若因此而使液体欠缺（以橡皮膜形状判断），应适当补入保养液。

思　考　题

1. 简述 B 型超声诊断设备的基本工作原理和扫查方式及其特点。

2. B 型超声诊断设备的分档原则是什么？每档的特点及信号处理有什么不同？

3. B 型超声诊断设备的性能指标和电气安全检测要求是什么？

4. 为什么要进行超声体膜的保养和维护？怎么维护？

第九章 高频手术设备的基本原理及其检测技术

9.1 概　述

高频手术设备(high frequency surgical equipment)亦称高频电刀,是一种取代机械手术刀进行组织切割的电外科器械。它通过有效电极尖端产生的高频高压电流与肌体接触时对组织进行加热,实现对肌体组织的分离和凝固,从而起到切割和凝血的外科手术作用。

高频手术设备利用高密度的高频电流对局部生物组织的集中热效应,使组织或组织成分汽化或爆裂,从而达到凝固或切割等外科手术目的。高频手术设备的主要作用是切割、止血和电灼等。应用不同模式(波形)、不同功率,配上合适的附件,高频手术设备可应用于普通外科、神经外科、显微外科、胸外科、骨科、妇科、泌尿科、五官科、整形外科等各种外科手术和内窥镜手术。

高频手术设备作为一种在临床上得到广泛应用的电外科手术器械,具有切割速度快、止血效果好、操作简单、安全方便等特点。与传统采用机械手术刀相比,在临床上采用高频手术设备可大大缩短手术时间,减少患者失血量及输血量,从而降低并发症及手术费用。与其他电外科手术器(如激光刀、微波刀、超声刀、水刀、半导体热凝刀等)相比,高频手术设备具有适应手术范围广,容易进入手术部位,操作简便,性能价格比合理等优越性。

早在20世纪20年代,采用火花隙/真空管电路的电外科装置就已应用于临床。70年代初期,采用固态电路的电外科装置问世,这类装置一般都置有微处理机系统,执行各种控制和诊疗功能,这种体积趋于小型化的装置目前已得到广泛的应用。90年代初,又增添了氩气增强凝血系统,从而进一步提高了电外科装置的功效。

目前,较为先进的高频手术设备的功能模式都已相当完善,例如,单极切有纯切、止血度可调的普通混合切;单极凝有除湿、点凝、面凝、软凝、氩气凝;双侧普凝和双极精凝等。此外,专用适配件也日益增多,这类装置已可满足各类手术及不同病员,甚至不同操作者的临床使用要求。

从装置本身来看,已采用响应速度快、稳压效果佳的大功率晶体管或MOS开关电源取代可控硅高压电源,采用高效率高可靠性的MOS全桥开关式功放电路取代大功率晶体管推挽式高频功放电路,用多道隔离、调谐、平衡输出回路取代简单的高频高压输出回路,控制部分用CPU取代一般数字模拟集成电路,并向模块化方向发展。

　　高频手术设备作为一种产品,已向专用化方向发展,一是分机制造具有一定功能模式的装置,二是按临床需求分科制造,如妇科电刀、五官科电刀及内镜电刀等。

　　但是,高频手术设备是一种具有潜在危险的医疗仪器,近年来,对其安全问题不断地进行研究,在氩气保护技术、极板接触面积检测技术、高低频泄露限制技术、自检技术以及双极技术等方面都取得了很大进展。

　　本章主要介绍高频手术设备的基本原理和使用中的注意事项以及高频手术设备的检测标准、检测方法和检测仪器等。

9.2　高频手术设备的基本原理和安全使用

　　由于高频手术设备是利用高频电流对人体组织直接进行切割、止血或烧灼的一种高频大功率医用电气设备,因此安全性要求极为严格。本节介绍高频手术设备的基本原理和使用中的注意事项。

　　1. 高频手术设备的基本组成和分类

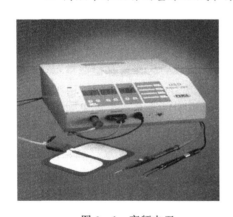

图 9-1　高频电刀

　　高频手术设备由主机、手术电极、双极电极、中性极板以及各种刀头、脚踏开关、电源线等附件组成,其基本配置如图 9-1 所示。

　　根据高频手术设备的功能及用途,大致可分为以下类型:

　　(1) 多功能高频手术设备:具有纯切、混切、单极电凝、电灼、双极电凝;

　　(2) 单极高频手术设备:具有纯切、混切、单极电凝、电灼;

　　(3) 双极电凝器:双极电凝;

　　(4) 电灼器:单极电灼;

　　(5) 内窥镜专用高频发生器:具有纯切、混切、单极电凝;

　　(6) 高频氩气刀:具有氩气保护切割、氩弧喷射凝血;

　　(7) 多功能高频美容仪:具有点凝、点灼、超高频电灼。

　　2. 有关名词术语

　　(1) 应用部分。
　　包括手术、中性及双极电极的输出电路。

（2）高频手术设备。

用高频电流的方法来进行生物组织的切割和凝血的外科手术的医用电气设备，及其联用附件。

采用 0.3MHz 以上频率，以避免由低频电流引起的不必要的神经和肌肉刺激。通常，为了减少与高频漏电流有关的问题，而不用 5MHz 以上的频率。然而，在双极技术情况下，可使用较高的频率。

（3）手术电极（active electrode）。

一种用来产生在电外科学中所要求的某些物理效应，如切割、凝血的电极。

（4）双极电极（bipolar electrode）。

在同一支架上有两个手术电极的组件，在受激时高频电流主要在这两个电极之间流动。

（5）中性电极（neutral electrode）。

与患者身体连接的面积比较大的电极，以提供低电流密度的高频电流回路，避免在人体组织中产生诸如灼伤之类有害的物理效应。中性电极亦称为板电极、敷肌板或分散电极。

（6）额定输出功率（rated output power）。

能够输入到无感电阻为 50～2000Ω 的单极输出电路和 10～1000Ω 间的双极输出电路的最大高频功率。

（7）切割（cutting）。

用高电流密度的高频电流通过手术电极上的一点以切割生物组织。

（8）凝血（coagulation）。

流过手术电极上的高频电流，使小血管或生物组织封口。

（9）混用。

兼有切割和凝血两种功能。

（10）主载频率。

高频手术设备产生的高频电流的基频。

3. 高频手术设备的基本原理和工作模式

1）高频手术设备的基本原理

电流通过人体会产生热效应和神经效应。热效应引起组织切开、凝固、坏死，神经效应引起肌肉收缩，影响心肌，发生心室颤动，严重时会造成死亡。

机体组织细胞由于电介质的存在而具有导电性，电流可使组织细胞膜去极化，神经肌肉组织则表现为组织兴奋状态。当频率在 100kHz 以下的电流作用人体，电流的快速交流变化可引起肌肉痉挛、疼痛、心室纤维颤动等；当电流频率达到 100kHz 以上时，神经效应明显减少；而当电流频率达到 300kHz 以上时，电流对神经肌肉刺激可以忽略不计。这是因为当电流反复刺激组织时,随着相邻两次刺激间隔时间的长短不同,组织兴奋反应也不一样。若第二次刺激落在反应期,则与首次同样强度的刺激可引起组织兴奋,缩短刺激间隔周期。当第二次刺激落在相对不应期,第二次刺激的强度必须超过前一次,才能引起组织兴奋。若再提高刺激频率,第二次刺激落在绝对不应期内,不论强度多大,都不引起组织兴奋。高频电刀就是利用300kHz以上的高频电流在组织内产生热效应,有选择地破坏某些组织并避免其他效应的产生,以实现切割和凝血的功能。利用高频交流电技术可以达到只产生热效应而不产生神经效应,从而实现手术的目的。目前,一般采用的电刀频率约为300~750kHz,功率在400W以下。

高频手术设备在临床使用时利用了高频电流的"集肤效应"现象。所谓"集肤效应"是指交流电通过导体时,各部分的电流密度不均匀,导体内部电流密度小,导体表面电流密度大。产生集肤效应的原因是由于感抗的作用,导体内部比表面具有更大的电感,因此对交流电的阻碍作用大,使得电流密集于导体表面。交流电的频率越高,集肤效应越显著,频率高到一定程度,可以认为电流完全从导体表面流过。高频手术设备利用集肤效应使高频电流只沿着人体皮肤表面流动,而不会流过人体内脏器官。

高频手术设备实际上是一个大功率的信号发生器,基准信号由函数发生器生成,经射频调制3kHz~5MHz后,再经功率放大器放大输出到电极。高频手术设备利用高电流密度的高频电通过手术电极上的一点,刀头处高密度电流产生的高能电火花将表面组织快速汽化,切开生物组织或使血管和生物组织去极,从而达到同普通手术刀一样的切割效果。

现代高频手术设备一般设计为输出全悬浮,与地隔离的输出系统使得高频电刀的电流不再需要和病人、大地之间的辅助通道,从而减少了可能和接地物相接触的体部被灼烧的危险性。而采用以地为基准的系统,灼伤的危险性要比绝缘输出系统大。

2)高频手术设备的主要工作模式

高频手术设备有两种主要的工作模式:单极和双极。

(1)单极模式。

高频电刀在单极状态时,它是由高频信号发生器、输出手柄线、刀头、病人极板及连线组成,如图9-2所示。工作时,高频电流的流经路线是高频信号发生器→手术电极刀→患者组织→病人电极板→返回高频信号发生器,形成一个闭合回路。由于刀头接触人体面积小,接触处电流密度大,产生了较强的热效应。刀头将高电流密度的高频电流聚集起来,直接摧毁处于与有效电极尖端相接触一点下的组织,达到对组织的切割和凝固作用。而流过人体其他部位的高频电流,由于电流密度小,对人体刺激小,产生热效应也小。这种精确的外科效果是由波形、电压、电流、组织的类型和电极的形状及大小来决定的。

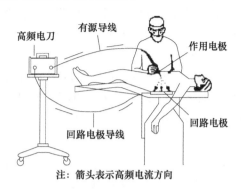

注：箭头表示高频电流方向

图 9 - 2　高频电刀的正确使用

为避免在电流离开病人返回高频电刀时继续对组织加热以致灼伤病人，单极装置中的病人极板必须具有相对大的和病人相接触的面积，以提供低阻抗和低电流密度的通道，防止热效应的产生，这就是高频电刀单极状态的工作原理。某些用于医生诊所的高频电刀电流较小、密度较低，可不用病人极板，但大多数通用型高频电刀所用的电流较大，因而需用病人极板。

（2）双极模式。

双极电凝是通过双极镊子的两个尖端向机体组织提供高频电能，使双极镊子两端之间的血管脱水而凝固，达到止血的目的，它的作用范围只限于镊子两端之间，对机体组织的损伤程度和影响范围远比单极方式要小得多，适用于对小血管（直径＜4mm）和输卵管的封闭，故双极电凝多用于脑外科、显微外科、五官科、妇产科以及手外科等较为精细的手术中。双极电凝的安全性正在逐渐被人所认识，其使用范围也在逐渐扩大。

3）GD350-B4 型高频手术设备简介

GD350-B4 是上海沪通电子有限公司所产的 GD350 系列中一款具有代表性的高频手术设备，其性能稳定，精确性高，而价格又比同档次的进口高频手术设备便宜，在国内有很多用户。GD350-B4 型高频手术设备是利用特定频率、特定波形和特定负载功率曲线的高频电流直接对不同阻抗和形态的生物组织进行切割、烧灼和止血，以达到手术目的。

（1）GD350-B4 型高频电刀的基本结构。

它包含直接与患者相连接的应用部分，由控制电路、指示电路及高频功放电路构成的中间电路及与应用部分和中间电路相隔离的网电源（包括高压开关电源）部分。

（2）绝缘设计。

绝缘（耐压）和隔离（爬电距离、电气间隙）部分的设计分别为：应用部分对网电源部分设计为双重绝缘或加强绝缘;中间电路对网电源部分设计为基本绝缘;中间电路对应用部分设计为辅助绝缘(实际按加强绝缘设计);此外,这三大部分对可触及部分均按加强绝缘设计,而且应用部分的基准电压以峰值输出电压为依据。

(3) 信号流程和工作原理。

GD350-B4 型高频电刀由主电路和控制电路两部分组成,其基本原理框图如图 9-3 所示。其中,控制电路包括主控电路 CPU 板 A1 和开关电路及高频功放的驱动电路 A5 板,其余主电源、开关电源、高频功放及输出回路各自构成一块印板(A2、A3、A4、A6)。

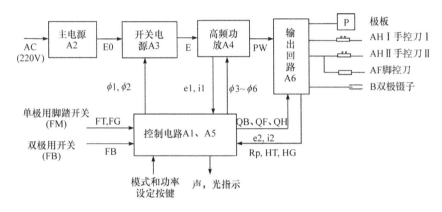

图 9-3　GD350-B4 型高频电刀原理框图

AC 为交流市电输入(220V,50Hz,3.5A),经主电源电路缓冲整流滤波为直流 E0,供开关电源(A3)使用。在主控电路(A1)与开关电源驱动电路(A5 板,驱动信号 ϕ_1,ϕ_2)控制下开关电源产生可调的直流高压 E,供高频功放(A4)使用。在主控电路(A1)与高频功放驱动电路(A5,驱动信号 $\phi_3\sim\phi_6$)控制下,高频功放电路产生高频功率信号 PW,经输出电路(A6)调谐、平衡后送应用附件(极板 P,手控刀 AH,脚控刀 AF 或双极镊子 B)。功放工作电压、电流及输出高频电压、电流的采样信号(e_1,i_1,e_2,i_2)与设定按键选择的模式、功率和电压设定信号相比较,对实际输出的功率、电压、电流按要求进行控制。极板阻抗经隔离变换(A6 板上)后产生极板信号 Rp 送 CPU(A1)板,对其状态进行判别,以决定是否允许电刀(单极)启动。手控刀启动信号经隔离变换(A6 板上)后产生手控切/凝启动信号(HT,HG),脚踏开关(单极 FM,双极 FB)的开关信号送 CPU 产生脚控切/凝启动信号(FT,FG,FB)。此外,CPU(A1)板还送出单、双极转换继电器控制信号(QB)和手控、脚控输出继电器控制信号(脚控输出 QF,手控输出 QH)以及报警、工作、模式、功率等指示/警示信号(包括声和光)。

（4）功率曲线。

① 额定负载曲线。

要求额定负载下（单极 500Ω，双极 100Ω），实际输出功率与设定的显示值相符合，偏差不超过 20%。对于测试点的选取要求为：纯切、混切 1、混切 2，每 50（W）为一测试点；混切 3 和单极凝，每 20（W）为一测试点；双极凝，每 10（W）为一测试点，且最大功率不超过 400W。

输出功率与设定值关系曲线如图 9-4 所示。

② 负载功率曲线。

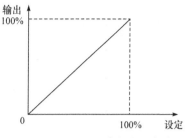

图 9-4　GD350-B4 型高频电刀额定负载下输出功率与设定值关系

GD350-B4 型高频电刀在各模式全功率和半功率设定下，输出与负载关系曲线如图 9-5～图 9-10 所示，偏差≤20%。

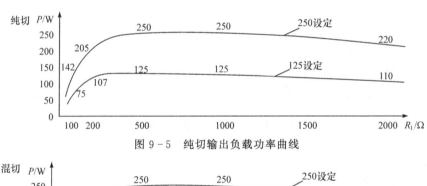

图 9-5　纯切输出负载功率曲线

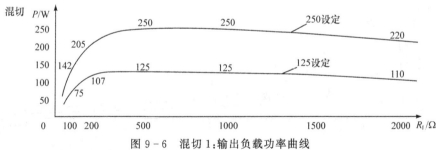

图 9-6　混切 1：输出负载功率曲线

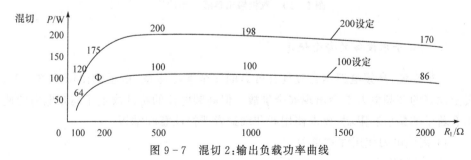

图 9-7　混切 2：输出负载功率曲线

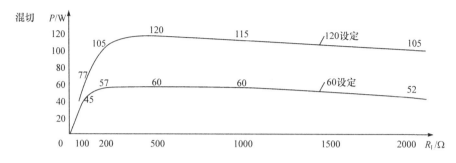

图 9 - 8　混切 3:输出负载功率曲线

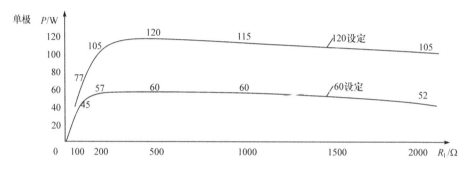

图 9 - 9　单极输出负载功率曲线

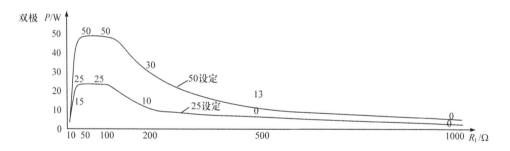

图 9 - 10　双极输出负载功率曲线

4. 高频手术设备的安全使用

一般来说,高频电刀本身应具有可靠的安全保障体系,在正确使用的条件下,安全性好的高频电刀不会出现安全事故。但高频电流的特性决定了高频电刀的使用有若干的禁忌和限制,要求使用者和维护者严格注意和掌握。

1) 高频电刀使用注意事项

(1) 电气安全。

作为医用电气设备,高频电刀应具有良好的绝缘性能和合乎要求的漏电流指标,其高频高压输出部分对地和电源应严格隔离。高频电刀各输出电极对地和电源,不仅绝缘电阻要很大,而且在接上应用部分之后对地分布电容要足够小,还要能承受合乎试验要求的耐压试验考验。电刀的金属外壳应可靠接地,以防机壳和保护接地悬空而带电,增加电击危险和机内对外界的高频辐射。高频电刀还应具有防潮防漏性能,否则一旦受潮必然引起电刀绝缘性能下降或误动作。机器内部应进行防潮处理,机壳应能防止液体倒翻时浸入机内。手控开关和脚控开关最好为密封型,防止水、血或消毒液进入开关而使电刀误动作灼伤有关人员。

在电源接通而没有高频输出的情况下,高频电刀可能存在低频漏电流。一般来说,对患者的低频漏电流必须小于 $10\mu A$。除了低频漏电流,高频电刀在正常工作时还可能产生高频漏电流。高频漏电流是电刀两输出电极对地的辐射电流,它对手术毫无作用而可造成病员的灼伤和环境污染。高频漏电流必须低于 150mA。

(2) 高频电刀的输出。

高频电刀的主载频率应严格限制在 $0.3\sim5MHz$,全悬浮式电刀一般在 $0.4\sim0.8MHz$。主载频率过低会产生低频刺激,过高则高频辐射严重。由于手术电极与组织之间电弧的整流效应,其直流和低频分量可能引起神经肌肉刺激。使用合适量值的串联电容和分流电阻,可有效限制这种刺激。输出回路应串入不小于 5000pF 的高压电容,输出电极直流阻抗应远大于 $2M\Omega$,以防低频输出。高频电刀的输出波形应严格稳定,且基波是相对纯净的正弦波,否则易引起输出功率不稳甚至增大高频漏电流或产生低频工作电流。

一般来说,高频电刀的输出功率在单极时不得超出 400W,双极时不得超出 50W,并且应尽可能稳定,即在电源电压波动和负载变化时,电刀输出功率应能保持在规定范围内,否则时而出现切凝效果不佳,时而又焦粘组织,甚至严重灼伤病员。输出功率应随设定的增加而增加,随设定的下降而下降,防止调节设定时产生不希望的功率变化而造成危险。切、凝同时启动时应禁止功率输出或只输出功率较小的模式,防止误操作引起过大功率送到患者身上。切、凝启动时应有清晰的声光提示,以提醒操作者注意。电刀在任何设定下可长时间开路启动,并可多次短路而不影响机器的性能和安全。电源复通或启动复通时,任何设定下的输出不得增大 20% 以上,防止过大功率突然加到患者身上。额定负载下的输出应与设定位置对应,功率偏差应≤20%,不同负载下的全功率和半功率曲线与规定值偏差也应≤20%。高频电刀用于手术中的任何危险均随功率的增大而增加,不要随意增大输出功率的限定值,以刚好保证手术效果为限。

(3) 防火防爆。

高频电刀在使用中会产生火花、弧光,遇易燃、易爆物质会发生燃烧或爆炸。使用电刀时,室内环境不得有易燃、易爆麻醉剂,手术切口处消毒酒精必须擦干。

在平常保养时,机壳表面应保持清洁、干净。

2) 高频电刀的灼伤及预防

高频电刀的灼伤可分为两类,一类发生在极板处,称之为极板灼伤;另一类灼伤不是发生在极板处的灼伤,而是由于高频电刀的外系统,即极板、刀头及其连接电缆和病人肌体构成的系统发生的灼伤,统称为非极板灼伤。

(1) 极板灼伤的原因及预防。

极板灼伤的原因是因为极板处的电流密度过大。在安全保障体系里规定了极板处电流密度须小于 $0.02A/cm^2$,按最大极限功率和在额定负载下工作时可计算出最小极板面积为 $100cm^2$,这是极板面积的最低限值,当极板与病员的实际接触面积小于此值时,极板灼伤的危险就会出现。防止极板灼伤的方法很简单,即保证极板与病人接触良好、充分就可以了。放置极板时,应需要注意以下几点:

① 中性电极的整个面积应可靠地紧贴患者身体,且要尽可能地靠近手术区域;

② 极板应置于光洁、干燥、无疤痕、肌肉丰富且无骨骼突出的部位;

③ 极板上可涂抹新鲜润滑的导电膏来增加接触面积和导电性能。

(2) 非极板灼伤的原因及预防。

极板、刀头及其连接电缆和病员肌体构成了电刀外系统,当电刀外系统使用不当时,即使手术中极板安放很好,病员仍有灼伤的危险。出现非极板灼伤的原因,主要有以下三种情况:接地分流、高频辐射和火花低频。

① 接地分流。

高频电刀在手术时,刀头输出作用于病员肌体上的高频高压电峰值可达数千伏至上万伏。此时,病员肌体分布了无数个不同电位点,特别是在手术电流通道区域上,电位差特别大的两点或多点一旦发生短接,就会形成高频电流的异常通道,即出现所谓"接地分流"现象,此时病员肌体小的接地点就可能发生灼伤。高频接地不仅可通过小电阻实现,还可以通过大电容来实现。为避免"接地分流"现象的发生,应注意病员不仅不能接触直接接地的金属物件和设备,也不能过分接近这种金属和设备(如金属手术床、支架等),由于分布电容的存在,同样可流通较大的高频电流。手术过程中,医护人员一定要佩戴绝缘良好的橡胶手套。在必须使用监护电极或其他测量探头时,这些探极最好用非金属制造,并远离手术部位,以减弱与地的联系。使用体外血液循环泵时,必须使血液通路悬浮,不得过分靠近接地金属,因为导电良好的血液会通过电容使病员高频接地。

② 高频辐射。

手术病员身体携带或接触金属体时,虽然这些金属体并未接地,不会产生高频接地分流现象,但是对于高频电刀输出的高频高压来说,这种金属体无异于一个"发射天线",向外辐射能量。若辐射能量较大,接触点较小,则高密度的高频电流就会在接触点处产生灼伤。

③ 火花低频。

低频电流危害比高频电流大得多。高频电刀一般对低频漏电流做了严格限制，机器本身也不输出低频电流，但是对于外部产生的低频电流却无能为力，常见的是当刀头电缆断线时打火产生的低频电流。因此，手术前和手术中应严格检查极板和刀头接插件和连接电缆的完好性。另外，电刀的启动和点向组织也不能过于频繁，因为这种火花也含有一定的低频成分。

9.3　高频手术设备安全要求

高频手术设备是医院常用的一种高频电外科设备。由于诸多原因，高频手术设备在临床应用中存在着许多安全隐患，主要为高频漏电流超标，工作数据准确性漂移，容易引起燃爆事故等。为确保高频手术设备在临床使用中的安全，加强技术检测管理，对高频手术设备进行安全性能检测是完全必要的。依据 GB9706.1《医用电气设备第一部分：安全通用要求》（简称《通用要求》）和 GB9706.4—1999《医用电气设备第二部分：高频手术设备安全专用要求》（简称《专用要求》）中对高频手术设备的要求，应对其主要技术性能指标进行定期检测，标定技术数据，从技术性能上使高频手术设备得到安全保障。标准中，某些要求不适用于额定功率未超过50W 的设备（如用于微凝血或齿科、眼科的设备），对这些不适用部分，将在有关要求中说明。而对于电磁兼容性，高频电刀已通电而输出开关尚未启动时，必须符合GB4824—1996《工业、科学和医疗（ISM）射频设备电磁骚扰特性的测量方法和限值》要求。

1. 对试验的通用要求

《专用要求》中的要求优先于《通用要求》中相应要求。对于高频手术设备，《通用要求》中所要求的必须都要做到。作为特殊的医用电气设备，《专用要求》补充了三种单一故障：中性电极电路的中断，输出开关电路造成过量低频患者电流时的故障和造成输出电路激励的任何故障。除《通用要求》适用外，对高频电刀的检测还应做到以下要求：

1）试验顺序

必须先做除颤器放电效应的防护试验，然后再做漏电流和电解质强度试验。

2）例行试验

产品制造过程中的试验应包括：

（1）分别测量手术电极和中性电极端之间或双极电极两端之间的直流阻抗。

（2）所有监视电路的功能试验。

（3）额定输出功率的测量。

（4）防麻醉剂设备的试验。

3）外部标记

如果表示防电击类型的符号还必须表示已具有对除颤放电效应的防护。

4）输出

如具有不止一个输出回路的设备，且额定输出功率也不一样，则必须有标记指明其相应的用途。

（1）额定输出功率（W）及可得到该功率的负载电阻值。

（2）工作频率或频率（基频或频率额定值）（MHz 或 kHz）。

（3）在输出端附近，按对应部分作识别的标记，如图 9－11 所示。

图 9－11　输出端标记

5）控制器的标志

因输入到负载上功率与负载大小有关，所以考虑用相对强度的刻度，如输出显示是实际输出功率，必须在整个负载阻抗范围内要一致，否则输送到病人的功率不同于指示值，可对安全造成危险。假如显示"0"，使用者可认为在这控制位置无输出。因此要求：

（1）输出控制器必须具有刻度尺和（或）合适的指示器，表示高频输出的相对强度。指示数不得用 W 来表示，指示的功率符合技术说明书的输出功率曲线，所有负载阻抗内的误差不超过＋20％或－20％。

（2）不得使用"0"字，除非在该位置上无功率输出。

6）指示灯和按钮

指示灯颜色标准化被认为是一种安全特性。规定的颜色和含意已列于《通用标准》中。考虑到有些指示灯颜色制作有困难，允许在有颜色底板上使用白色灯。

特定功能由带颜色灯指示（除白色外），这些指示灯采用下列颜色：

绿色：电源已接通；

黄色：切割输出电路已激励；

蓝色：凝血输出电路已激励；

红色：患者电路发生故障。

7）使用说明书

（1）要说明可适用的电缆、附件、手术电极和中性电极，以防止不适当和不安全地使用。

（2）高频手术设备的使用注意事项必须使使用者对某些必要的预防措施引起注意，以便减少意外灼伤的危险。

（3）特别要指出：

① 中性点极的整个面积应可靠地紧贴患者的身体，且要尽可能地靠近手术区域。如图 9-2 所示。

② 患者不应与接地的或有可观的对地电容的金属部分（如手术台、支架等）接触，为此建议使用抗静电板。

③ 应避免皮肤对皮肤的接触（如患者手臂和身体间），如衬垫一块干纱布。

④ 在对同一患者同时使用高频手术设备和生理监护仪时，所有监护电极应尽可能放在远离手术电极的地方。不推荐使用针状监护电极。

⑤ 任何情况下推荐使用具有高频电流限制器的监护系统。

⑥ 手术电极电缆应放置得避免与患者或其他导线接触。暂时不用的手术电极应和患者隔开安放。

⑦ 手术过程中，高频电流可能流过肢体横截面较小的部位，为避免不必要的凝结，最好使用双极技术。

⑧ 应选择尽可能低的输出功率以达到预期目的。

⑨ 在正常的工作设定时，输出明显地降低或外科设备不能正常工作，可能说明中性电极接触不良或使用不当。

⑩ 如果对胸或头部进行外科手术，应该避免使用易燃性麻醉剂、笑气及氧气，除非将麻醉气体抽掉或使用防麻醉剂设备。进行高频手术前，应该将易燃的清洁剂或粘结剂的溶剂蒸发掉。在使用设备前，必须擦掉存在于患者身下或人体凹处（如脐部）和人体腔中（阴道内）的易燃性液体积液。必须对内含气体着火的危险引起注意。某些材料，如充满了氧气的脱脂棉、纱布在正常使用中，可能被设备正常使用产生的火花引起着火。

⑪ 患者使用心脏起搏器或起搏器电极时，可能存在一种危险，因为可能对起搏器的工作有干扰，或起搏器遭到损坏，遇到可疑情况，应向心脏科请教，以取得帮助。

（4）注意事项：

① 本要求不适用只有双极输出的设备。

② 本要求不适用无中性电极设备。

③ 高频手术设备运行时产生的干扰可能对其他医用电气设备的工作产生不利影响。

④ 建议使用者定期检查附件，特别是检查电极电缆绝缘可能损坏。

8）技术说明书

（1）输出数据-单极输出。

① 在下列工作模式时，负载电阻范围为 50～2000Ω 输出控制器位于全设定和半设定时的功率输出曲线图，包括切割、凝血和混用。其中，所有可调"混用"控

制器,都设定在最大位置。

② 在上述工作模式时,在负载电阻为 50～2000Ω 范围内的规定负载电阻值输出功率值与输出控制器件设定位置的关系曲线。

③ 按标准中高频漏电流对应用部分作出规定。

④ 使用无中性电极的特殊设备应作出说明。

(2) 输出数据-双极输出(所有可操作模式)。

① 负载电阻范围为 50～2000Ω 范围内(规定负载电阻),输出控制器位于全设定和半设定时的功率输出曲线图。

② 负载电阻为 10～1000Ω 范围内(规定负载电阻),输出功率值与输出控制器设定位置的关系曲线。

(3) 对每一工作模式的最大开路输出峰值电压应作出说明。

9) 输入功率

符合《通用要求》的输入功率要求。此外,各工作设定必须使设备提供额定输出功率。必须按标准的工作数据准确性规定运行设备。

2. 对防护电击危险的试验

由于高频电刀是利用高频电流对患者实施手术的,因此,除了存在一般医用电气设备的漏电流外,主要考虑的是高频漏电流。《通用要求》中的漏电流要求是对电击危险提供防护,在《专用要求》内还给出高频漏电流的一些要求是为了避免不希望的灼伤危险。高频漏电流是非功能电流,即在手术电极和中性电极之间或在双极电极之间的预期电流回路中流动的电流是功能电流,在其他回路中流动的高频电流就属于高频漏电流。标准提供了两种漏电流测试方法,它们的区别仅仅是测试点不同而已。第一种方法测试时带手术电极等应用部分,测得高频漏电流不得超出 150mA。第二种方法直接从高频设备输出端口采用最短连接线直接连接测试设备,测得高频漏电流应不大于 100mA。

1) 高频漏电流

早期的高频电刀中性电极在高频时以地为基准。高频电流通过地形成回路,当高频电刀用于电外科手术时,如果患者身体有其他的接地点,从而产生分流,形成高频漏电流,并容易引起灼伤。现代的高频电刀中性电极在高频时与地形成隔离,以提高安全性。对于隔离的应用部分,设备产生的高频电流是以高频电刀为参考的,理论上高频电流会忽略中性电极以外可能和患者接触的任何接地物体,仅在预期回路流动,但由于设备在高频时一些分布参数的影响,高频电流仍然会在地之间形成回路,从而产生分流,形成高频漏电流。高频漏电流测试方法主要是模拟实际使用中的可能状况及最不利状况。在测试高频漏电流时,针对中性电极在高频时是否以地为基准予以分别考虑。在高频漏电流所有试验中,设备电源线折成捆的长度不超过 40cm。应用部分必须符合下列有关的要求。

图 9 - 12～图 9 - 17 符号说明如下：

①供电电网；②用绝缘材料制的桌子；③高频手术设备；④手术电极；⑤中性电极，金属的或与同样大小的金属箔相接触；⑥200Ω 负载电阻；⑦200Ω 测量电阻；⑧高频电流计；⑨与地连接的平面板；⑩双极电极；⑪高频功率测试仪所要求的负载阻抗。

（1）中性电极在高频时以地为基准。

应用部分对地隔离，但中性电极在高频时通过符合 BF 型设备要求的元件（如电容器）以地为基准。按下述要求试验时，自中性电极流经 200Ω 无感电阻到地的高频漏电流不得超过 150mA。测试时分两种情况：

测试方法 1：

中性电极在高频时，以地为基准的设备由于与地之间可形成回路，在手术中手术电极与组织接触时产生的高频漏电流最大。为模拟这种情况，手术电极及中性电极均和人体接触且加载，且存在其他非预期与地形成回路的情况。从中性电极回流的高频电流为功能电流，从 200Ω 无感电阻回流的即为高频漏电流。

设备的每一输出都进行试验。试验时，设备按图 9 - 12 所示来轮流布置电极电缆和电极。电极电缆之间间隔 0.5m，放在离地面或任何导体平面 1m 的绝缘表面上，输出端加 200Ω 的无感负载电阻，设备在每一工作模式的最大输出设定时运转。测出自中性电极流经 200Ω 无感电阻到地的高频漏电流。

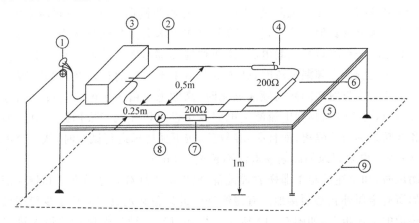

图 9 - 12　在电极之间加载，测量以地为基准的高频漏电流

测试方法 2：

模拟手术电极与地加载时的情况，这时高频电流直接在手术电极与地之间形成回路。而此时高频漏电流测量电路及中性电极电路就并联在高频接地回路上，在此回路中流动的电流即为高频漏电流。如测试方法 1 那样放置设备，但 200Ω

无感电阻连接在手术电极与设备的保护接地端子之间,如图 9 - 13 所示,测量来自中性电极的高频漏电流。

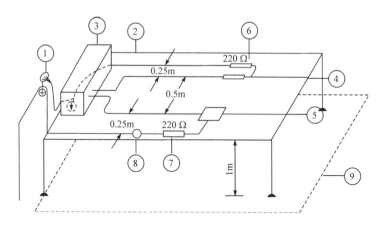

图 9 - 13　在手术电极与地之间加载,测量以地为基准的高频漏电流

　　试验时,试验的布置要按照标准的要求布置,中性电极的连接电缆不能盘绕,由于盘绕后的电缆感抗增大,进行试验 1 时会造成测量的结果偏大,而进行试验 2 时又会造成测量结果偏小。测量时,接地一定要按照试验要求进行,若为了方便直接在测量位置与地相连,会改变高频时的分布参数,造成测量结果与实际值的偏差。

　　(2) 中性电极在高频时与地隔离。

　　中性电极在高频时与地隔离的设备,在开路激励时产生的高频漏电流最大。为模拟这种状况及其他可能情况,试验要求在手术电极激励时从手术电极和中性电极与地之间分别测量高频漏电流,这两种情况都是极端的最不利情况。在手术电极与地之间测量高频漏电流时,高频电流由手术电极通过地及高频隔离形成回路。在中性电极与地之间测高频漏电流时,高频电流由手术电极通过空间分布参数耦合到地,再通过高频漏电流测量电路及中性电极连线形成回路。应用部分在高频和低频是都与地隔离,而且必须隔离到按下面要求进行试验时,从每个电极流经 200Ω 无感电阻到地的高频漏电流不超过 150mA。

　　测试时,如上述试验 1 那样放置设备,输出端不加载。Ⅱ类设备和带内部电源设备的所有金属外壳必须接地。有绝缘外壳的设备必须放在面积至少等于设备底面积接地的金属板上,如图 9 - 14 所示。设备以每一种工作模式的最大输出设定运转,依次从每一个电极中测出高频漏电流。

　　(3) 双极电极的应用。

　　任何为双极使用而特别设计的应用部分,在高频和低频时,都必须与地及与其他应用部分隔离。在测试中,所有输出控制器设置在最大位置,高频电流由电极经地及设备的高频隔离形成回路。通过双极输出的每一个电极流经 200Ω 无感电阻到地的高频漏电流,在该电阻上产生的功率不得超过最大双极额定输出功率的1%。

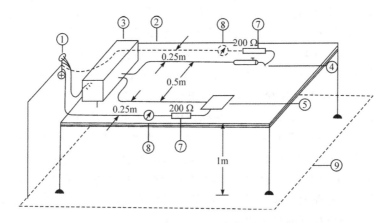

图 9-14　测量在高频时设备与地隔离的高频漏电流

测试中,Ⅱ类设备和带内部电源设备的所有金属外壳必须接地。具有绝缘外壳的设备必须放在面积至少等于设备面积接的金属板上。设备按图9-15放置,仅用双极电极的一个电极或按制造商要求。

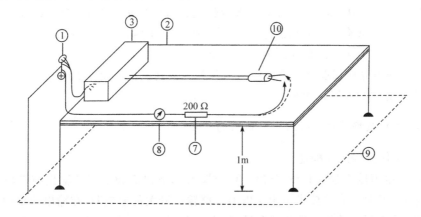

图 9-15　测量双极电极的高频漏电流

以上(1)、(2)和(3)的要求适用 BF 型和 CF 型设备,高频外壳漏电流要求正在考虑中。

第二种测试方法是直接从设备输出端测量高频漏电流。测试方法同上,只是不用电极电缆或使用尽可能短的电缆连接负载电阻、测量电阻和电流,测量装置接至设备输出端。在此情况下,由于连线的影响未被包括,故检测出的高频漏电流限定值为 100mA。

2）电介质强度

高频电刀的电介质强度测试,除必须符合 GB9706.1《医用电气设备第一部分:安全通用要求》外,电极电缆的绝缘必须能承受电网频率 3000V 有效值电压及 1.5 倍的设备最大开路高频电压试验,测试中不得发生闪络或击穿。

试验 1:用来测试电网频率下电极电缆的电介质强度。试验时,用一根约为 20cm 的电缆进行试验。将每一端的裸露导体适当连接起来,使其形成一个环形,将电缆环浸入水中(加入少量盐,以增加导电性),直到绝缘电缆有 10cm 浸没为止。电缆必须在水中保持至少 24h,然后在裸露体和水之间施加 5min 的试验电压。

试验 2:用来测试高频时电极电缆的电介质强度。试验时,电缆试样按试验 1 方法制备并浸没水中,然后加入一些变压器油,使水面上产生一层可见的连成一片的油膜(这种方法减少了液面曲率)。将设备所产生高频电压通过 1:1.5 高频升压变压器施加于电缆的导线和置于水中的裸露导体之间,此刻,设备依次以每种输出工作方式在相应控制的最大设定位置运行 30s。

手术电极手柄和绝缘的双极镊及其连接电缆必须满足《通用要求》灭菌要求,同时应能承受 1.5 倍开路高频电压的电介质强度。消毒程序后,指揿开关的功能应正常。作为一次性使用的附件不在此要求内。

测试方法如下:

(1)用《通用要求》的消毒试验来检验是否符合要求。然后,产生的高频电压按"电极电缆"试验 2 施加到携带电流部分和用金属箔包裹的绝缘部分之间 30s,金属箔离携带电流之间最大距离为 10mm。

(2)在电介质强度试验后即将指揿开关连接到设备上操作 10 次,每次操作时输出应能被激励或停止激励。

3. 工作数据的准确性和危险输出的防止

1）工作数据的准确性

高频电刀输出数据必须准确可靠。试验时,测出高频电刀的输出与其特性曲线比较,看其是否合乎要求。由于电刀一路输出开关的通或断,在输出功率中的显著变化,会对另一输出电路构成危险,因此对于具有独立控制输出和独立开关输出可同时触发的设备,在任意组合的工作模式下,这些输出必须在规定输出功率的 ±20% 精度内。用功能试验、功率测试和"技术说明书"要求曲线相比较来验证是否符合要求。实际使用中,主要的负载阻抗范围内,输出设定的降低决不允许使输出功率增加。

(1)功率强度特性曲线。

检测在切割、凝血、混用模式下,负载电阻为 $50\sim2000\Omega$ 范围内的规定负载电阻值与输出控制器件设定位置的关系曲线,测试分单极电极和双极电极两种情况。

① 单极电极设备。

对于单极电极设备,必须有一装置(输出控制器),使输出功率减小到不大于额定输出功率的 5% 或 10W,取其较小者。无感负载电阻在 100～1000Ω 时,输出功率必须随输出控制设定的增大而增加。如图 9-16 所示,在负载电阻为 100～1000Ω 的四个值(如 100Ω、200Ω、500Ω 和 1000Ω)测量输出功率为输出控制设定的函数。试验时,必须用电极电缆连接负载电阻器。

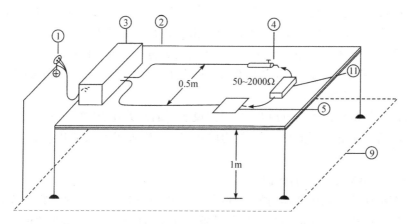

图 9-16　测量单极输出的额定输出功率

② 双极电极设备。

对于双极电极设备,必须装有一装置(输出控制器),使输出功率减小到不大于额定输出功率的 5% 或 10W,取其较小者。负载电阻在 10～500Ω 时,输出功率必须随输出控制设定的增大而增加。如图 9-17 所示,在负载电阻为 10～500Ω 的四个值(如 10Ω、50Ω、200Ω 和 500Ω)测量输出功率为输出控制设定的函数。试验时,必须用制造商提供或规定的双极电极电缆连接负载电阻器。

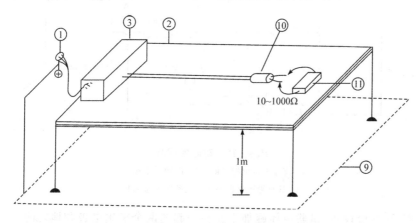

图 9-17　测量双极输出的额定输出功率

（2）负载功率特性曲线。

在输出功率超过额定输出功率 10％的情况下，以负载电阻和输出控制设定值为函数的实际功率与技术说明书规定的曲线示值间的偏差不得大于±20％。试验方法与功率强度特性曲线测试方法相同。

2）对危险输出的防止

灼伤危险随功率增加而增加。在多于一个单极输出回路的情况下，为保持中性电极电流密度在安全水平，总输出功率限制在 400W。即在任何工作模式下，包括各独立输出可能被同时触发，当每种输出都在最大输出功率时，该功率在任何 1s 内的平均值都不得超过 400W。当设备关闭后再接通或电网电源中断后再恢复时，输出控制器的给定输出功率的增加不得大于 20％。除了没有输出的待机状态外，工作模式不得改变。

通过反复操作设备的电源开关，即使设备上的开关处于"通"位置，然后将电网电源中断后再接通，测量 1s 内的平均输出功率，检查工作模式以验证是否符合要求。

3）除颤器放电效应的防护

具有接触或进入患者体内的附件（如中性电极、内窥镜切除器）的设备必须具有对心脏除颤放电效应的防护。这种设备必须在前面板上贴有永久性标志指出具有该防护且必须在随机文件中着重说明。

测试方法：

（1）如图 9-18 所示，将电容器 C 充电至 2 kV，操作 S，使高压脉冲加于电阻 R 两端，而 R 两端电压作用于中性电极接线端子和接地的设备导体机壳之间。假如设备的机壳是绝缘材料做成的，则设备放在面积至少等于设备底座的接地金属板上。

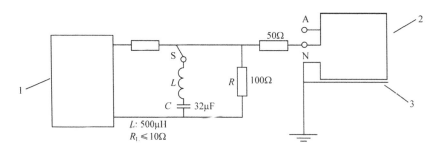

图 9-18　防除颤试验

1. 直流电压电源：2kV；2. 高频手术设备；

3. 具有绝缘材料外壳的设备用的金属板

（2）对双极设备，试验电压施加于连在一起的两个输出电极和地之间。

（3）用相反极性的脉冲重复试验。

（4）设备在开关断开和待机状态均应进行试验。

测量表明一个 5kV 除颤脉冲，通常在临床情况下在中性电极上产生不超过 1kV 除颤脉冲。因此，2kV 试验脉冲提供了一个安全界限。电感值 L 使试验脉冲快于正常上升时间。这是为试验目的提供一个增加的绝缘应力。

4. 对防护易燃麻醉混合气点燃危险的试验

高频电刀正常工作时产生的火花、弧光可点燃可燃性物质，特别是可燃性消毒剂、麻醉剂等，有可能引起着火等危险。对易燃麻醉混合气体点燃危险的防护除要满足《通用要求》中的有关内容外，还必须对 AP 型设备及其部件和元件的要求和试验，而对 APG 型设备及其部分和元件的要求按《通用要求》的内容进行试验。

规定与易燃麻醉剂同时使用的设备，至少应用部分必须是 AP 型设备，并必须符合附加要求。切割或凝血电极必须有一个手柄，手柄有一装置将惰性气体流射向手术部位，设备的结构必须确保惰性气体在输出接通前 1s 就开始，并且在输出功率关断之后气体才停止。惰性气体诸如氮气或二氧化碳之类，实践证明其流速在 3～5L/min 已足够。

1）测量惰性气体流从电极手柄开始流出到输出接通之间的时间间隔

按如图 9-19 所示装置进行试验。不用常用的惰性气体，而注入压缩空气，以 3～5L/min 流速通过手柄。供气管 1 与瓶 2 相连，瓶内装有 700mL 的氨水溶液，装有电极的手柄 5 直接对着板 3，板上覆盖一层用水弄湿的适当的试纸（如通用的范围为 1～10 的 pH 试纸）。空气和氮气混合气体会使气体流过手术电极周围的相应范围的试纸颜色发生变化。对设备用的所有手术电极重复该试验，整个试验中，高频输出控制可设定在最小频率。

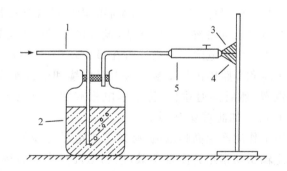

图 9-19　AP 型设备的常规试验
1. 供气管；2. 瓶；3. 板；4. 混合气体；5. 带有手术电极的手柄

每一次试验时，整只电极必须置于试纸所示的气流内。该试验亦可用来检验惰性气流是否在功率输出开始之前出现及在功率输出关断之后停止的要求。

2）点燃试验

用图 9-20 中所示的装置进行点燃试验。用几毫升乙醚润湿槽 1 内脱脂棉团,乙醚蒸气通过小槽 2 流到金属板 3 上。将电极手柄 5 接近金属板,约离小槽的端部 150mm。电极上的火花不得引燃乙醚和空气的混合气。试验时,必须将设备设定在最大输出上。如果设备具有"切割"和"凝血"两种工作方式可供选择,则对设备必须进行每一工作方式的试验。设备提供使用的所有电极都必须进行试验。

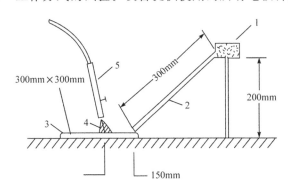

图 9-20　AP 设备的点燃试验

1. 内脱脂棉团;2. 小槽;3. 金属板;4. 气体装置;5. 电极手柄

5. 安全方面危险的防护和报警性能

高频电刀的检测还要考虑到其在某些不正常的运行情况和使用过程中发生意外情况,不会对电刀安全造成影响或电刀误动作。如必须要考虑电极短路的影响和高频电刀在使用过程中溢流、液体泼洒、泄露等意外情况下电刀的检测。

高频手术设备的某些附件,如可配置切除器的内窥镜或双极电极,在正常使用时可能短路及开路时输出电路被经常地激活,设计设备时应考虑输出电路短时期的重复开路、短路,不会引起危险。即当设备在最大输出设定位置下激励时,必须能无损伤地承受短路和开路输出的影响。将电极电缆和电极连接到设备上,输出控制设定在最大位置,然后接通输出,将手术电极和中性电极短路 5s,然后开路 15s,将输出切断 1min。如此重复 10 次。

由于高频电刀工作时产生高频电流,必须考虑电极电缆的温升情况。用电极电缆将设备的额定输出功率送到阻性负载,按制造商规定的暂载率运行 1h,但运行/间隔时间至少为 10s/30s,以考核其超温情况。

由于为使神经肌肉刺激尽可能小,手术电极输出电路或双极电极一端的输出电路必须有效地串入一个电容。这电容在单极设备中不超过 5000pF,在双极设备中不超过 50μF。手术电极和中性电极端或双极两端之间的输出电路之间的直流电阻必须不小于 2MΩ，并必须通过电路布局的检查和输出端子之间的直流电阻的测量来验证是否符合要求。

设备的外壳应制造成在正常使用时，液体泄漏不会使那些一旦受潮会对设备的安全造成不利影响的电气绝缘或其他元件受潮。具体测试方法为：利用阻断装置来限定试验持续时间，在 15s 内，将 1L 水均匀地倒在高频手术设备的顶盖表面中间。泼洒处理后，立即抹去设备机身上的明显水滴，检查可能已进入设备的水不会对设备安全产生有害影响。特别是，设备应能承受《通用要求》第 20.1～20.4 条规定的电介质强度试验且设备功能应正常。

手术室用的高频手术设备的脚踏开关、电气开关部件必须是防水结构。测试时，脚踏开关必须完全浸没在 150mm 深的水中 30min。浸没时，必须将开关接在相当于正常操作的电路中启动 50 次。试验完成后，必须对开关进行检查，开关必须没有进水痕迹，还必须通过《通用要求》第 20 章规定的电介质强度试验。

指揿开关电气部分必须对液体浸入可能引起应用部分不应有的被激活现象的防护。测试方法为将指揿开关水平放置于任一平面上方 50mm 以上，并且有按键的一面向上，与已通电待机的设备连接起来。用 1L 浓度为 0.9％盐溶液，在 15s 时间内匀速地从指揿开关上方倒下，使得指揿开关整个长度都受潮。允许液体自然排放。设备不激励无输出。然后立即将开关操作 10 次。开关的每一次操作应能使激励输出和不激励。

为了避免人为差错，高频电刀在设计和使用还得注意以下问题：

（1）用双脚踏开关来选择切割和凝血输出模式时，从操作者方向看去，"切割"踏板必须在左边，"凝血"踏板必须在右边。

（2）当手术电极手柄上装有两个指揿开关时，靠近电极的应为激励切割用，远离电极的应为激励凝血用。

（3）不得同时激励一个以上手术电极。除非该手术电极有单独控制设定和开关。为此，双极电极被视为一个手术电极。

（4）手术电极和中性电极的连接器不能互换。

（5）一个输出开关就能激励一种以上的功能，必须提供一个指示器，在输出激励前，显示所选择的功能。

为了监控高频电刀的安全使用，现在的高频电刀系统一般配有监视系统和输出指示器。高频手术设备中，中性电极电缆的中断未被发现，会引起某种灼伤。所以额定功率超过 50W 的设备，必须备有一电路，使中性电极电缆或其连接发生中断时，能停止输出激励并发出声响报警。声响报警必须符合输出指示器的要求，且不能在外部调节。

用以下方法测试监视电路：用一个 1000Ω 电阻与一个开关并联的电路在中性电极引线串联，使设备运转以便将额定输出功率输入到电阻负载，开关闭合打开各 5 次,每次开关打开时,必须发出报警,且必须无高频输出。必须注意在正常状态下,监视电路不得在中性电极上引起任何干扰电压(如在电源频率或其谐波上),以免对患者监视设备的工作产生有害的影响。

对于电刀系统还必须设有输出指示器,当任何输出电路因输出开关的导通或因单一故障状态的出现引起激励而发出音响讯号时,声音输出的主要能量必须在 $100 \sim 3000\mathrm{Hz}$ 的频率中。声源在距离设备 1m 处必须能产生不低于 65dB(A)声级。可以用可触及的声级控制装置,但不得使声级降至 40dB(A)以下。为了使使用者能区别"监视电路"要求的声响报警和上述规定的信号,可将前者做成脉动式或采用两种不同频率。通过功能试验及测量声级来验证是否符合要求。

6. 电刀系统附件要求

1) 开关

除网电源开关以外,必须提供一能连续激励输出电路通电的输出开关(指揿开关或脚踏开关)。操纵回路必须由电网电源部分和地隔离的电源供电,如果与应用部分有导体连接,其电压不超过 12V,在其他情况下,则不超过交流 24V 或直流 34V。

在单一故障状态下,该电路不得引起低频患者电流超过允许限度。必须通过检查、功能检验和测量电压及漏电流来验证是否符合要求。

2) 有电线连接的脚踏开关

脚踏开关应符合下列要求:操作开关所需的力必须不小于 10N,该力施加在面积为 $625\mathrm{mm}^2$ 的操作表面上的任何位置。这个力还必须不大于 50N。通过测量操作力来验证是否符合要求。

另外,手术电极手柄上的指揿开关必须只能激励该手术电极。通过功能试验来验证是否符合要求。功率输出开关用接触器工作时,在接触器上旁路一个 1000Ω 阻抗时,它必须不能激励任何输出。通过功能检验来验证是否符合要求。

3) 连接器

任何用来连接中性及其电缆的连接器必须设计成在万一连接器意外脱开时,能防止与患者身体有导电性接触。将任何接到中性电极连接器的电缆与电极脱开,使用《通用要求》的标准试验进行验证,验证其不可能接触到电缆连接器的导体部分。

4) 中性电极

除了任何仅准备用于连接双极电极的输出电路外,具有超过 50W 额定功率的设备必须有中性电极。中性电极必须可靠与电缆连接。任何用于监视电极电缆及其连接的电气连续性电流必须通过电极截面。

9.4　高频手术设备的检测仪器

1. QA-ES 电外科分析仪

QA-ES 电外科分析仪可以测量各种高频电外科器械的输出能量、最大电压、峰值电流和振幅因数，内置的可变负载，可以自动进行功率分布曲线的测量。射频泄漏测量带宽从 30Hz～10MHz。通过软件编制可以进行全自动测量，配有示波器输出端，可以观察高频波形，如图 9-21 所示。

图 9-21　QA-ES 分析仪

2. QA-ES 分析仪的技术指标

(1) 自动功率分布曲线测量；

(2) 振幅因数测量；

(3) 射频泄漏测量；

(4) 系统带宽 30Hz～10MHz(-3dB)；

(5) 电流精度：读数的 ±2%；

(6) REQM/REM 测试；

(7) 脚踏开关输出遥控被测设备；

(8) 自动测试方案(结合 PRO-Soft QA-ES)；

(9) RS232 及并行打印接口。

3. QA-ES 分析仪的使用说明

1) 功能键及接口(如图 9-22 所示)

(1) 电源开关：On，Off。

(2) 能量功能旋钮：根据设定的范围和选择不同的操作方式。

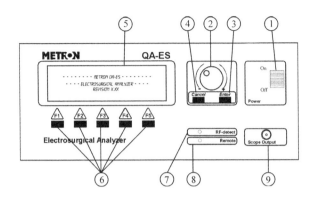

图 9-22 QA-ES分析仪面板图

（3）进入：设定范围。

（4）取消：取消新的范围和返回选择范围。

（5）液晶显示屏：显示信息，测试结果和功能菜单。

（6）功能键：在显示屏的下方是 F1～F5 功能键，用于直接选择功能。

（7）RF 泄漏指示灯：指示被检测高频手术设备启动工作的状态。

（8）遥控功能指示灯：指示 F4 工作状态。

（9）输出范围连接器：将被测仪器连接电缆接入此处。

2）操作说明

（1）按下电源开关 On,5s 内屏幕出现以下界面,如图 9-23 所示。

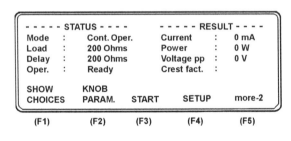

图 9-23 显示屏幕 1

（2）QA-ES 分析仪的工作流程：如图 9-24 所示。

3）高频手术设备检测

（1）高频电刀的操作。

① 电源。

② 模式选择：单极模式、单极切模式和双极模式。

③ 功率设定：单极切、单极凝和双极凝。

输出激励（启动）：单极切、单极凝和双极凝。

注意:手控刀和脚踏开关一接入机器即使机器启动(有声光提示),必须立即关断电源,检查或更换手控刀或脚踏开关。

(2)熟悉 QA-ES 的作用方法和操作步骤,熟悉图 9 - 24 的内容。

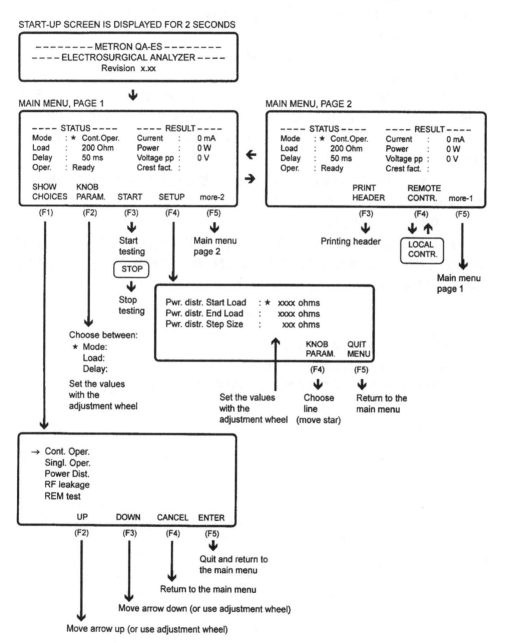

图 9 - 24　QA-ES 分析仪操作流程

（3）测量高频手术设备的功率曲线。

① 额定负载曲线：

QA-ES 可变负载红色插孔中的线与电切刀的输出相连，QA-ES 可变负载黑色插孔中的线与中性极板输出相连。回路形成后，在 QA-ES 显示屏上设定：

Mode：Sing1. Oper

Load：500Ω（单极的额定负载为 500Ω）

Delay：350ms

激励电切，同时，按下 QA-ES 的 F3 键（Start），这时，RF-Detect 灯亮，测得实际输出功率，是否与设定功率值相符，偏差≤20％，测试点：纯切、混切 1、混切 2-每 50（W）为一测试点，混切 3 和单极凝-每 30（W）为一测试点，双极凝-每 10（W）为一测试点。测量其输出功率及其他性能。

测量双极凝功率时，QA-ES 可变负载红色、黑色插孔中的线分别与双极镊子的两个脚输出相连。改变 Load：100Ω。

② 高频漏电流的测试：

若高频手术设备是接地输出的设备，电刀在各个模式最大设定下启动，用 QA-ES 测量被启动的电极（极板、手控刀头、脚控刀头、双极镊子的各个脚）分别对大地的高频漏电流。

思　考　题

1. 简述高频手术设备的基本原理、分类。

2. 高频手术设备对电击危险的防护是什么？

3. 简述高频手术设备对除颤器放电效应的防护要求和检测方法。

第十章 血液透析装置的基本原理及其检测技术

10.1 概　　述

血液透析装置是集计算机、电子、机械、流体力学、生物化学、光学、声学等于一体的仪器设备，是用于救治急、慢性肾功能衰竭、多器官衰竭、重度药物和毒物中毒的体外循环治疗仪。血液透析治疗的发展归功于两大要素：血液透析装置和透析器。血液透析器是由半通透性生物膜（半透膜）组成的中空纤维膜。19世纪中叶，苏格兰化学家 Thomas Graham 发现晶体和尿素隔着半透膜在水中可从胶体中析出，创造了"透析"（dialysis）这个名词。血液和透析液在透析膜两侧呈反方向流动，借助膜两侧的溶质梯度、渗透梯度和水压梯度，通过弥散（diffusion）、对流（convection）、吸附（adsorption）清除毒素，其弥散与渗透理论已成为血液透析的理论基础，并沿用至今。弥散是指溶质隔着半透膜从浓度高的一侧向浓度低的一侧运动的过程，浓度越高速度越快。溶质的转运要靠膜两侧净压力差（静水压和渗透压）形成，促使血液内水分向透析液侧单向渗透，以清除病人体内多余的水分。通过在透析液一侧增加负压，加大透析膜间的压力差（跨膜压，transmembrane pressure，TMP），则可以显著增加水分的超滤排出。

1913年，美国人 John Jacob Abel 用具有半透膜性能的火棉胶制成管子，浸在生理盐水中，作动物试验，因无抗凝剂而失败。1928年，德国人 George Haas 用肝素抗凝，用上述方法为4例病人作了30~60min的"透析"治疗。1930年，荷兰人 John Kolff 创建了旋鼓式人工肾，1947年，出现蟠管型和平行型透析器。1960年，挪威人 Frederik Kiil 创建了铜仿膜透析器，第一个透析病人存活了11年。1965年，空心纤维透析器问世。此后膜材料的发展：由铜仿膜—血仿膜—纤维素膜—改良纤维素膜—合成膜，生物相容性得到不断的提高。目前常用的透析器膜材料有：聚砜膜（PS）、聚丙烯腈膜（PAN）、聚酰氮膜（PA）、聚碳酸酯膜（PB）、聚甲基丙烯酸甲脂膜（PMMA）、三醋酸纤维素膜（CA）、血仿膜（HE）、铜仿膜（CU）等。

血液透析机于20世纪60年代应用于临床，已有40多年的历史。早期为醋酸氢盐透析机。1963年产生了中央水处理系统，1964年出现家庭血液透析，1966年创建动静脉内瘘，80年代碳酸氢盐透析迅速替代醋酸盐透析。从此，血液透析（hemodialysis，HD）就围绕改善透析质量、提高病人长期生存率开展研究工作，同时也带动了其他血液净化疗法的发展：血液滤过（hemofiltration，HF）、血液透析滤过（hemodiafiltration，HDF）、血浆置换（plasma exchange，plasmapheresis，PE）、血液灌流(hemoperfusion)、单纯超滤(isolated ultrafiltration,IUF)、免疫吸附(immunoadsorption)、持续性肾脏替代治疗(CRRT)、持续性血液净化治疗(CBP)、持续性血浆滤过吸附、持续性白蛋白吸附等。相应的设备有:血液透析机、单纯血液滤过机、血液透析滤过机、血液灌流机、CRRT 机等,这些统称为血液净化设备。另外,还有持续性血浆滤过吸附仪、持续性白蛋白吸附仪等,这些被称为非生物型人工肝支持系统,在此基础上串联生物反应器,为生物型人工肝支持系统。

从广义的角度讲,透析器的膜材料决定了透析疗效,血液透析设备决定治疗过程中安全性和稳定性,当然血流量、透析液流量及跨膜压等同样会影响透析疗效。40 多年来,血液透析设备也是一个由初级向不断人性化发展的完善过程。其核心组件在早期为负压超滤,即通过调节负压决定超滤量多少,其不能精确控制超滤量,临床危险性极高。德国费森尤斯机 90 年的平衡腔专利,改负压超滤为容量超滤,使治疗过程中能精确控制超滤量,但由于其比例配制透析液设计中,各成分必须按固定比例配制,致使透析液流速固定,仅有三挡供选择。中国暨华血透机2005 年的双腔配液比例供液专利,改写透析液流速不可调历史,实现流速 100～800mL/min 线性可调。

10.2　血液透析装置的基本原理

血液透析装置可分为两大功能部分(如图 10-1 所示):血路系统和水路系统,其与体外血液循环管路(透析器管路)相连,共同配合完成治疗工作。

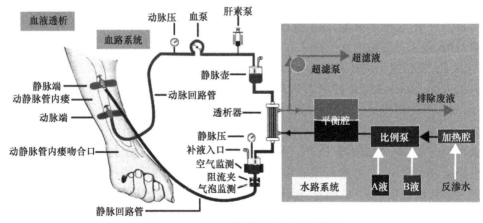

图 10-1　血液透析装置的原理结构图

血路部分包括:血泵、肝素泵、静脉压监测、跨膜压监测、液位和气泡监测、阻流夹等。

水路部分包括:电导率监测、漏血监测、平衡腔、恒温监控系统、透析液流量监控系统、透析液比例配制系统、透析液浓度调节系统、冲洗和消毒系统等。

工作原理:体外循环管路的血液和透析液在透析器的半透膜两侧进行溶质交换,其按浓度梯度、渗透压梯度或静水压梯度做跨膜运动,最终清除病人体内毒素和多余的水分,达到血液净化的目的。

1. 血液体外循环工作流程

血液从动静脉内瘘的动脉端通过血泵的驱动被引出,动脉压监测器监测动脉端压力,肝素泵持续缓慢推注肝素抗凝,血液经过空气陷阱滤除空气后,进入透析器,在其中隔着半透膜与透析液反向流动,通过弥散和渗透原理进行物质交换,清除代谢产物,如尿素、肌酐、胍类、中分子量物质和多余的水分,平衡血液中的酸、碱和电解质浓度。交换后的血液流到静脉陷阱,此处测静脉压及监测液平面,再经过气泡监测和阻流夹,流回病人体内。

2. 血路的基本功能要求

1) 空气监测系统由液位检测器和气泡检测组成(如图 10 - 2 所示)

(1) 液位检测器电路采用超声波原理进行监控。若气泡在血管中随血液一起流动,当超声波射向气-血界面时,其反射频率也将发生变化,从而产生频差效应。气泡与血液的声阻抗相差很大,它们的运动速度又各不相同,因此,气泡和血液成运动状态时所产生的信号有较大的差异,从中测出血液中气泡的存在。

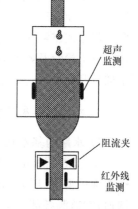

超声监测

阻流夹

红外线监测

图 10 - 2　空气监测系统

(2) 气泡检测应用红外线探测原理进行。红外线发射管持续发射红外光进行检测,当气泡在血管中随血液一起流动并经过红外线发射管时,红外线发射管发出的红外光能穿过气泡并被红外线接收管接收,接收管接收到信号后经放大传输给计算机进行处理。

(3) 液位检测和气泡检测在透析过程中检测到空气时均会触发声光警报,并即时停止血泵和超滤泵的运转,阻流夹自动夹住血路管道阻断血液回路。液位检测和气泡检测组成了双重空气检测保护装置。

双重保护控制模块的创新点及意义:

①精确度明显提高,可检测出直径为 2mm 的气泡,能有效防止空气进入患者体内,从而避免发生空气栓塞事故,安全性明显提高。

②通过 0 和 1 的逻辑电路设计,任何一处故障均可被系统程序快速检测并出现文字提示,不影响治疗。

③这种设计具有先进性,即能有效地识别空气(水)或血液,辨别透析状态与预充状态,防止错误操作。

2) 压力临床系统

包括动脉压、静脉压跨膜压。其监测采用精度为 3‰ 的压力探头直接测量压力信号,其输出的电压信号经精密仪用线性放大器 AD524 放大到 0～2000mV,再经模/数转换器 TLC2543 转换为数字信号传输给计算机进行处理,TLC2543 分辨率为 12 位,即 4096,也就是说,测量的电压信号每变化 0.5mV 计算机就能捕捉到信号的变化并做出相应的处理。

3) 血泵

提供体外循环的动力,泵头采用自弹滚柱式结构,其电机是 24V 的直流电机,由单片微机组成的闭环控制系统,能快速将电机转速调节于要求范围之内。血泵的管径选择为 $\Phi 6 \sim \Phi 10\text{mm}$,血液流量在 15～500mL/min 范围内线性可调。

4) 肝素泵

肝素泵定时、定量、持续地向血液管路中注射肝素,以防止血液凝固。肝素注射流速范围为 0.5 ～10mL/h,即时可调,可设置肝素注射时间。肝素泵采用步进电机驱动,确保肝素泵注射速度误差小于 ±3%。推进栓可根据各种机型的要求连接 20mL、30mL 或 50mL 注射器,通过光电管监测步进电机的转动情况,若肝素泵发生阻塞或空液时,这时光电管会触发声光警报并显示屏中文提示,停止肝素泵运转。透析治疗开始时,肝素泵自动启动运行,若肝素泵在开始透析时是关闭状态,于透析开始 1min 后仪器声光报警,以防凝血。

3. 水路的基本功能要求和基本工作原理

1) 水路的基本功能要求

①将浓缩的 A、B 液按比例配制成与血液等渗的透析液;②维持流经透析器中透析液的温度、压力和流量稳定;③精确控制超滤脱水量;④监测透析器有无破膜漏血;⑤监测各部位工作是否正常并具有报警功能。

2) 水路的基本工作原理

超滤泵、比例泵、平衡系统、空气监测、漏血监测、温控监测、电导率监测等为透析机的核心技术。根据渗透和弥散原理,透析器内半透膜两侧溶质浓度梯度越大,清除率越高,但其清除效果也受膜两侧压力差(跨膜压)影响,当压力变化波动过大,就会引起患者体内血流动力学改变,如血压不稳及心脏负荷过重等。为了保证超滤的准确性,现代的血液透析装置大多应用了平衡控制系统,来维持透析液回路流量的稳定和进出透析器液体平衡,同时维持膜两侧压力梯度。

3) 水路系统的工作流程

(1) 反渗水进入血透机的水路系统,经过热交换器,与即将排出机器的废液隔着金属导热片相对流过,使废液的热量传至反渗水。之后流经加热腔,计算机系统通过多级温度传感器监控水路系统温度,反馈控制加热器,从而使透析液温度精确控制于设定值,设定值的可调范围为 35～39℃。

(2)温度恒定的反渗水在混合腔通过比例泵与 A、B 浓缩液按设定比例进行高精度配液,配制成与血液等渗的透析液。

(3)恒温、等渗的透析液经过平衡腔的一侧进入透析器,废液经过平衡腔的另一侧流出,平衡腔可确保进出透析器的液体平衡。

(4)超滤泵连接于透析器废液流出与平衡腔之间,通过计算机设置和控制超滤量与超滤速度。

4)电导率监测

系统通过电导率检测和电导率报警触发的旁路功能可有效地防止错误浓度的透析液进入透析器。当透析液中有错误成分时,其电导率将会超出报警极限的范围,此时会产生电导率报警,导致血液透析装置打开旁路,伴随着声光报警。

5)超滤装置

主要由超滤泵和泵管、管道组成。其连接于透析器的透析液流出端与平衡控制系统之间,由步进电机带动,每腔 1mL,驱动系统由计算机精确控制。原理是将流量转换成每秒脉冲数,进行反馈控制,从而达到精确控制流量的目的。

6)漏血检测

装在透析器透析液出口的回路上,防止透析器膜破裂对人体造成的失血危害。其控制方案是采用 2 个光电池,由一红一绿 2 个发射管和脉冲发生电路组成,2 个发射管分时轮流发射,回路中无漏血现象时,接收电路中两接收幅度基本相同,当回路中出现漏血现象时,根据透光原理,红色的发光接收信号幅度大于绿色的发光接收信号幅度,经放大比较处理后,传输给计算机进行处理,计算机处理后发出相应的控制信号。

4. 血液净化系列方法

其他血液净化治疗方法是在血液透析基础上发展而来,其血路系统和血液体外循环部分基本相同,不同的是水路系统:

1)血液滤过

血液滤过(hemofiltration,HF)是模仿肾单位的滤过功能,主要靠对流原理清除水分及大、中、小分子溶质,其不同于血液透析溶质清除主要靠弥散原理,故中、大分子溶质清除优于血液透析。通过血泵驱动将患者动脉血引入血滤器,在负压的作用下,水及溶质被滤出,而蛋白质及血细胞不滤出,同时补充等量的置换液,并可以计算机系统控制两个电子称超滤出体内过多的水分,如图 10-3 所示。其原理是血液侧需依靠血泵加正压及在透析液侧加负压,形成一定的跨膜压(66.7kPa,

即 500mmHg 以内），使滤过率达 20～120mL/min。滤过率大小取决于血滤器面积、跨膜压、筛系数和血流量。故每次血滤要滤出约 20～40L 左右，同时补充等量的置换液以保持水、电解质及酸碱平衡和内环境的稳定。

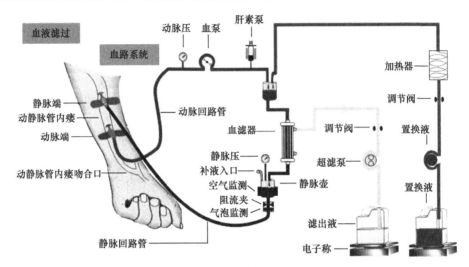

图 10-3 血液滤过装置的原理结构图

2）血液透析滤过（HDF）

HDF 综合了 HD 和 HF 和优点，其能通过弥散清除小分子物质，通过对流清除中、大分子物质，从而明显提高清除效率，如图 10-4 所示。在线 HDF（On-line HDF）要求透析液总流量达到 800mL/min，通过置换液泵控制和调节置换液流量。做在线 HDF 治疗时，反渗水应当是由双反渗水处理机产生，反渗液入口处和置换液入口处各需要串联上一个内毒素过滤器。

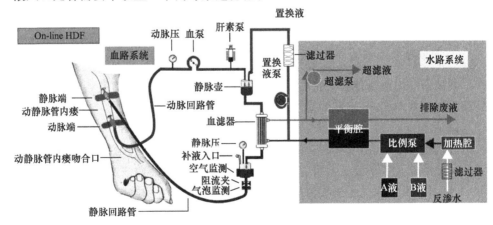

图 10-4 在线血液透析滤过装置的原理结构图

有多个厂家生产如北京伟力、美国百特、瑞典金宝公司等生产 CRRT 机。从结构原理上看,其省去了复杂的水路系统,构造相对简单,应用的是图 10-3 的原理。持续性肾脏替代治疗(CRRT)和持续性血液净化治疗(CBP)其原理是一样的,因临床治疗的范围和病种不一样而称谓不同。临床应用广泛,主要用于危重患者等别是多器官功能衰竭患者的抢救治疗。广州暨华医疗器械有限公司 2003 年生产的 AISO-3038 多功能血液净化仪,如图 10-5(a)所示,能做血液透析、血液滤过、血液透析滤过、血浆置换、血液灌流、床边持续 CRRT 等多项治疗。现在进口的 CRRT 机与血透机是分开的,在没有危重病人时,CRRT 机闲置造成浪费。暨华 AISO-3038 由双管泵、调节阀和电子平衡称组成模块组件,如图 10-5(b)所示,连接在血透机上,平时可做常规 HD,有危重病人时可推到床边做 CRRT 治疗。通过调节阀和电子平衡称的作用,可使置换液与滤出液的出入误差无论任持续多长时间(如 24~72h),都小于操作者设定的误差范围(30~100mL 范围内自行设置)。

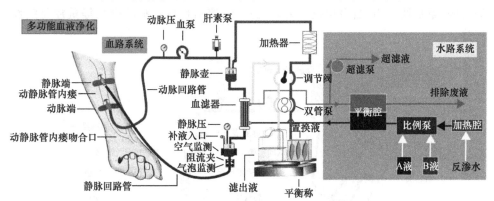

(a) AiSO-3038多功能血液净化装置的原理结构

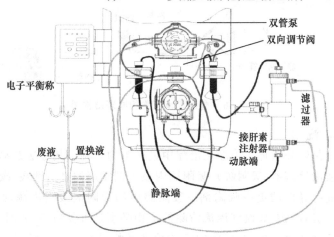

(b) AISO-3038双管泵、调节阀和电子平衡称模块组件

图 10-5

3）血浆置换

1914 年由 Abel 首先提出，将人体血浆进行分离，再将血细胞和相应置换液混合后输回体内。早期的血浆置换治疗应用离心式原理，每次抽出 200mL 血液高速离心，使血液中有形成分（如红细胞、白细胞、血小板）根据重量的不同被甩到周边并分层，血浆在中间，抽出丢弃并补充新鲜血浆与血中有形成分一起输回病人体内，重复此过程多次，以完成治疗剂量。现在临床上已不用离心式方法做血浆置换治疗，但还用此方法做血液成分分离。20 世纪 80 年代开始应用体外循环连续滤过方法做血浆置换，如图 10 - 6 所示，动脉血液被血泵驱动流向血浆置换器，血浆被滤出，在静脉回路管的静脉壶处同步补充等量新鲜血浆。血浆置换治疗约 10 次为一个疗程，每次置换 3500～4000mL 血浆，每天或隔天做一次。血浆置换主要适用于免疫性疾患，在病情危重危及生命时血浆置换可迅速去除致病因素（如抗原、抗体、循环免疫复合物），临床上主要用于治疗急性肾炎、狼疮性肾炎、多发性骨髓瘤肾病、重症肌无力、自身免疫性溶血性贫血、溶血性尿毒症综合征等重症免疫性疾病。

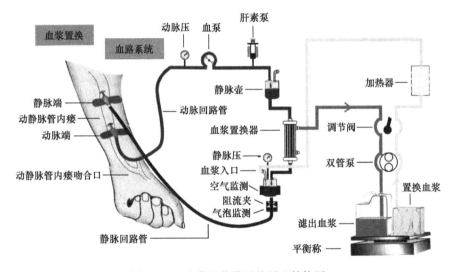

图 10 - 6　血浆置换装置的原理结构图

4）血液灌流

血液灌流是体外循环血液净化治疗中最简单的一种。其方法是动脉血液被血泵驱动流向血液灌流器（吸附罐），吸附罐内吸附剂常用的是活性炭（碳肾）或树脂，现在也有一些特异性的免疫吸附剂。吸附罐内的吸附剂吸附内源性或外源性毒物、药物及其代谢产物，故血液灌流清除的毒物必须是可吸附性，如图 10 - 7 所示。临床常用于急性药物中毒、有机磷中毒的抢救及特异性的免疫吸附治疗。临床抢救中毒患者时，用碳肾治疗体外循环最多 2h，用树脂罐最多两个半小时，吸附剂便达到饱和。因此,在行吸附治疗时不应超时。

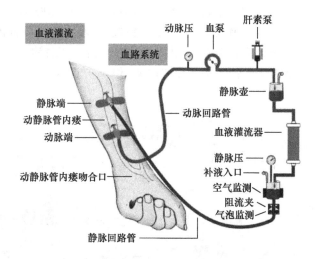

图 10-7　血液灌流装置的原理结构图

5) 单纯超滤

动脉血液被血泵驱动流向血滤器,在超滤泵和调节阀的作用下,持续缓慢超滤,其主要用于肾功能未受损而体内液体过多、心功能极差等患者,单纯超滤如图 10-8 所示。

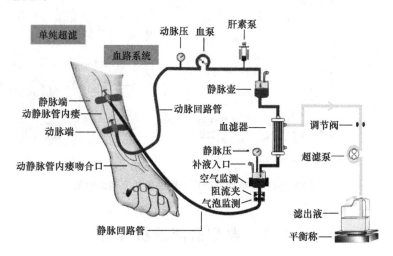

图 10-8　单纯超滤的治疗原理图

6) 持续性血浆滤过吸附和持续性白蛋白吸附装置

持续性血浆滤过吸附(couple plasma filtration adsorption,CPFA)是首先通过血浆分离器,将血浆从血中分离出来,经过吸附及透析和/或滤过后,再回输到血液中的方法。其用于非选择性清除机体大分子物质,如炎症介质、细胞因子、胆红素等,其工作原理如图 10 - 9 所示;持续性白蛋白吸附装置,如图 10 - 10 所示,应用的是白蛋白吸附器,其与工作原理与 CPFA 相似,但凝血因子降低的副作用相对比 CPFA 少。目前,国内和国外较多用此两种方法清除胆红素,但由于其不具备代谢功能,不能完全用此两种方法清除胆红素,但由于其不具备代谢功能,不能完全替代肝脏器官。

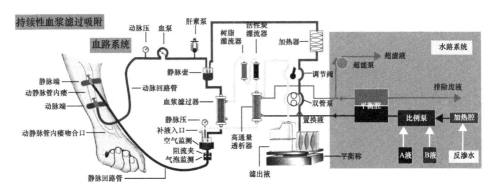

图 10 - 9　持续性血浆滤过吸附装置的原理结构图

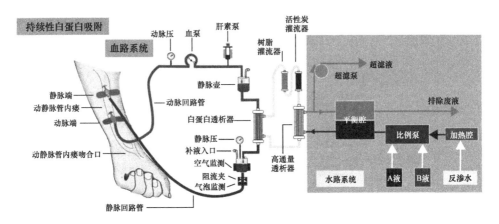

图 10 - 10　持续性白蛋白吸附装置的原理结构图

10.3　典型血液透析装置

广州市暨华医疗器械有限公司生产的 JHM-2028 血液透析装置主要是用于慢性肾功能衰竭患者维持生命的治疗设备,也是急性肾功能衰竭、高血溶量引起的急性左心衰和肺水肿、重度药物和毒物中毒等不可缺少的急救医疗设备,是集计算机、电子、机械、流体力学、生物化学、光学、声学等于一体的体外循环系统,其包括血液回路(血路)和透析液回路(水路)两部分:血路部分包括血泵、肝素泵、动脉压监测、静脉压监测、跨膜压监测、液位监测、气泡监测、阻流夹等;水路部分包括电导率监测、漏血监测、恒温监控系统、透析液流量监控系统、透析液比例配制系统、超滤量监控系统、透析液浓度调节系统、冲洗和消毒系统。

　　在治疗过程中,其要维持流经透析器的透析液浓度、温度和压力正常,并隔着半透膜通过对流、弥散、吸附来清除患者体内代谢废物,维持体内电解质、酸碱平衡,排除多余的水分,以维持患者生命。

　　在进行透析治疗时,装置运转并监测透析液循环及体外血液循环。通过彩色液晶显示屏显示各种操作目录菜单及血液透析装置运行的状态。水路系统的透析液循环时,通过比例配液平衡供液系统配制成与血液等渗的透析液,经加热、除气,然后被输送到透析器,使流入和流出透析器的液体体积相同。根据选择的超滤速度可达到治疗需要的超滤量。采用碳酸氢盐透析,碳酸氢盐浓缩液与反渗水混合的比例设定值为 $1:1.225:32.775$(A:B:水)。可根据用户的要求调整成其他的混合比例,也可以根据需要调节 Na^+ 浓度。透析液的流量可在 $100\sim800mL/min$ 范围内进行调节。可通过彩色液晶显示屏显示的操作目录菜单,设定治疗过程中的各种治疗模式:有八种钠曲线和八种超滤曲线模式、碳酸氢盐曲线模式、Kt/V 监测模式(尿素清除率在线监测模式)及透析剂量测算界面等。

　　血路系统的血液循环时,肝素泵持续缓慢推注抗凝剂,血液通过透析器,空气检测装置可防止空气进入人体,漏血检测器和静脉压检测装置可预防血液流失。血液透析过程中,使用调节泵,可使透析液的单项电解质浓度增高,以满足临床治疗需要。治疗过程中,可随时设置干超程序及中断程序。调节泵与肝素泵的结构和功能相同,在肝素泵出故障时,调节泵可代替执行肝素泵的功能。同样,备用泵与血泵的结构和功能相同,在血泵出故障时,转换键使备用泵可代替执行血泵的功能,这对两个常用部件起到双重保险作用。通过后备电源,可在停电时供血泵运行30min。该装置可脱离水源,推移到床边或其他需要抢救病人的地方,与反渗水容器连接,即可抢救治疗。血液透析装置在实施治疗工作后,必须执行冲洗、热消毒和/或消毒程序,进行自动清洗和消毒;于关机前执行强制性消毒程序,消毒程序一旦启动,就必须走完30min,消毒完成后自动关机。该血液透析装置装备有确保患者安全的安全监护系统。体外失血防护系统符合 GB9706.2《医用电气设备第2～16部分:血液透析、血液透析滤过和血液滤过设备的安全专用要求》的要求。JHM-2028 血液透析装置执行 YY0054—2003《血液透析、血液透析滤过和血液滤过设备》行业标准。

1. 主要部件和工作原理

　　JHM-2028 血液透析装置上面部分为血路系统,下面部分为水路部分,彩色触摸显示屏可设置参数、操作设备运行及动态显示监测数据和观察曲线图,外观如图 10 - 11 所示。

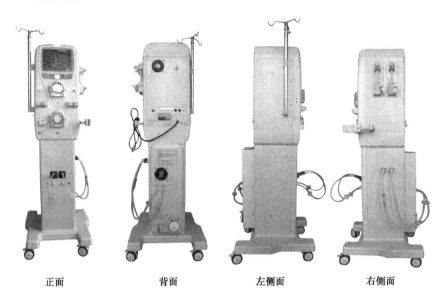

　　正面　　　　　　　背面　　　　　　左侧面　　　　　　右侧面

图 10 - 11　JHM-2028 血液透析装置外观结构图

1) 机体结构

(1) 机体正面结构。

该机机架和底座由不锈钢喷塑制成,强度高、抗震强,支架在中间,部件从两侧安装,容易装卸,便于安装和维修,部件安装处有防震片。底座上装有四个万向轮,转动灵活,便于推移到床边做治疗,一旦位置放妥后,可踩下前后轮上的刹车片,使整机固定保持平稳。外壳由 ABS 板材制成,重量轻,不生锈。

液晶显示器为显示和操作界面;体处循环管路上静脉壶的测压管连接到静脉压接头上,可测量静脉压及通过液位调节键调节血液液面的高低;超声检测器、气泡检测器和阻流夹组成防止空气栓塞的重要组件,同时在其他功能异常和报警时,阻流夹均会即刻关闭阻断血流;警灯塑片显示三种颜色变化:红色示异常状态,黄色示准备工作运行状态,绿色示正常治疗工作状态。备用泵与血泵结构相同,正常情况下起到单泵的作用,在血泵故障时可替代血泵。动脉压接头连接管路后,可监测动脉压力,了解血流情况,临床也可以不连接动脉压力监测。静脉压力监测则必须连接,它是观察血液回流是否通畅、有无凝血的重要指标。动态血压监测也是选购部件,血压计接头连接测血压袖带,可设置血压监测间隔时间和频率,血压计显示屏测得的血压和心率值,出现异常时声光报警。A、B 液接头用来吸取浓缩的透析液,供回液接头是将配好的与血液等渗的透析液流入和流出透析器。

（2）机体背面、左面和右面结构。

机体背面结构：设备上下各有一个排气扇，以降低设备内温度。透析液配制中，碳酸氢钠产生的气体经除气泵抽吸并经排气口排除。在背面有 RO 水（反渗水）入口和废液出口接头、保险丝座、蜂鸣器、消毒液接头、超滤取样接头、漏血检测器等。

机体左面结构有：①静脉壶液位调节键，Ⓐ升高静脉壶液位高度，Ⓥ降低静脉壶液位高度；②血压测量接口（选择部件）。

机体右面结构有：①肝素泵注射器支架和调节泵注射器支架；②透析器夹；③配制好的透析液经过透析液供应管–供液接头（蓝色接头）和透析液回流管–回液接头（红色接头）与透析器相连接，通过浮子观察器可观察透析液流量是否正常。

2）JHM-2028 型血液透析装置的功能配置

（1）**液晶触摸屏操作界面。**

高清晰度液晶显示触摸屏操作界面（供中文或英文选择）。具有时间以及日期显示，动态模拟显示血液管路和透析液的运行情况及治疗情况，如图 10 – 12 所示。

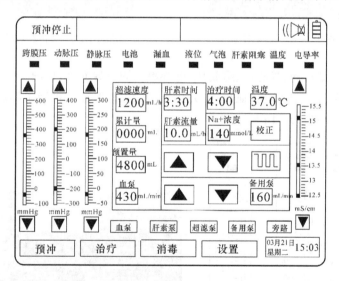

图 10 – 12　高清晰度液晶显示触摸屏操作界面图

（2）**体外循环动力及监测系统**高精度的双泵设置，血泵流量线性可调：管径 $\Phi 6$mm，15～340mL/min；管径 $\Phi 8$mm，20～460mL/min。具有泵速监控系统为体外循环提供准确的血液流速与动力作用。如血泵出现故障，还可以通过操作设置，令系统将备用泵切换成血泵进行透析，在维修人员到达排除故障前，常规血透不受影响继续正常运行。另备用泵还可配合血泵用作简易血液滤过治疗，如图 10 – 13 所示。

具有双肝素泵设置，泵速在 0.1～10mL/h 范围可调，可适用于 20mL、30mL、

50mL 注射器,并设有空液、阻塞及提醒报警;调节泵可用作透析液钠、钾等电解质浓度调节以及作为临床病人缓慢静脉注射用药使用,肝素泵与调节泵亦可互相切换,如图 10 - 14 所示。

图 10 - 13　双泵设置

图 10 - 14　双肝素泵设置

(3) 动态显示动、静脉压、跨膜压、电导率于同一界面上,如图 10 - 15 所示。

(4) 每台机均配备电子血压计,方便医护人员随时通过机器了解病人血压、脉搏生命体征,如图 10 - 16 所示。

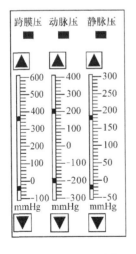
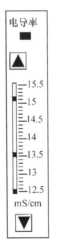

图 10 - 15　动态压力监测

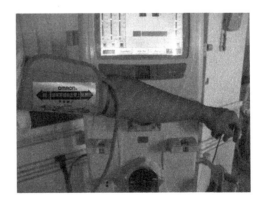

图 10 - 16　血压监测

(5) 透析液供给系统。

① 自动配液系统工作时,只要提供反渗水和浓缩液,即可按设定比例稀释成

标准透析液(具有费森、百特、金宝、东丽比例可供选择),使电导率更稳定。

②　可通过面板设定所需透析液钠离子浓度,机器将改变浓缩液和反渗水配比,而改变最终透析液的钠浓度,可进行可调钠透析,如图 10-17 所示。

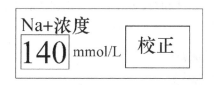

图 10-17　钠浓度调节

③　多重电导率监控系统:在透析液回路有 A 液电导检测、混合电导检测、出水电导检测,多重检测使透析治疗更加安全。

④　透析液输入透析器之前,如检测到电导率超出正常范围,透析液将从旁路被丢弃,从而确保只有标准透析液才能进入透析器。

⑤　温度监控、加热系统确保透析液温度达到透析所需的 36~37℃。反渗水进口处有热交换器与温度监控,使已加热的废液与刚进入机器的反渗水进行热交换,有效节省能源;加热腔内具有温度监控及温控开关双重保险,当液体加热到设定温度时,通过温度探头反馈信息系统停止加热,如出现加热失控,温控开关自动关闭断电,确保加热安全,如图 10-18 所示。

图 10-18　温控开关

(6)　透析液输入透析器之前,增加温度检测,如温度超出报警上下限,即从旁路丢弃,从而杜绝透析液温度超过 42℃引起溶血事故发生。

(7)　水路平衡控制及超滤控制系统。

水路流量控制采用容量平衡、容量超滤两种方式共同实现。透析液流量可在面板上即时线性可调(300~800mL/min),专用于小儿的透析机可调范围从

100mL/min 开始。医护人员可根据不同患者不同流量进行选择,可进行高通量透析达到快速高效透析效果。

独立超滤控制调节面板,可方便单独控制超滤,超滤速度为 0～1800mL/h,分辨率为 1mL。治疗过程中可随时设置预置量,根据剩余透析时间计算机即时算出超滤速度,累计量为已经超滤出来的液体体量。

图 10-19　漏血监测

该装置特设有超滤测试功能,可随时检测是否超滤及超滤的准确性。

(8)漏血监测。

漏血监测安装在透析液输出透析器之后的回路上,应用了光电原理,每升透析液中漏入 1mL 血液即可触发报警,相当于 1 个透析器中有 1 根空心纤维破膜漏血便能检测出(如图 10-19 所示)。

(9)消毒。

JHM-2028 型血液透析装置的水路在防止交叉感染方面是采用单向排废液的方法,杜绝出现管道交叉感染,用过的废液都是直接排出机外。具备全自动消毒功能,有化学消毒和热消毒两种方法供选择。若上下午两班接受治疗病人时可选择冲洗键,自动冲洗 10min 即可。消毒液进口处设有浓度、电导检测,提醒使用正确消毒液。

(10)具有多种功能。

该机可脱离水处理系统,采用配水箱主机将自动从水箱取到水源,即可进行床边血液透析(满足重症患者在 ICU 进行血透治疗),也可开展单纯超滤、血液灌流、血浆置换、血液滤过等治疗。在透析室内可配合中心供透析液、消毒液系统。

(11)后备电源。

具备后备电源,平常开机即自动充电,如遇上停电系统自动转换成后备电源供电,可维持约 15min,供医护人员进行解决电力问题或结束治疗。

(12)特殊的治疗功能。

① 具有程序化超滤与可调钠透析,有效防止低血压、肌肉痛性痉挛等并发症的发生。从透析开始至透析结束,持续恒速超滤不一定是清除水分的最好方法,部分病人常易发生低血压。该机的程序化超滤与可调钠透析的结合(有 7 条钠曲线与 7 条超滤曲线供选择),可在透析开始时清除较多水分,同时提升透析液钠离子浓度,提高血管内渗透压,把组织中部分过多的水分吸引至血管内,然后逐渐减少超滤量与降低透析液钠离子浓度,达到理想的超滤目标而不发生低血压,如图 10-20 所示。

② 具有 HCO_3^- 曲线功能(如图 10-21 所示)及 Kt/V 曲线功能。HCO_3^- 曲线

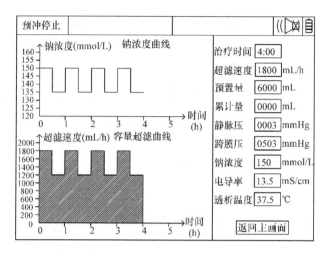

图 10-20 钠曲线和超滤曲线

功能可以根据患者病情进行选择 HCO_3^- 曲线时间及离子浓度,以便更好纠正酸中毒情况。Kt/V 曲线功能主要用于无创性动态观察治疗效果。

③ 具有旁路键,按下后能直接让透析液走旁路,不经过透析器。

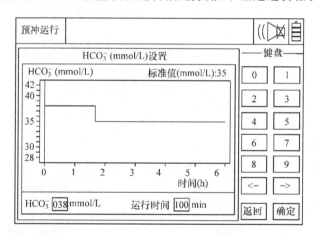

图 10-21 HCO_3^- 曲线

2. JHM-2028 型血液透析装置主要技术参数

JHM-2028 型血液透析装置的电安全相关参数、供电电源参数、机器工作条件、工作程序、透析液循环与安全系统技术参数、体外血液循环与安全系统技术参数及其他设备的选择如表 10-1~表 10-7 所示。

表 10 - 1　电安全相关参数

预防电击类型	I 类	
预防电击保护程度	B 型	符号：🧍
预防液体浸入	防滴	符号：IP×1
工作制	间歇加载连续运行	

表 10 - 2　供电电源参数

线路电压	AC220V(±10%)，频率 50～60Hz
输入功率	1500W
保险丝	主开关 2×15A(Φ6×30)

表 10 - 3　机器工作条件

进水压力	0 ～ 0.6MPa
进水温度	5 ～ 30℃
工作环境	温度 10 ～ 30℃，相对湿度不大于70%
排水	高出地面 0 ～ 100cm
浓缩液供应	最大抽吸高度 75cm
临时停工期	建议在透析装置临时停止工作前运行消毒，在重新使用透析装置前运行热消毒程序
储藏温度	5～ 40℃(不使用防冻剂)、—10 ～ 40℃(使用防冻剂)
稳定性	10°
抑制可听报警	报警消音时间为 2min；新的报警可重新激活静音报警

表 10 - 4　工作程序

功能测试	外部电源供电后检查安全系统的自动测试	
预冲管路系统	在"预冲"状态下，机器自动预冲管路系统	
血液透析	碳酸氢盐透析	
序贯超滤	没有透析液流量的超滤/单纯超滤(干超)	
消毒清洁程序	消毒时间	约 30min
	温度	约 37℃
	流量	800mL/min
热消毒	热消毒时间	约 30min
	温度	约 80℃
	流量	500mL/min
冲洗	时间	约 10min
	温度	约 37℃
	流量	800mL/min

在所有清洁程序中：血泵停止运行，阻流夹关闭。化学消毒程序后应紧接着进行必要的清洗

表 10 - 5　透析液循环与安全系统技术参数

各部件参数	方法及安全性指标	精度范围或阈值
漏血检测器	光电检测	当红细胞比积为 0.32±0.02 时,每升透析液中漏血等于或大于 1mL(透析液流量 500mL/min)
跨膜压力	显示范围	−100～ ＋600mmHg
	精度	±20mmHg
	报警窗口宽度	显示范围内可调
超滤	超滤流量	0 ～ 1800mL/h
	超滤预置量范围	30～2000mL/h
	超滤精度	±30mL/h
透析液浓度(电导率)	显示范围	13～15.5mS/cm
	分辨率	0.1mS/cm
	精确度	±0.1mS/cm
	报警窗口宽度	0.4～3.0mS/cm
调节泵	调节泵注射速度	0.1～10mL/h
	调节泵注射时间	0～9：59
碳酸氢盐	标准设定	1：1.225：32.775、1：1.83：34、1：1.26：32.74
	Na^+ 调节范围	136～145mmol/L
温度	透析液温度、冲洗和化学消毒温度	透析液　35.0～39.0℃
		清洁　37℃
		透析温度报警:上限最大预置值为 40℃,下限最小预置值为 33.5℃
	额定温度	80℃
	热消毒温度	执行热消毒时,一旦温度达到 80℃时开始计时,发现故障时,加热器在 90℃时关闭
流量	透析液流量	300～800mL/min
	冲洗和化学消毒流量	800mL/min
	热消毒流量	500mL/min
化学消毒	消毒、热消毒和脱钙使用消毒液(配制)	消毒液的配方:2500mL 反渗水＋500g 柠檬酸＋4％过氧乙酸 60mL(除铁使用 2％浓度草酸溶液)

表 10 - 6　体外血液循环与安全系统技术参数

各部件参数	方法及安全性指标	精度范围或阈值
血泵	流量范围	10～340mL/min（管内径 Φ 6.4mm）　20～460mL/min（管内径 Φ 8mm）
	分辨率	1mL/min
	泵管径	Φ 6mm，Φ 8mm（配备有一备用泵，其技术数据与血泵规定的数据相同）
动脉压力	显示范围	－300～+400mmHg
	报警	－300～+400mmHg 范围内可调
静脉压力	显示范围	－50～+300mmHg
	报警	10～300mmHg 范围内可调
肝素泵	流量范围	0.1～10mL/h
	分辨率	0.1mL/h
	精度	压力不大于100kPa，±5％
	注射时间	0 ～ 9.99h
	注射器大小	20mL / 30mL / 50mL
液位检测器	方法	超声传输
气泡检测器	方法	红外线检测
	反应阈值	在200mL/min 血流量下，出现单个容积200μL气泡
声音报警		在0 ～ 72dB 范围内可调，声音报警周期为 1 次/s，静音间歇时间为0.5s
同反渗水、透析液和浓缩透析液相接触的材料说明		聚砜、碳、316L、玻璃、乙丙橡胶、PP 血路管道、透析液与费森尤斯、东丽通用

表 10 - 7　其他选择设备

备用电源	铅酸性电池（免维护）24V(2×12V)/ 7Ah
血压计	数值显示血压测量值与脉搏数

3. JHM-2028 型血液透析装置水路系统原理图及说明

水路系统原理图说明。

（1）反渗水进入血透机部分说明。

如图 10 - 22（a）所示，从入口进入→经过减压阀使进入机器水压达到0.12MPa→供液阀→过滤器→进水隔膜泵→热交换器使反渗水与经过平衡腔、漏血监测器的废液，在热交换器中进行热交换→加热腔内有加热棒对反渗水进行加热，

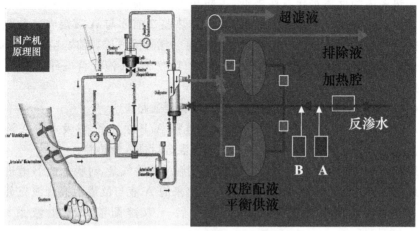

(a) JHM-2028 型血液透析装置水路原理图

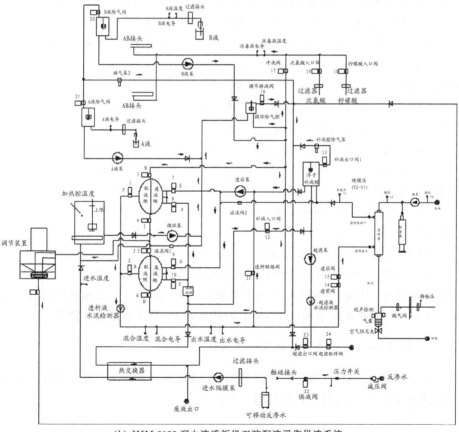

(b) JHM-2028 型血液透析机双腔配液平衡供液系统

图 10－22

由于加热腔内为反渗水导电性极低,可防止加热棒漏电而引起整个水路带电的情况发生。反渗水在输出加热腔后,进入加热腔 2 前才与 A 液混合→加热腔 2 使加热后产生的气体从排气口排出→循环泵→循环除气腔,腔内连接溢流阀,当腔内压力增高时可以通过溢流阀再次回到加热腔 2。A 液混合电导混合 B 液→混合腔。

(2) A 液进入机器通路说明和 B 液进入机器通路说明。

A 液从接 A 液接头进入机器→A 液腔连接 A/B 除气泵,对吸入的 A 液进行除气。A 液泵→A 液与加热腔出来的反渗水混合后进入加热腔。

B 液从接 B 液接头进入机器→B 液腔连接 A/B 除气泵,对吸入的 B 液进行除气。B 液泵→混合腔内,B 液与循环除气腔出来的 A 液与反渗水混合液充分混合成透析液,经监测混合电导和混合温度后→双腔配液平衡供液系统,如图 10-22(b)所示。

双腔配液平衡供液系统,省去了构造复杂的比例泵;简化硬件设置,减少硬件故障发生率;对控制系统的要求降低,而精确度明显提高。反渗水与浓缩 A、B 液精确地按 32.775∶1∶1.225 比例,注入一个腔体进行配液,在线监测显示,所配制的透析液实际的浓度和温度是均衡的,无波动。平衡腔容积达 300mL,使流经透析器的液体压力均衡。当一个腔体完成配液,开始供液时,另一个腔体开始配液,交替进行-配液与供液分离,配好的透析液浓度已定,不再受流速影响,实现透析液流速 200～800mL/min 线性可调。

透析液从混合腔输出→平衡供液系统,平衡供液系统由 2 个腔体和 8 个电磁阀组成。每个腔内由一层可左右摆动的膜相隔分为两个腔,透析液进入透析液侧,废液进入废液侧,能保证进入的透析液与排出的废液容量相等。

出水电导、出水温度和旁路阀:如果透析液温度或电导率不稳定,透析前阀和旁路阀打开,透析液通过打开的旁路阀与废液一起排出机器。

(3) 消毒液通路:绿色路线如图 10-23 所示。

进入消毒状态前把 A、B 液管插进机器连接 AB 钢管(C36、C37)。消毒液经过接消毒液接头 1,接消毒液接头 2 → 消毒液入口阀 1(D23) → 消毒液电导、消毒液温度(C4) → 从接 A 液接头(C34)接 B 液接头(C33)进入水路循环消毒。

4. JHM-2028 型血液透析装置安装调试

初始化调试之前,应确定各过滤网清洁、过滤头已经拧紧,防止堵塞和漏气。A、B 液配置准确,且与所设置的机型相符。

1) 自检

将空气开关拔起,指示灯变为红色,按下电源开关启动血液透析装置,装置进入自检状态,并提示自检方式。

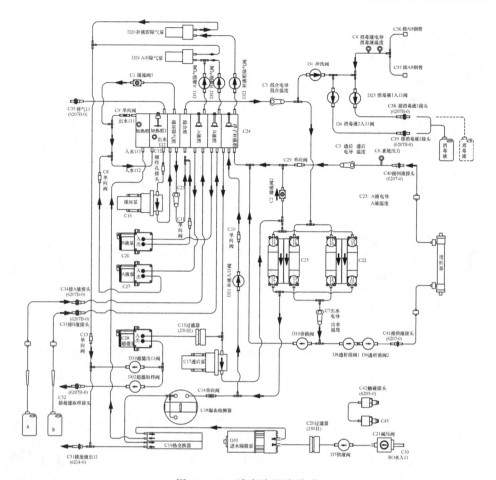

图 10-23 消毒液通路说明

自检时,将 A、B 吸液管插入 A、B 液灌中,供、回液管接回机器。装置将自动对动脉压、静脉压、跨膜压、血泵、备用泵、肝素泵、液位、气泡的状态进行检测,电导率与温度逐渐逼近预置值。自检时间为 12min。

在自检过程中,当出现"跨膜压自检失败"的提示信息时,可将供、回液快速接头从血液透析装置上拔出,重新插回装置即可解决此问题,如图 10-24 所示。

2)预冲

装置自检成功后,将自行转入等待状态,等待用户操作。此时动脉压、静脉压均为 0,误差不超过 1 个光柱;跨膜压不为 0,在 0~200mmHg。液位、气泡指示报警,呈红色;漏血检测指示正常,呈绿色。

按下"预冲"键,预冲运行,观察浮子观察器起落是否正常。在温度预置值为 36.5℃,Na⁺ 浓度窗口为 140mmol/L 时,10min 后,温度与电导率应能达到预置

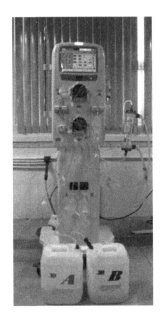

图 10-24　重新自检图

值,并保持稳定,温度应为(36.5±0.5)℃,电导率应为(14.0±0.3)mS/cm。

3) 电导率的校正

由于机型比例不对、用户配液误差或不同厂商生产的配方,都会使电导率、Na^+ 浓度预置值、实际 Na^+ 浓度之间产生一定的偏差。因此,安装调试时一定要对机器电导率进行确认、验证;当发现其指示值与 Na^+ 浓度预置值、实际 Na^+ 浓度之间误差超过 3 个光柱以上,应对电导率进行适当的调整,使其能准确监测透析液离子浓度的变化,以保证治疗的安全性。方法如下:

确认设置机型比例是正确的,确认温度预置值为 36.5℃、透析液流速设置为 500mL/min、Na^+ 浓度预置值为 140mmol/L。

预冲 30min 后,当温度与电导率保持稳定,出供液口取样进行生化取样分析,如图 10-25 所示。若生化分析结果为实际 Na^+ 浓度值与机器 Na^+ 浓度预置值(140mmol/L)及机器上电导率显示值不相符时,应对机器上电导率显示值进行校正,一般分以下三种状态:

(1) 生化分析结果实际 Na^+ 浓度值与电导率显示值相对应但与 Na^+ 浓度预置值(140mmol/L)有误差;

(2) 生化分析结果实际 Na^+ 浓度值与 Na^+ 浓度预置值(140mmol/L)相对应但与电导率显示值有误差;

(3) 生化分析结果实际 Na^+ 浓度值与 Na^+ 浓度预置值(140mmol/L)相及电导率显示值均有误差。

针对以上三种情况,分别做以下调整:

(1) 项一般是由于用户配液时水加多或加少造成

图 10-25　透析液取样

的,误差±3 个光柱以内可不做调整,临床时可通过"校正"键进行校正;误差较大时可要求用户使用专用配液装置,或请专人配液。若用户不能达到要求,也可对机器进行调整,方法为:进入"调试模式"的"水路硬件测试"界面,按下"透析液流速"键,查看透析液流速值是多少,并进行记录,判断电导率显示值与 Na^+ 浓度预置值(140mmol/L)对应误差是多少,按照"透析液流量反馈值"每降低(或升高)7 点,"出水电导反馈值"相应的升高(或降低)0.1mS/cm(一个光柱)计算出相应数据在数据窗口输入并发送,对电导率进行调整。例如,Na^+ 浓度预置值 140mmol/L 时,电导率显示值应该为 14.0mS/cm,

但实际上只有 13.6mS/cm,则误差为－4 个光柱,此时可将透析液流速在原有基础上加 28 发送给水路,也就是说误差为－1 个光柱,透析液流速在原有基础需增加 7。同理误差为＋1 个光柱,透析液流速在原有基础需减 7。

（2）项一般是由于电导率检测头校正误差所致,调整方法为:进入"调试模式"的"水路硬件测试"界面,按下"出水电导"键,查看出水电导反馈值,误差±3 个光柱以内,可直接在数据输入窗口输入生化分析结果实际 Na$^+$ 浓度相对应的电导率值并发送,观查出水电导反馈值是否等于输入值。误差较大可由数据输入窗口发送 0,消除软件因素对电导率的影响。再调节下架的调节电导盒上的"出水电导"小板上电位器,校准"出水电导反馈值"使之与实际 Na$^+$ 浓度一致。

（3）项一般是由于不同厂商生产透析粉的配方有所差别造成的,调整方法需分两步进行:

第一步:进入"调试模式"的"水路硬件测试"界面,按下"出水电导"键,查看出水电导反馈值由数据输入窗口发送 0,消除软件因素对电导率的影响。再调节下架的调节电导盒上的"出水电导"小板上电位器,校准"出水电导反馈值"使之与实际 Na$^+$ 浓度一致。

第二步:在"水路硬件测试"界面,按下"透析液流速"键,查看透析液流速值是多少,并进行记录,判断电导率显示值与 Na$^+$ 浓度预置值(140mmol/L)对应误差是多少,按照"透析液流量反馈值"每降低(或升高)7 点,"出水电导反馈值"相应的升高(或降低)0.1 计算出相应数据,在数据窗口输入并发送,对电导率进行调整。例如,Na$^+$ 浓度预置值 140mmol/L 时,电导率显示值应该为 14.0,但实际上显示 14.6 mS/cm,则误差为＋6 个光柱,此时,可将透析液流速在原有基础上减 42 发送给水路,也就是说误差为＋1 个光柱,透析液流速在原有基础需减少 7。同理误差为－1 个光柱,透析液流速在原有基础需加 7。

在电导率校正完后,机器运行稳定 20min 后必须再次由供液口取样进行生化取样分析,如生化分析结果实际 Na$^+$ 浓度与机面 Na$^+$ 浓度预置值(140mmol/L)及机器上电导率显示值不相对应时,还需按上述步骤进行校正直到完全符合才算电导率校正完成。

4）消毒

（1）消毒液配方:推荐使用配方 1。

配方 1:2500mL 反渗水＋500g 柠檬酸＋4％过氧乙酸 60mL。

配方 2:15％柠檬酸、15％次氯酸钠(选用)。

（2）使用方法。

运行消毒前,将 A、B 抽吸管从 A、B 液罐中取出,插回机器并拧紧(如图 10－26 所示);透析液供液和回液管接回机器;消毒液管放入消毒液罐,然后运行消毒

图 10-26　透析机消毒状态

或热消毒。由于消毒液配方、消毒程序上的不同,有两种方式:

方式 1:使用配方 1,仅由消毒液接口 1 吸入消毒液。

方式 2:使用配方 2,由毒液接口 1 吸入 15% 柠檬酸;由消毒液接口 2 吸入 15% NaClO(选用)。

(3) 注意事项。

① 使用血液透析装置前,必须运行消毒程序;

② 正确使用消毒液,不正确的消毒液配方不利于装置的保养与维护;

③ 每周应对血液透析装置进行一次热消毒,以消除管道残余的钙质;

④ 消毒程序包括冲洗过程,消毒过程中不应经常出现间断,消毒液吸取量应大于 120mL。

以上步骤运行完成后完全没问题才能算安装完成,可以交给用户使用。

5. JHM-2028 型血液透析装置水路系统检测

检测各电磁阀接线及压力、温度、电导率接线连接是否正确。

(1) 电磁阀。

平衡腔上各电磁阀的编号和其他阀在接线板上对应的连接点见水路主板电器总装图。

(2) 接线过渡板。

如图 10-27 所示,该电路板为接线过渡板,它起到了桥梁的作用,水路主板通过电线连接到接线过渡板,电磁阀上的阀线也连接到接线过渡板上,接线过渡板上两组线相通,这样水路主板就间接的控制了各电磁阀。

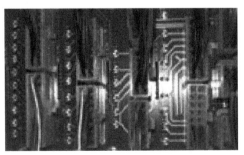

图 10-27　接线过渡板

在每组白色的插头左侧有一列 LED 指示灯。其中,每一个灯代表一个电磁阀,当灯亮时证明电磁阀打开,熄灭时证明电磁阀关闭。

(3)检查电磁阀。

检查电磁阀以及接线是否正确的方法,(如检查冲洗阀),如图 10-28 所示,首先拿一个直流稳压电源,将其电压调到 18V。再将接线过渡板下端含有冲洗阀线的白色插头拔下,将稳压电源地线接在冲洗阀的一个接头上,然后将稳压电源的电源线轻轻点在冲洗阀的另一个接头上,如果冲洗阀完好和接线正确将会听到清脆的滴答声响,用手触摸该电磁阀,有明显的开关震动,就证明该电磁阀和接线完好。如果没听到滴答声或开关震动则须检查线路和电磁阀是否接线完好。其他电磁阀及线路检查同上,如图 10-29 所示,电磁阀接线过渡板对应指示灯如表 10-8 所示。

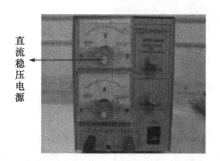

图 10-28 检查电磁阀

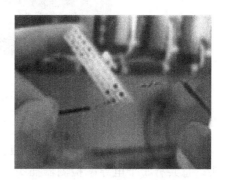

图 10-29 检查电磁阀线路

表 10-8 接线过渡板指示灯对应表

D1	冲洗阀	D13	平衡腔 G	D25	备用
D2	超滤取样阀	D14	平衡腔 H	D26	备用
D3	备用	D15	平衡腔 A	D27	备用
D4	消毒液 2 电磁阀	D16	平衡腔 B	D28	备用
D5	备用	D17	平衡腔 C	D29	加热控制指示
D6	备用	D18	平衡腔 D	D30	进液隔膜泵
D7	外供液阀	D19	超滤出口阀	D31	A 进液除气阀
D8	透析前阀 1	D20	补液腔除气泵	D32	B 进液除气阀
D9	透析前阀 2	D21	补液腔入口阀	D33	水路 24V
D10	透析旁路阀	D22	补液腔除气阀	D34	血路 24V
D11	平衡腔 E	D23	消毒液 1 电磁阀	D35	温控突跳开关
D12	平衡腔 F	D24	AB 除气泵		

（4）检测温度探头。

如图 10-30 所示,在水路 A/D 板上标有"1"～"7"的插头为各种温度检测器插头。总共有 7 个温度检测器插头:

"1"代表 A 液温度插头;"2"代表加热腔 1 温度插头;"3"代表混合液温度插头;"4"代表出水温度插头;"5"代表 B 液温度插头;"6"代表消毒液温度插头;"7"代表加热腔 2 温度插头。

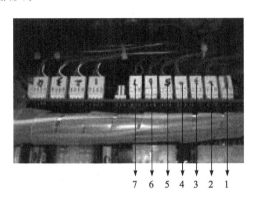

图 10-30　温度检测器插头

（5）检测电导率探头。

如图 10-31 所示,在水路 A/D 板上标有这四个插头为各种电导率检测器的插头。总共有 5 个电导率检测器插头,从左到右依次是透后电导率、消毒液电导率、出水口电导率、A 液电导率;在这排电导率检测器插头后面的一个插头是混合液电导率插头。每个插头上从左到右的接线颜色为"白"、"红"、"黑"、"绿"。

（6）检测溢流阀的方向。

检查两个溢流阀的方向和调节压力。如图 10-32 所示,箭头所指的方向为从循环泵溢流阀内水流的方向,检查箭头所指的方向与循环泵出水的方向保持一致;将循环泵溢流阀上端的螺母逆时针旋转,将压力调至最低,这样做的作用是保护循环泵。

图 10-31　检查电导率探头

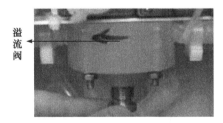

图 10-32　检测溢流阀的方向

这是血透机透析后齿轮泵溢流阀,同样检查箭头所指的方向与透析后齿轮泵出水的方向保持一致,逆时针旋转螺母将阀的压力调至最低。

（7）透析液流速的检测。

在水路硬件测试界面的"透析液流速"项目中，对输入平衡腔的容量值进行发送，主机 CPU 便能精确计算出平衡腔的容量，从而达到精确控制透析液标准流量为 500mL/min。

为达到精确测量平衡腔的容量，减小误差，规定测量透析液流量，并测试 2 次，取平均值后得出 9 腔的容量，由数据输入并发送。

透析液流量由废液口进行取样测量（浮子起落一次、废液连续出水一次为 1腔），并除 2 计算出平衡腔 9 腔的量。平衡腔的容量值，由数据输入口输入并发送后，测得平衡腔流量为 734 时进行数据输入并发送的示意图。在废液口连续 3 次测试 3min 的废液流量值，最大误差值应不超过(1500±80)mL。

（8）A、B 液除气阀、A、B 液除气泵检测。

先将 A 吸液管从量杯中取出，使其吸入空气约 20s 后，水路主板指示灯 LED501 亮，此时 A 除气阀和 A、B 液除气泵工作，对应接线过渡板指示灯 D31 和 D24 亮，将 A 管再放回量杯后 20s 内，水路主板指示灯 LED501、D31 和 D24 熄灭，A、B 除气泵、A 液除气阀停止工作，如图 10-33 所示。

同样，将 B 吸液管从量杯中取出，使其吸入空气，约 20s 后，水路主板指示灯 LED508 亮，此时 B 除气阀和 A、B 液除气泵工作，对应接线过渡板指示灯 D32 和 D24 亮，将 B 管再放回量杯后 20s 内，水路主板指示灯 LED508、D32 和 D24 熄灭，A、B 除气泵、B 液除气阀停止工作。

若 A、B 除气泵在除气过程中，除气管道中被抽吸大量液体时，则应先检查 A、B 液除气阀连接到加热器上的 A、B 液腔的连接管是否接反，再检查判断 A、B 液腔浮子功能是否正常。

当除气泵无法除气时，应在除气口并入压力表，观察判断除气泵工作时，除气口负压力是否小于-30kPa，若压力大于-30kPa，请更换除气泵，如图 10-34所示。

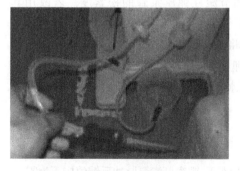

图 10-33　A、B 液除气阀、
　　A、B 液除气泵检测

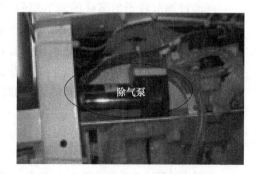

图 10-34　除气泵

6. JHM-2028 型血液透析装置血路系统检测

点击"调试主机"键进入血路硬件测试界面。

1) 血泵的检测

(1) 流量检测。

将血泵装上 8mm 管径的血路管,血路管的两端放置于盛有水的容器中。

(2) 门开关检测。

门开关是由血泵门盖上安装的磁铁和血泵泵壳中安装的磁感应霍尔元件来完成开关闭合的检测任务的。

(3) 血泵按键检测。

该按键位于泵正下方,有"按住"与"松开"两种显示状态,如图 10 - 35(a)、(b)所示,打开血泵门盖将血泵按键按住,此时血泵按键指示灯亮,对应的血泵低速转动。屏幕血泵按键图标显示闭合状态。

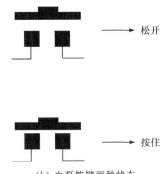

松开

按住

(a) 血泵按键检测　　　　　　　　　　　(b) 血泵按键两种状态

图 10 - 35

(4) 血泵头泵滚柱弹压的调节。

可通过调节转子的滚柱的调节螺钉,调节滚柱弹压泵管的松紧度。若改用其他规格管径泵管,必须重新调节滚柱弹压泵管的松紧度。

调节方法:调节转子滚柱的调整螺钉,将滚柱向外弹压的距离增长或缩短。当装好泵管后,将管路的入口端接上一袋生理盐水,挂在离泵 1m 高处,调节滚柱支臂调整螺钉,使滚柱逐渐挤压泵管,直到盐水刚好不能从管中流出,此时为最佳压紧状态。

2) 肝素泵的检测

(1) 肝素泵脉冲的测试。

将肝素脉泵流量分别选择 2mL 和 10mL 状态下,观察肝素泵脉冲反馈值应不为零。

若观察肝素泵脉冲反馈值为零,则应检查肝素泵电机是否运转、肝素泵电机测速转盘位置处的脉冲检测光电开关是否安装不到位或损坏,如图 10-36 所示。

（2）肝素空液报警的测试。

此功能的作用是用来提示注射器肝素已经注完,其工作原理是在肝素泵压头上装有一磁铁,肝素泵底座上调节杆上装有一磁感应霍尔元件,启动肝素泵时,肝素泵压头压迫注射器进行注射,当肝素泵压头行驶到空液位置时,磁感应霍尔元件检测到磁场信号,肝素泵停止注射并发出空液报警信号,如图 10-37 所示。

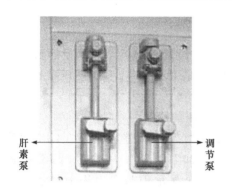

图 10-36　肝素泵和调节泵

图 10-37　肝素泵空液报警的测试

检测方法为:将肝素泵装上 20mm 管径的注射器,使注射器注射剩余溶液量为 0.5mL,运行肝素泵并调节肝素泵调节杆上霍尔元件的高度,直至出现空液报警,使调试界面图标"限位开关"显示闭合位置,拧紧调节杆上、下定位螺丝。

（3）肝素泵管径判断的检测。

用 20mm、30mm 和 50mm 三种规格的注射器装入肝素泵,调试界面图标肝素泵管径处应分别显示 20、30 和 50 三种状态。

其原理是通过针筒夹连接的拉杆阻挡肝素泵底座上安装的两组光电开关来实现,当肝素泵装上 20mm 注射器时,因注射器管径小,因此拉杆可以阻挡两组光电开关,当肝素泵装上 30mm 注射器时,因注射器管径增大,因此拉杆只能阻挡一组光电开关,当肝素泵装上 50mm 注射器时,因注射器管径大,因此拉杆不能阻挡光电开关,CPU 通过三种不同的状态分别判断出三种不同的管径。

当注射器管径不能正确判断时,请检查光电开关是否位置装反或损坏,如图 10-38 所示。

图 10-38　肝素泵注射器管径判断检测

3）调节泵的检测。

调节泵在实际使用中的要求，调试时只做空液报警位置的调试，其调试方法和肝素空液报警的测试的方法一致。

4）压力的检测

压力的调试时使用三通管将压力计、注射器与静脉压接头或动脉压接头相连通，由注射器注入压力，调试水路压力前，需停掉水路，并取下透析液回液管，由回液管口注入压力。

（1）静脉压的检测。

如图 10-39 示，当压力为"0"时，（不接压力管）调整主板 W701，使静脉压显示为"0000"；当在静脉压力头接上加上压力时，调整主板 W702 使静脉压显示值与压力表上显示值相同。单位为 mmHg。

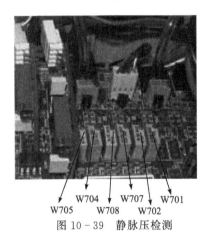

（2）动脉压的检测。

当压力为"0"时，调整主板 W704，使动脉压显示为"0000"；当接上压力时，调整主板 W705 使动脉压显示值与压力表上显示值相同。单位为 mmHg。

（3）水路跨膜压检测。

断开跨膜压压力传感器上的水路进液管，当压力为"0"时，不接压力管，调整主板 W707，使跨膜压显示为"0000"；当在压力传感器上加上压力时，调整主板 W708 使跨膜压显示值与压力表显示值相同，单位为 mmHg。

图 10-39　静脉压检测

7. JHM-2028 型血液透析装置血液液位、气泡的检测

（1）血液液位检测。

在调试状态进入血路调试界面，当将有水的液位壶放入液位检测座时，调节主板 J601 液位小板上的 W1，使"液位检测"提示"正常"，指示灯变绿；当拿走液位壶时，指示灯应在 3~5s 内变红。

如果放入静脉壶，"液位检测"仍提示"报警"，则需顺时针调节液位检测板上的电位器；如果取出静脉壶后，"液位检测"在 3s 内提示"报警"，则应逆时针调节电位器。

（2）气泡检测。

调节主板气泡检测小板 J603 上的 W1。当在气泡检测座内放一淡红色薄纸片时，指示灯变为绿色，拿开和塞入装有水的静脉管时，指示灯变为红色；如果塞入红色薄纸后，"气泡检测"仍提示"报警"，则需顺时针调节电位器。在预冲状态下做

进一步测试。当气泡检测座塞入装有水的静脉管时,如果系统不自动转,如透析状态,说明气泡灵敏度合适,否则就需逆时针调节气泡检测板上的电位器,如图 10－40 所示。

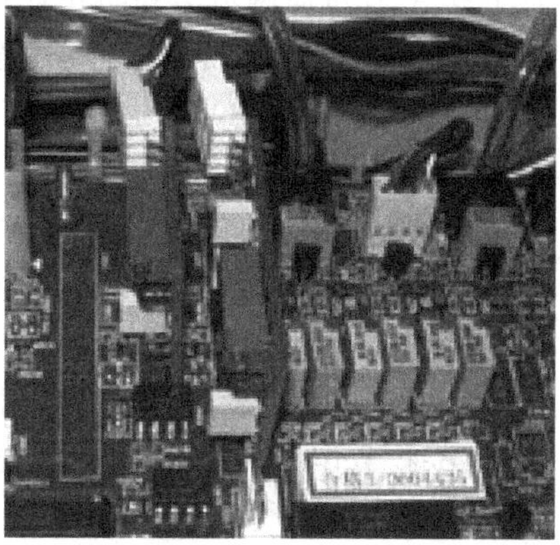

（3）静脉壶液位按键功能检测。

将血路管道安装连接在机器上,血泵设置在 460,当按静脉壶液位下降按键时,屏幕对应图标显示闭合状态,并且静脉壶液位会随之下降;当按静脉壶液位上升按键时,屏幕对应图标显示闭合状态,并且静脉壶液位会随之上升,如图 10－41 所示。

（4）阻流夹按键功能检测。

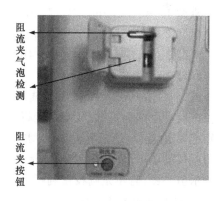

图 10－40 气泡检测

按下阻流夹按键,阻流夹能打开且屏幕对应图标显示闭合状态,如图 10－42 所示。

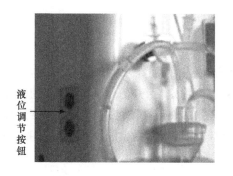

图 10－41 静脉壶液位按键

图 10－42 阻流夹按键

（5）报警音功能检测。

点击警音测试"开关"键,选中后按钮底色呈绿色,机身后扬声器随即发出"滴、滴"声。改变音量大小设置,扬声器音量应随设置发生相应变化,音量大小还可在工作界面高级设置中进行设置。

（6）报警灯功能检测。

点击 B、R、G、Y,报警灯分别为:不亮、红色、绿色、黄色等状态。

8. JHM-2028 型血液透析装置比例泵、透析液温度、电导率检测

1）A、B 液泵的检测

开机进入调试界面选择水路硬件测试,并将透析液配比选择为机型 1,测试前

需注意 A、B 过滤网清洁并防止连接处漏气、漏液。进入水路硬件测试,分别选择 A、B 液泵流速项目,由数据窗分别发送 A、B 液泵流量值 A 为 71.5、B 为 88.0,按确认键。用两个约 2000mL 的容器分别装满反渗水。为防止吸入空气造成测量误差,把 A、B 吸液管放入容器一。

记录下容器二的初始重量。拿出计时器(秒表)调整到 10min。在按下秒表的同时,快速地把 A 吸液管从一号容器放入二号容器。计时器进入倒计时。当秒表倒计时为 0 时,迅速拿出二号容器里的 A 吸液管放入一号容器。称出二号容器的重量。用初始重量减去剩下的重量算出 A 液泵 10min 的吸入量。约为 240mL,表明 A、B 泵工作正常。把计时器时间调到 50min。用上述方法测试 A、B 泵液 50min 的吸液量,得出精确的 5min 的量(约为 120 左右),并由数据发送窗口发送。观察 A 液泵的吸入量数据应和数据输入窗口上的数据相同,否则请重新输入。用相同的方法得出 B 液泵 5min 的吸入量并输入数据窗口。

分别在三种机型配比下测试 A 液泵和 B 液泵 10min 的吸液量,误差为 ±5mL。若误差过大则重复第 2、第 3 步骤,直到误差在下列范围之内:

机型 1:A:142.9mL;B:175mL。

机型 2:A:142.9mL;B:180mL。

机型 3:A:135.8mL;B:248.4mL。

2)透析液温度检测

首先在预冲设置界面把预制温度调整为 36.5℃,如在水路供液口接入温度测试仪。启动水路运行键,让水路运行待水路温度稳定后,开始调试。通过数据窗口分别把 A 液温度、透析后温度、出水、混合温度、加热腔 1、加热腔 2 温度调到和温度测试仪的显示值一致。等机器运行一段时间后看出水混合温度是否和温度测试仪显示值一致,若不是则校正到一致。

3)透析液电导率检测

水路调试界面,在水路供液口接入电导仪。先把 A 吸液管放入透析液 A 液罐。B 吸液管暂时接入反渗水。开启水路运行。然后通过数据窗口把 A 液电导、透后电导、出水电导、消毒电导放大倍数清零,即在数据窗口输入"0000"并发送。当机器运行一段时间(40~50min),电导稳定后就可以开始校正电导了。

首先观察电导仪上的电导值。用小一字螺丝刀在机器的电导率盒上把 A 液电导、透后电导、出水电导、混合电导调到和电导仪上的显示值一致。待电导稳定后,再把 B 吸液管放到透析液 B 液管中。运行一段时间后,机器的各项电导率应和电导仪上的相同(约在 14mS 左右)。如有较大误差,则要校正到和电导仪一致。

以上四项调试完后就开始调整消毒电导。先接上消毒液,然后在水路硬件调试界面把机器设置到消毒状态打开水路运行。20min 后观察消毒电导值将保持稳定。然后调节电导率盒上的消毒液电导电位器,使消毒电导反馈值达到最大,约

11.5mS。

4）超滤流量的检测

让机器以 1200mL/h 的超滤速度进行 1h 透析运行,然后将实际脱水量送回机器,机器将根据送入的值进行自动调整超滤量使得实际脱水量与目标脱水量一致。

具体实施:

（1）将血路管正确接回机器并灌满水。

（2）预冲机器待电导、温度稳定。

（3）将机器透析时间设为 1h,超滤预置量设为 1200mL,血泵流量调到 220mL/min,打开超滤取样测试。

（4）准备两个桶,一桶称 1800g 左右的反渗水,并在血泵停止的状态下将血路管的动静脉口放入桶内,另一桶放到超滤取样口处接水。

（5）把一张纸放入气泡传感器处让机器进入透析运行。

（6）待超滤累积量到达 1200 时停止运行机器,复称两个桶的重量并算出脱水和超滤量。

注:如果脱水量和超滤量之差小于 80g,则说明机器仅需要调整超滤量即可,反之则说明机器可能存在问题,需要检查机器。

（7）将实际脱水量送入机器的 Flux of UF pump 项,机器将会自动校正。

（8）以同样方法复测 300mL/h、1800mL/h 两个状态的脱水量看是否正常。

5）漏血检测的测试

（1）查看漏血采样值,如果此值大于 600 则说明漏血传感器有问题,要更换,如果小于 600 则做下一步测试。

（2）在透析状态下检测,将透析回液管插入盛有浓度为 2‰红色药水的烧杯中,将透析液供液管取下放入空杯中。

（3）透析回液管吸取红色液体,30s 内系统发出"漏血报警"并使透析停止,表明该装置功能良好。

6）血泵流量稳定的测试

将血泵流速设置为 220mL/min,测试 3min 的流量,连续测试 3 次,流量值之间的差值不应过大,各流量值均在误差±10%内。

7）肝素泵、调节泵流量的测试

肝素流量检测:选用 20mm 注射器,流量设置为 8mL/h,测试 1h;流量设置为 2mL/h,测试 2h,误差范围为±5%。调节泵流量检测与肝素泵相同。此项测试在透析状态下,与透析液流速、超滤脱水的调试同步进行。

8）血压计的测试

连好气管并缠好臂带,点击血压计电源开关按键,再点击始开关按键,血压计自行工作并能正确显示收缩压、舒张压及脉搏。

9. JHM-2028 型血液透析装置功能检测和运行

1) 自检功能

各项测试均能通过自检为正常。

(1) 预冲功能:温度及电导应能达到预定值,并保持稳定。

(2) 透析功能:压力、温度、电导、气泡与液位应稳定正常,无误报现象出现,透析过程不出现中断。

(3) 消毒功能:消毒液吸入量应大于 200mL,消毒过程不出现中断及错误报警。

(4) 热消毒:热消毒液吸入量消毒液吸入量应大于 180mL,排气口无出水现象出现。

(5) 按键功能测试:触摸各按键应反应灵敏、无错位、无错乱、功能正常、无死机现象出现。

(6) 老化运行:机器调试完成后,应在预冲或透析状态下运行,累计运行时间应大于 6h。运行完成后要检查管道有无漏水、电磁阀等其他部件有无破裂。

2) 血液透析装置的运行

(1) 将 A、B 浓缩液抽吸管置于相对应的浓缩液容器中,再将透析液供应管及回流管分别连接到供应管接头及回流管接头上,打开反渗水供水系统,打开血液透析装置背面的电源开关,按"电源"键,电源指示灯(绿色)亮。透析装置水路开始运行。显示呈现出产品型号后再显示暨华医械标志。黄色状态指示灯亮。

(2) 功能自检启动条件:①接通电源后;②消毒完成后。透析装置接通电源后,系统若检测到上次治疗后未执行消毒程序或消毒程序未完成,系统将自动执行消毒程序,直至消毒完成。

(3) 自检菜单显示:自检状态指示灯(黄色)长亮。如果某一项功能测试不能正常,显示失败信息。文字显示区域显示出报警信息。

(4) 各项测试正常,将自动进入预冲菜单(停止状态),预冲菜单显示上次治疗保存的各项参数,状态指示灯(黄色)长亮。应注意:①如果系统未能通过功能自检,可关机后再按下"电源"键,重新检测。②如果功能自检完成后,某项测试失败,菜单显示自检未能通过,可按"退出"键跳过该步测试。然后进入预冲菜单。

(5) 血路管路安装连接。

血路管路安装连接如图 10 - 43 所示,体外管路连接错误,会造成患者的安全危险,所有血液管路的连接必须注意无菌操作并确保血液管路没有扭曲。

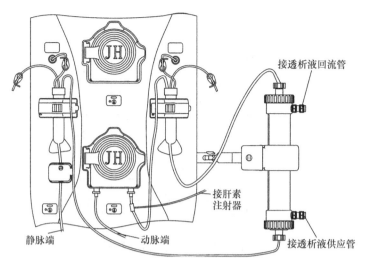

图 10 - 43　血路管路

（6）透析参数设置。

每次在进行治疗之前，都必须根据患者的实际情况，对血液透析治疗的各个参数进行设置。在治疗过程中可以修改已设置参数。

（7）特殊功能曲线设置包括钠曲线和超滤曲线图，如图 10 - 44(a)所示，碳酸氢根曲线如图 10 - 44(b)所示，尿素清除率曲线等如图 10 - 44(c)所示，钠曲线和超滤曲线图的组合如图 10 - 45 所示。

(b) 碳酸氢根曲线

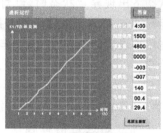

(c) 尿素清除率曲线

图 10 - 44

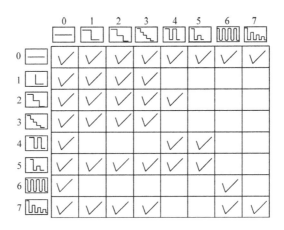

图 10-45　钠曲线和超滤曲线图的组合

(8) 预冲的准备工作。

① 将 A、B 浓缩液抽吸管置于对应的浓缩液容器中。

② 将透析液供应管连接到透析器输入口,透析液回流管连接到透析器出口。

③ 将透析器两端的血液管路接到生理盐水袋循环上。

④ 按"预冲"键,系统开始进行管道预冲。预冲过程,系统检测到透析液的温度和电导率在正常范围内。指示灯转为"绿色",可开始透析治疗。在预冲过程中,如果系统发现异常情况,系统将发出声音报警信息,其相应的报警指示灯(红色)发亮,文字区域显示报警信息。

(9) 透析治疗。

透析治疗前一定要确定透析液温度和电导率都在正常范围内方可对患者进行治疗。此时按"治疗"键,屏幕进入透析菜单。透析治疗前必须先设置好透析的各项参数。引血时按"搭桥"键,血泵按设定的搭桥流速开始运转,静脉管夹打开,血液开始体外循环。按"启动"键或系统检测到血路中有血液通过时,系统进入透析运行状态,血泵、肝素泵、超滤泵运转,各监测系统开始监测,行使治疗工作,状态指示灯(绿色)长亮。在透析状态下出现异常状态时,红灯亮,声光报警,阻流夹阻断血流;按"搭桥"键,可短暂运行 20s,以排除障碍。进入搭桥状态可避开系统监控,这时需要人为进行监护。当用户设置的透析时间倒计至 0:00 时,系统发出声音报警,可缓慢回血,结束透析治疗。

(10) 冲洗和消毒。

透析治疗结束后,透析菜单(停止状态),按"返回"键,屏幕返回显示预冲菜单(停止状态),按"消毒"键,系统开始进行消毒程序。消毒程序的工作时间为 30min。菜单上显示消毒的剩余时间和温度,当时间倒计至 0:00 时,消毒完成,系统发出声音报警。血液透析装置完成清洁程序后若长达 10min 处于闲置状态,系统将自动关闭电源。每次透析治疗结束后,系统应进行消毒。如果系统闲置 72h 以上,建议在使用前进行消毒或热消毒。

按"冲洗"键,系统开始进行冲洗程序。冲洗程序的工作时间为 10min。在冲洗过程中,可按"返回"键,停止冲洗程序,返回清洁菜单(停止状态)。菜单上显示冲洗的剩余时间和温度。当时间倒计至 0:00 时,冲洗完成,系统发出声音报警。

10. JHM-2028 型血液透析装置常见故障与排除方法

治疗中各种报警及处理方法,如表 10-9 所示,设备常见故障处理方法如表 10-10 所示,主要部件异常处理如表 10-11 所示。

表 10-9　治疗中各种报警及处理方法

报警信息	可能的原因	解决办法
跨膜压上限报警	超滤量过大	降低超滤泵流量
	管道阻塞	疏通管道
跨膜压下限报警	血流量不足	增大血泵流量
静脉压上限报警	管道阻塞	疏通管道
	静脉管道扭曲或被压	整理管道
静脉压下限报警	血流量过小	增大血泵流量
	静脉针头脱落	重新接好静脉针
	透析器阻塞	更换透析器
电导率上限报警	浓缩 A、B 液的电导率不符合要求	检查水路是否无液
		更换浓缩 A、B 液
	透析器快速接头漏气	更换透析器快速接头漏气
电导率下限报警	浓缩 A、B 液的电导率不符合要求	检查水路是否无液
		更换浓缩 A、B 液
气泡报警	血液管路里有空气进入	长按下搭桥键 3s,血泵运转,观察当气泡被排列到静脉血管口时,拔掉针头,排出气泡,然后接好针头,若无其他故障,60s 后系统自动进入正常运行状态
液位报警	静脉壶中的液位过低	按下搭桥键,血泵运转,调节静脉壶液位调节键,参见 5.1.5 节,若无其他故障,60s 后系统自动进入正常运行状态
漏血报警	透析器膜破裂	更换透析器
肝素时间到报警	用户所设置的肝素注射时间倒计完毕	按消音键消除警报声,或再加注肝素并设置肝素注射时间
肝素空液报警	肝素注射器内无注射液	注射器吸取注射液

续表

报警信息	可能的原因	解决办法
肝素阻塞报警	肝素泵注射器卡住	清除障碍物
	管道阻塞	疏通管道
	注射器已被推移至最低端	注射器吸取注射液,然后重新放置
	透析器阻塞	更换透析器
调节泵空液	调节泵注射器内无注射液	注射器吸取注射液
温度上限报警	透析液温度超出用户所设置的报警范围	用户所设置的范围太小,重新设置报警范围
温度下限报警	透析液温度超出用户所设置的报警范围	用户所设置的范围太小,重新设置报警范围
A 浓缩液错误	A 浓缩液不符合要求	更换浓缩液
B 浓缩液错误	B 浓缩液不符合要求	更换浓缩液
请将供/回液口接透析器	透析液供液管或透析液回流管未连接到透析器上	将透析液供液管或透析液回流管连接到透析器上
请将供/回液口接机器	透析液供液管、透析液回流管未相应连接到供液管接头、回流管接头上	将透析液供液管、透析液回流管相应连接到供液管接头、回流管接头
请将进水口接机器	连接管未接到连接管接头上	将连接管接到连接管接头上
消毒液错误	消毒液抽吸管抽吸不到消毒溶液	将消毒液抽吸管放入消毒液容器内
	消毒溶液不符合要求	更换消毒溶液
请将 A 液回路接 A 液罐	A 浓缩液回路没有连接 A 浓缩液罐	将 A 液接头(红色)置于 A 浓缩液罐中
请将 A 液回路接入机器	A 液接头(红色)没有置于机器的 A 液接头座内并旋转锁紧	将 A 液接头(红色)置于机器的 A 液接头座内并旋转锁紧
请将 B 液回路接 B 液罐	B 浓缩液回路没有连接 B 浓缩液罐	将 B 液接头(蓝色)置于 B 浓缩液罐中
请将 B 液回路接入机器	B 液接头(蓝色)没有置于机器的 B 液接头座内并旋转锁紧	将 B 液接头(蓝色)置于机器的 B 液接头座内并旋转锁紧
水路无液报警	透析液或反渗水已用完	提供新的透析液或反渗水
	反渗水供水系统供应不正常	检查设备是否连接正确 检查管道是否被压或扭曲 必要时切换备用供水设备并请厂商维修

表 10 - 10 设备常见故障及处理方法

报警信息		可能的原因	解决办法
温度超温报警	预冲模式	进液温度突然升高或降低	系统自动调整,如不能实现,需作进一步检查
	透析模式	加热控制温度失灵	检查加热器温度探头是否正常
	冲洗模式	出水口温度探头失灵	检查出水口温度探头是否正常
水路无法采样		水路的采样线路板有故障	
超滤泵出口阻塞		超滤出口阀损坏	更换超滤出口阀
		废液出口阀损坏	更换废液出口阀
A 泵不转		A 泵发生故障	
B 泵不转		B 泵发生故障	
超滤泵不转		超滤泵发生故障	
主机与水路通信错误		系统的主板和水路板的连接出现错误	

表 10 - 11 主要部件异常处理

异常部分	异常情形	检查处理办法
电源供应系统部分	透析装置无法正常开机	检查主电源开关是否在启动位置
	透析治疗中突然无任何电源指示	检查电源插头与插座是否正常接好 检查透析装置内的保险丝是否烧毁
血泵部分	转子的滚柱不转动	检查血泵泵盖是否正常关闭
	血泵运转时有异常的声音	检查转子的弹压是否正常
	转子的转速较别台透析装置太快或太慢,无法正常调整	检查血液管道的内径与透析装置上的设定值是否一致
静脉压力检测系统	静脉压力值固定不变 (正常会上、下略微浮动)	检查静脉压力检测管路是否顺畅或被夹住 检查静脉压力检测管路是否正确安装 检查静脉压力检测管路可能有微量漏气,必要时更换血液回路管或压力检测管
	无静脉压力值	
	当静脉压力异常时,不会产生警报提醒操作人员	
阻流夹	阻流夹无法夹住	检查阻流夹是否有润滑不良情形,必要时以耐热性较佳的润滑剂加以润滑
	阻流夹夹住后无法自动收回	

10.4　血液透析、血液透析滤过和血液滤过设备的检测

血液透析、血液透析滤过和血液滤过设备的安全性和可靠性主要依赖于其工作过程中压力、流量和温度的正确性,因此必须加以严格控制。以下介绍检测的相关标准和方法。

1. 检测范围

标准规定了血液透析、血液透析滤过和血液滤过设备的术语和定义、分类与标记、要求、试验方法、检验规则、标志、使用说明书和包装、运输、储存。本标准适用于血液透析、血液透析滤过和血液滤过设备(以下简称设备),不适用于连续性肾脏替代治疗(CRRT)的设备。

2. 基本参数

1)基本要求

透析液流量:透析液最大流量不小于 500mL/min;

透析液温度:应控制在 30～40℃范围内。

超滤方式:

(1)压力控制型;

(2)容量控制型。

配液方式:

(1)自动配液;

(2)人工配液。

2)正常工作条件

(1) 环境温度 10～30℃。

(2) 相对湿度不大于 70%。

(3) 大气压力 86～106kPa。

(4) 使用电源:

① 交流:(220±22)V,(50±1)Hz;

② 直流:在直流供电条件下,能使设备血泵连续工作 15min 以上(若有)。

(5) 给水温度 5～30℃(若有)。

(6) 给水流量 700mL/min 以上(若有)。

3)控温系统

在标称控温范围内可调,误差范围±0.5℃。应有可调节的高低限报警,报警动作误差±0.5℃。超出报警温度预置值时,应发出声光报警,阻止透析液(或补充

液)进入透析器(或滤过器)。

4)压力监控

(1)静脉压。

① 指示精度为±1.3kPa(±10mmHg);

② 应有可调节的高低限报警,报警动作误差±1.3kPa(±10mmHg);

③ 治疗模式下,低限报警不得低于 1.3kPa(±10mmHg);

④ 声光报警的同时应停止血泵,停止透析。

(2)动脉压(若有)。

① 指示精度为±1.3kPa(±10mmHg);

② 应有可调节的高低限报警,报警动作误差±1.3 kPa(±10mmHg)。

(3)设备应有透析液压力监控或跨膜压压力监控。

① 透析液压力(压力控制型适用):

a. 在标称范围内指示精度为±2.7kPa(±20mmHg);

b. 超出压力报警预置值的±2.7kPa(±20mmHg)时,应发出声光报警。

② 跨膜压:

a. 指示精度为±2.7kPa(±20mmHg);

b. 超出压力报警预置值的±2.7kPa(±20mmHg)时,应发出声光报警。

(4)pH 监测(若有):在标称范围内指示精度为±0.1。

5)泵的流量

(1)设备的血泵流量在标称范围内可调节,误差范围±10mL/min 或读数的±10%,两者取绝对值大者。

(2)设备的补充液泵流量(若有)在标称范围内可调节,误差范围±5mL/min或读数的±10%,两者取绝对值大者。

(3)设备的肝素泵注入流量在标称范围内,误差范围±0.2mL/h 或读数的±5%,两者取绝对值大者。

(4)透析液流量(L)在标称范围内,其误差范围 $L^{+10\%}_{-5\%}$。

(5)称重计(若有)。

在标称范围内,称重计误差范围±5.0g 或读数的±0.5%,两者取绝对值大者。

(6)设备在规定的超滤范围内,其脱水精度应为+30mL/h。

(7)设备工作性能应稳定,在连续工作 6h 中,应达到下列要求:

① 透析液流量变化≤10%;

② 温度变化≤1℃;

③ 透析压力变化≤10%(压力控制透析型适用)。

6）报警

（1）具有自动配液的设备应有独立于任何配液控制系统之外的透析液浓度防护系统,当透析液浓度超过电导率预置值±5％时,应发出声光报警,并阻止透析液（或补充液）进入透析器（或滤过器）。

（2）设备应有漏血监护系统,在最大规定透析液（或补充液）流量下,当每升透析液（或补充液）中漏血≥1mL时,设备应发出声光报警,同时停止血泵,并中断任何补充液流动,把超滤降到最小值。

（3）设备应有防止空气进入血液管道的防护系统。

① 采用气泡探测器的防护系统,当在200mL/min标准血流量下,静脉血路出现单个体积不小于200μL气泡时,应发出声光报警,同时停止血泵,并阻断静脉血液管道。

② 采用液面探测器的防护系统,当在空气捕捉器内的血液液面低于探测液5mm时,应发出声光报警,同时停血泵,并阻断静脉血液管道。

（4）设备应有肝素泵防护系统,当肝素注入完毕,设备应发出声光报警或其他提示。

7）其他

（1）血液透析设备应有透析液除气装置。

（2）单通式血液透析设备的废液系统应能防止用过的废液从排出口流向透析器。

（3）设备在清洗、灭菌或消毒运转时,不能对患者进行治疗,并应有明显的指示或警示。

（4）设备的管道、接头和容器均不得渗漏。

（5）设备液体管道系统采用的材料的生物性能应按GB/T 16886.1－2001的规定进行生物学评价。

（6）设备工作时,不得有异常杂声,其噪声应不大于62dB（A计权）。

（7）设备的报警声不小于65dB（A计权）。

3. 性能检测试验方法

1）控温系统试验

（1）温度示值误差试验。

透析液（或补充液）流量调至额定工作流量,调节透析液（或补充液）温度至控温范围的高、中、低三点,待稳定时,分别用分度值为0.1℃的温度测量仪,测量设备的透析液（或补充液）出口处的温度,在标称控温范围内可调,误差范围±0.5℃。

（2）超温报警试验。

设置透析液（或补充液）的报警温度,调节透析液（或补充液）温度稳定至报警温度。观察报警时温度指示值与报警预置值之差及报警动作状态,报警动作误差±0.5℃。超出报警温度预置值时,应发出声光报警。

2) 压力监护试验

(1) 静脉压监护试验。

① 在规定范围内,用标准压力探测仪监测,其指示精度最大误差为±1.3kPa（±10mmHg）；

② 设预置报警值,然后用注射器作加压试验,观察其报警动作,报警动作误差±1.3kPa(±10mmHg)；

③ 在治疗模式下,观察静脉压报警限低限设置范围,低限报警不得低于1.3kPa(+10mm Hg)。

(2) 动脉压监护试验。

① 在规定范围内,用标准压力探测仪监测,其指示精度最大误差精度为±1.3kPa(±10mmHg)；

② 设预置报警值,然后用注射器作抽负压试验,观察其报警动作,报警动作误差为±1.3 kPa(±10mmHg)。

3) 透析液压力监控试验

(1) 在保证透析液流量为 500mL/min 的条件下,调节透析液压力至标准压力范围的低、中、高三点,待稳定后,用标准压力测量仪测量透析液压力,其误差指示精度为±2.7kPa(±20mmHg)；

(2) 当压力超出预置报警值时,其报警值误差为±2.7kPa(±20mmHg)。

4) 跨膜压监控试验

在血液管道压力稳定为某一值的情况下,通过以下试验及目测,即保证透析液流量为 500mL/min 的条件下,调节透析液压力至标准压力范围的低、中、高三点,待稳定后,用标准压力测量仪测量透析液压力,其误差为±2.7kPa（±20mmHg）；当压力超出压力报警预置值的±2.7kPa(±20mmHg)时,应发出声光报警。

5) pH 监测试验

可采用体积测量法获得恰当的浓缩物稀释液,用专用仪器测量透析液的 pH,指示精度为±0.1。

6) 泵的流量试验

(1) 在标称范围内,将血泵和补充液泵的流量分别调至低、中、高三挡,待其稳定后,用专用仪器或定时计量法,测量 3min 的流量,共测三次,取其算术平均值,其最大误差范围为±10mL/min 或读数的±10%,两者取绝对值大者。

(2) 在标称范围内,将肝素泵的流量调至最大,待其稳定后,用专用仪器或定时计量法,测量 30min 的流量,其最大误差范围为±0.2mL/h 或为读数的±5%,两者取绝对值大者。

7）透析液流量试验

将透析液流量分别调至低、中、高三挡，待其稳定后，用专用仪器或定时计量法，测量 3min 的流量，共测三次，取其算术平均值，透析液流量 L 在标称范围内，其误差范围 $L^{+10\%}_{-5\%}$。

8）称重计试验

在空置及挂上 2kg、4kg 的标准砝码时，在标称范围内，称重计误差范围 $\pm5.0g$ 或读数的 $\pm0.5\%$，两者取绝对值大者。

9）超滤精度试验

（1）将透析器和血路按治疗的工作模式连接妥当，并将血路的动静脉端浸入盛水的容器中，用精度为 0.1g 的电子秤测量容器质量；

（2）当流量达到稳定状态后，在标称的超滤范围内设定高、中、低超滤速度，测量其脱水量，在规定的超滤范围内，其脱水精度应为 $\pm30mL/h$。

10）透析液流量、压力、温度稳定性试验

在电源电压变化不大于 5V，环境温度变化不大于 5℃，进液温度变化不大于 2℃ 的情况下，将设备调至正常工作范围，待稳定后，连续运转工作时间 6h，每半小时依次记录透析液的流量、温度、压力，其变化范围应为：透析液流量变化≤10%，温度变化≤1℃，透析压力变化≤10%（压力控制透析型适用）。

11）报警试验

（1）透析液浓度防护系统试验。

将与设定浓度偏差的透析液输入至透析液回路，观察设备的浓度监护功能，设备应有独立于任何配液控制系统之外的透析液浓度防护系统，当透析液浓度超过电导率预置值 $\pm5\%$ 时，应发出声光报警，并阻止透析液（或补充液）进入透析器（或滤过器）。

（2）漏血防护系统试验。

将红细胞比积已调节到 0.32 ± 0.02 的新鲜人（牛）血与离子水以 1：1000 的比例注入容器中；将设备的透析液流量调至最大并进入透析状态，将透析器透析液出口的接头放入容器中，当每升透析液（或补充液）中漏血≥1mL 时，设备应发出声光报警，同时停止血泵，并中断任何补充液流动，把超滤降到最小值。

（3）防止空气进入防护系统试验。

① 在 200mL/min 标准血流量下，用注射器在血液管道内注入体积为 $200\mu L$ 的气泡，设备应发出声光报警，同时停止血泵，并阻断静脉血液管道。

② 在 200mL/min 标准血流量下的血液管道内，用注射器向空气捕捉器内注入空气，观察空气捕捉器内液面下降距检测器顶端 5mm 时，应发出声光报警，同时停血泵，并阻断静脉血液管道。

（4）肝素泵防护系统试验。

启动肝素泵,观察肝素注入完毕时的报警动作,当肝素注入完毕,设备应发出声光报警或其他提示。

（5）除气保护试验。

通过观察判定血液透析设备是否有透析液除气装置。设备应有除气装置。

（6）废液保护试验。

通过检查管路和电路,以确认废液系统为单向式,以防止用过的废液从排出口流向透析器。

（7）消毒保护试验。

通过观察判断,设备在清洗、灭菌或消毒运转时,不能对患者进行治疗,应有明显的指示或警示。

（8）渗漏试验。

在管道中加压至 13.3kPa(100mmHg),在 5min 内观察设备的管道、接头和容器均不得渗漏。

（9）液体管道系统的生物性能试验。

按 GB/T16886.1—2001 的规定内容进行生物学性能评价,结果应符合要求。

（10）工作噪声试验。

开动各泵,在正常工作状态下,声级计在距设备表面 1m,离地高 1m 处,用 A 计权网络测出前、后、左、右四点的声压级,设备工作时,不得有异常杂声,其噪声应不大于 62dB(A 计权)。

（11）报警信号声响试验。

置设备于报警状态,声级计在距设备表面 1m,离地高 1m 处,用 A 计权网络测出前、后、左、右四点的声压级,测其最小值,设备的报警声不小于 65dB(A 计权)。

思　考　题

1. 血液净化方法有哪些? 其作用原理是什么?
2. JHM-2028 型血液透析装置双腔配液比例供液系统是如何设计的?
3. JHM-2028 型血液透析装置消毒液管路系统是如何设计的?
4. 血液透析装置应检测哪些主要指标?

参 考 文 献

段乔峰,高山,张学浩. 2006. 关于高频手术设备的高频漏电流的探讨. 中国医疗器械信息, 12(8):47—52.

范毅明,等 1999. 医用 B 型超声仪与超声多普勒系统. 上海:第二军医大学出版社.

耿世钧,王宝光,李耿立,等. 1999. 内藏式全自动心脏起搏器电路的研制. 河北工业大学学报, 28(4).

郭勇. 2002. 医学计量. 北京:中国计量出版社.

国家技术监督局. GB/T 16175—1996 医用有机硅材料生物学评价试验方法.

国家技术监督局. GB/T 16540—1996 声学 0.5～10MHz 频率范围内超声场特性及其测量水听器法.

国家技术监督局. GB10152—1997B 型超声诊断设备.

国家技术监督局. GB16846—1997 医用超声诊断设备 声输出公布要求.

国家技术监督局. GB9706.1—1995 医用电气设备第一部分:通用安全要求.

国家技术监督局. GB9706.8—1995 医用电气设备第二部分:心脏除颤器和心脏除颤器监护仪的专用安全要求.

国家技术监督局. GB9706.9—1997 医用超声诊断设备 医用超声诊断和监护设备专用安全要求.

国家技术监督局. JJG543—1996 心脑电图机.

国家食品药品监督管理局. YY/T 0163—2005 医用超声测量水听器特性和校准.

国家食品药品监督管理局. YY/T 0491—2004 心脏起搏器 植入式心脏起搏器用的小截面连接器.

国家食品药品监督管理局. YY/T 0492—2004 植入式心脏起搏器电极导管.

国家食品药品监督管理局. YY0054—2003 血液透析、血液透析滤过和血液滤过设备.

国家食品药品监督管理局. YY0320—2000 麻醉机.

国家食品药品监督管理局. YY1139—2000 单道和多道心电图机.

国家医药管理局. YY91041—1999 电动呼吸机.

国家医药管理局. YY91108—1999 气动呼吸机.

国家质量技术监督局 GB16174.1—1996 心脏起搏器第一部分:植入式心脏起搏器.

国家质量技术监督局. GB/T 14233.1—1998 医用输液、输血、注射器具检验方法第一部分:化学分析方法.

国家质量技术监督局. GB/T 16886.1—2001 医疗器械生物学评价第一部分:评价与试验.

国家质量技术监督局. GB/T 2829—2002 周期检验计数抽样程序及表(适用于对过程稳定性的检验).

国家质量技术监督局. GB10793—2000 医用电气设备第二部分:心电图机安全专用要求.

国家质量技术监督局. GB9706.15—1999 医用电气设备第一部分:安全通用要求 1.并列标准 医用电气系统安全要求.

国家质量技术监督局. GB9706.4—1999 医用电气设备第二部分:高频手术设备安全专用要求.

国家质量技术监督局. JJG639－98 医用超声诊断仪超声源.

国家质量监督检验检疫总局. JJG760－2003 心电监护仪.

韩建国,等. 2003. 现代电子测量基础. 第 2 版. 北京:中国计量出版社.

胡秀枋,邹任玲. 2004. 用 ARM7 对多参数监护仪中心电信号处理的研究. 医疗装备,17(10):1－3.

胡秀枋,邹任玲. 2006. 基于 ARM 的嵌入式多参数监护仪设计与实现. 计算机应用与软件, 23(08):136－138.

纪承寅等. 2004. 实用超声检测数据与显像诊断. 北京:军事医学科学出版社.

季大玺,谢红浪,黎磊石,等. 1999. 连续性肾脏替代治疗在重症急性肾功能衰竭治疗中的应用. 中华内科杂志,38(12):802－806.

雷元义. 1997. 中外心电图机实用技术. 北京:中国计量出版社.

黎磊石,季大玺. 2004. 连续性血液净化. 南京:东南大学出版社.

黎磊石. 1999. 连续性肾脏替代治疗与重症疾病的救治. 肾脏病与透析移植杂志,8(3): 205－210.

李秀忠. 2002. 常用医疗器械原理与维修. 北京:机械工业出版社.

内蒙古自治区计算测试研究所. EGC—智能化检定仪说明书.

戚仕涛,朱行行,吴敏. 2002. 高频电刀安全使用技术探讨. 医疗设备信息,17(6):26-27.

上海沪通电子有限公司.沪通牌 GD350－B4 型高频手术设备技术资料.

沈清瑞,叶任高,余学清. 1998. 血液净化与肾移植. 北京:人民卫生出版社.

史亦伟. 2005. 超声检测. 北京:机械工业出版社.

孙传友,等. 2003. 测控电路及装置. 北京:北京航空航天大学出版社.

王立吉. 1997. 计量学基础. 第 2 版. 北京:中国计量出版社.

王质刚. 2003. 血液净化学. 第 2 版. 北京:科学技术出版社.

吴建刚. 2005. 现代医用电子仪器原理与维修. 北京:电子工业出版社.

吴立群,张代富. 2005. 起搏器心电图简释. 北京:人民卫生出版社.

谢红浪,季大玺. 2005. On-line hemodiafiltration 技术和临床应用. 肾脏病与透析肾移植杂志, 4(14):377－381.

徐跃,梁碧玲. 2000. 医学影像设备学. 北京:人民卫生出版社.

杨焱. 2001. 血液透析系统的基本原理及发展. 中国医疗器械杂志,5(25):288－296.

尹良红,云大信,等. 2005. JH-2000 血液透析机研制. 中国医疗器械杂志,3(25):186－188.

余学飞. 2003. 医学电子仪器原理与设计. 广州:华南理工大学出版社.

张锦,张立毅. 2003. 现代临床医疗仪器原理与应用. 北京:军事医学科学出版社.

赵俊. 2002. 新编麻醉学. 北京:人民军医出版社.

郑方,范从源. 2003. 麻醉设备学. 北京:人民卫生出版社.

周丹. 2006. 急救医学装备工程导论. 北京:人民军医出版社.

周杏鹏等. 2004. 现代检测技术. 北京:高等教育出版社.